물탱크 기술 입문

| 오 주 · 문성호 지음 |

준커뮤니케이션즈

머리말

지난 20세기는 석유로 대표되는 블랙골드(Black Gold)의 전성시대였으나, 21세기는 기름 값보다 깨끗한 물 값이 더 비싼 시대, 즉 물의 시대인 블루골드(Blue Gold) 시대가 될 전망이다. 급격한 산업화와 인구증가에 기인한 기후변화로 전 세계가 홍수 및 가뭄 등으로 힘들어 하고 있다. 특히 인간이 살아가는데 필요한 깨끗한 물 공급의 불균형으로 국가 또는 지역 간의 물 분쟁이 빈번히 발생함에 따라 국제적으로 가장 시급히 해결해야할 과제로 대두되고 있다.

세계 물 선진국과 산업계에서는 범지구적 물 문제를 새로운 사회기회로 인식하고 물 산업 분야에 적극적으로 진출하고 있는 실정이다. 국내에서도 물 산업의 중요성을 인식하고, 국내 물 산업 육성 기반 조성 및 해외진출을 지원할 수 있는 정책들을 제시하고 있으나 가시적 성과는 도출하고 있지 못하고 있다. 특히 맑고 깨끗한 물을 대량으로 저장하고 공급할 수 있는 상수용 대형 물탱크 기술분야는 산업 전반에서 널리 사용되고 있으나, 이 기술에 대한 정확한 이해는 많이 부족하다.

국내에 상수용 물탱크가 처음 도입된 이후로 이에 대한 연구가 부족하여 물탱크의 구조 및 용량을 산정하기 위한 이론적 기술자료 및 설계기준 등이 명확히 정립되지 않은 것이 현실이다. 이에 따라 지금까지 산재해 있는 수많은 자료들을 수집하고 분석하여 상수용 물탱크의 기틀을 마련할 필요가 있었다. 이와 같은 필요성에 따라 물탱크 기술의 기틀을 수립하기 위한 첫발로써, 상수용 물탱크 기술 분야에 대한 이해를 돕고, 사업화하는데 도움이 되도록 이 책을 출판하게 되었다.

이 책에서는 해당 기술 산업의 배경과 특성, 물탱크의 설계 및 성능시험, 물탱크 시공 방법 및 품질관리 등에 대해 기술하였다.

준비기간이 짧아 더 많은 자료들을 기술하지 못하였지만, 물탱크 사업자, 물 관리자 및 연구자들에게 있어서 기초 초석이 되었으면 한다. 또한 이 책이 향후 우리나라 상수용 물탱크 기술의 활성화와 대중화에 큰 보탬이 되기를 기대한다.

저 자

"본 고는 주저자인 '오주'가 연구책임자로 있는 "2020 산업혁신지원사업 기술트렌드 분석"의 일환으로 작성된 '대형 물 저장장치 기술트렌드 분석' 보고서의 일부 내용을 참조하여 작성되었습니다. 이 사업을 지원한 특허청에 감사를 표합니다."

목차

제1장 물 저장탱크 개요 ··········· 1
1.1 기술 개요 ··········· 1
1.2 대형 물 저장탱크의 종류 및 특징 ··········· 1
1.2.1 설치 위치에 따른 구분 ··········· 1
1.2.2 재질에 따른 구분 ··········· 3
1.3 대형 물 저장탱크 설치 현황 ··········· 10
1.3.1 건축 유형별 ··········· 10
1.3.2 물 저장탱크 규모별 ··········· 11
1.3.3 물탱크 재질별 ··········· 12
1.4 기술의 발전 단계 ··········· 13
1.4.1 일체형 대형 물 저장탱크의 개발 ··········· 13
1.4.2 조립식 대형 물 저장탱크의 개발 ··········· 14
1.4.3 한국의 기술 도입 ··········· 15
1.4.4 대기업에서 중소기업으로 기술 이전 ··········· 16
1.5 산업의 중요성 ··········· 16
1.6 국내 여건 및 물 저장탱크 기업 실태 ··········· 18

제2장 시장동향 및 주요국 전망 ··········· 19
2.1 물 관련 산업 전체 현황 ··········· 19
2.1.1 세계 물 시장 및 전망 ··········· 19
2.1.2 국가별 물산업 추진 현황 ··········· 20
2.2 국내·외 시장 규모 및 전망 ··········· 20

    2.2.1 국내 시장규모 ··· 20
    2.2.2 국외 시장규모 ··· 21
  2.3 국가별 해외시장 동향 ·· 22
    2.3.1 베트남 ·· 22
    2.3.2 인도네시아 ·· 30
    2.3.3 싱가포르 ··· 34
    2.3.4 러시아 ·· 37
    2.3.5 수단 ··· 41
    2.3.6 오만 ··· 46
    2.3.7 뉴질랜드 ··· 50
  2.4 국내·외 정책동향 ·· 56
    2.4.1 국내 정책 동향 ·· 56
    2.4.2 국외 기업 동향 ·· 59
    2.4.3 주요국 정책의 시사점 ··· 61

제3장 기술동향 ··· 63
  3.1 기술 세부 분석 ··· 63
    3.1.1 개요 ··· 63
    3.1.2 대형 물 저장탱크 용량 축소 현황 ······························· 63
    3.1.3 각종 단수사례 및 재해유형 분석 ································ 70
    3.1.4 지진 대응 연구개발 현황 ·· 85
  3.2 관련기업 분석 ··· 91
    3.2.1. 설문조사의 개요 ·· 91
    3.2.2 설문조사 결과 분석 ·· 93
    3.2.3 기타 의견 사항 ·· 104
    3.2.4 국내·외 주요기업 및 중요기술 ································· 105

제4장 지진 및 내진설계 ··········· 114
- 4.1 일반사항 ··········· 114
  - 4.1.1 지진과 화재 ··········· 114
  - 4.1.2 지진과 발화의 원인 ··········· 117
- 4.2 지진에 의한 물탱크 시설의 피해 ··········· 119
  - 4.2.1 캘리포니아 로마프리에타(Loma Prieta) 지진 ··········· 119
  - 4.2.2 니가타현 나카고에(新潟県中越) 지진 ··········· 122
- 4.3 국내외 내진기준 체계 ··········· 128
  - 4.3.1 일반 현황 ··········· 128
  - 4.3.2 미국의 소방시설 관련 내진기준 체계 ··········· 128
  - 4.3.3 일본의 소방시설 관련 내진기준 체계 ··········· 129
  - 4.3.4 한국의 소방시설 관련 내진기준 체계 ··········· 130

제5장 내진기준 및 설계사례 분석 ··········· 131
- 5.1 일반사항 ··········· 131
- 5.2 물 저장시설의 내진해석 및 설계 일반 ··········· 133
  - 5.2.1 내진해석 개요 ··········· 133
  - 5.2.2 설계 지진입력 운동 ··········· 135
  - 5.2.3 내진해석 모델링 기법 ··········· 137
  - 5.2.4 내진해석 방법 및 해석결과의 활용 ··········· 142
  - 5.2.5 검증시험 또는 조치에 의한 방법 ··········· 158
- 5.3 내진설계 및 적용 ··········· 162
  - 5.3.1 일반사항 ··········· 162
  - 5.3.2 물탱크의 내진설계 기준 ··········· 162
  - 5.3.3 사각형 물탱크의 내진설계 예 ··········· 168
- 5.4 물탱크에 작용하는 수압 ··········· 176

5.4.1 슬로싱에 의해 측벽에 작용하는 수압 ·············· 176
5.4.2 측벽에 작용하는 전단하중 분담률 산정 ·············· 179
5.4.3 슬로싱에 의한 천정면의 수압 분포 ·············· 181

제6장 구조설계 기본사항 ·············· 183
6.1 개요 ·············· 183
6.1.1 패널 조립식 물탱크의 구조 ·············· 183
6.1.2 물탱크 재료 ·············· 184
6.1.3 패널 및 방파판 패널의 치수 ·············· 185
6.1.4 보온재 ·············· 186
6.1.5 마감재 ·············· 186
6.1.6 볼트 ·············· 187
6.1.7 기초 채널 ·············· 187
6.1.8 사다리 ·············· 187
6.1.9 통기구(Vent) ·············· 188
6.1.10 배관 접속구 ·············· 188
6.1.11 보강재 ·············· 188
6.1.12 입수구(Inlet) ·············· 189
6.1.13 수위계 ·············· 189
6.1.14 방파판 버팀대 ·············· 189
6.1.15 물탱크 고정 ·············· 189
6.2 구조설계 기준 ·············· 190
6.3 설계용 외력 ·············· 191
6.4 지진하중(K) ·············· 191
6.4.1 설치층에 의한 계수(K_1) ·············· 192
6.4.2 물탱크의 가속도응답비(β) ·············· 193

    6.4.3 용도계수(I) ·· 193
    6.4.4 지역구역계수(Z) ································· 194
    6.4.5 1층 바닥에 작용하는 수평진도 ············ 194
    6.4.6 물탱크 설계용 수평진도(k_H) ············· 194
    6.4.7 설계용 속도응답 스펙트럼 값(S_V) ····· 195
6.5 가속도응답하중 ·· 196
    6.5.1 수평하중 ··· 196
    6.5.2 물탱크 내부에 작용하는 변동압력 ······· 196
    6.5.3 물탱크에 수용되는 물의 유효중량 ······· 200
    6.5.4 수평하중의 작용점 높이 ······················· 203
    6.5.5 연직하중 ·· 205
6.6 슬로싱 응답하중 ·· 205
    6.6.1 1차 슬로싱 고유주기 ···························· 205
    6.6.2 물탱크 천정판에 작용하는 변동수압 ··· 206
    6.6.3 물탱크 측벽, 중간 칸막이벽에 작용하는 변동수압 ········ 208
6.7 내용물 하중(F) ··· 210
6.8 적설하중(S) ·· 210
    6.8.1 일반적 적설하중 ···································· 210
    6.8.2 표준설계용 적설하중 ···························· 213
6.9 적재하중 ·· 213
6.10 고정하중 ·· 214
6.11 풍하중 ··· 214
    6.11.1 일반적 풍하중 ······································ 214
    6.11.2 표준 설계용 풍하중 ···························· 221

제7장 물탱크의 구조계산법 ································ 222
7.1 일반사항 ·· 222
7.1.1 물탱크 구조의 개요 ································ 222
7.1.2 구조의 모델화 ·· 225
7.1.3 제원기호의 설명 ···································· 228
7.2 하중의 산정 ·· 229
7.2.1 가속도응답하중 ······································ 229
7.2.2 슬로싱 응답하중 ···································· 230
7.2.3 기타 하중 ·· 230
7.3 내부 보강방식의 응력, 변형 등의 산정 ······ 231
7.3.1 응력, 변형 등의 산정 ···························· 231
7.3.2 좌굴값의 산정 ·· 245
7.3.3 부착부 국부응력의 산정식 ··················· 247
7.4 외부보강방식의 응력, 변형 등의 산정 ········ 250
7.4.1 응력, 변형 등의 산정식 ························ 250
7.4.2 부착부 등 국부응력의 산정식 ············· 256
7.5 슬로싱에 의한 응력의 산정식 ······················ 257
7.5.1 천정면의 응력 산정식 ·························· 257
7.5.2 측벽 및 내부 칸막이벽의 응력의 산정식 ············ 261
7.6 구조설계 예 ·· 262
7.6.1 구조개요 ·· 262
7.6.2 설치조건 ·· 262
7.6.3 설계용 외력 ·· 263
7.6.4 구조부재 제원 ·· 268
7.6.5 응력, 변형의 산정 ·································· 269
7.6.6 좌굴값의 산정 ·· 284

7.6.7 부착부의 응력 산정 ………………………………………… 284

제8장 단위패널의 시험평가 ……………………………………… 287
8.1 단위패널의 내압시험 ………………………………………… 288
8.1.1 시험방법 ……………………………………………… 288
8.1.2 측정항목 ……………………………………………… 288
8.1.3 설계기준 ……………………………………………… 290
8.2 단위패널의 전단시험 ………………………………………… 293
8.2.1 시험 방법 …………………………………………… 293
8.2.2 측정 항목 …………………………………………… 293
8.3 단위패널 4장 조합 시험 …………………………………… 295
8.3.1 시험 방식 …………………………………………… 295
8.3.2 시험 방법 및 측정 항목 ………………………… 297
8.3.3 설계 기준 …………………………………………… 297
8.4 패널 조립식 물탱크 완제품 검사 ………………………… 298
8.4.1 시험 및 검사 장소 ………………………………… 298
8.4.2 재료 검사 …………………………………………… 298
8.4.3 물 저장 실제 용량 검사 ………………………… 298
8.4.4 만수시 변형 검사 ………………………………… 299
8.4.5 용접부의 겉모양 검사 …………………………… 300
8.4.6 만수검사4 …………………………………………… 300
8.4.7 구조 검사 …………………………………………… 301
8.4.8 수조 고정 안정성 ………………………………… 301
8.4.9 용출 ………………………………………………… 301

제9장 물탱크 시공 ·········· 302

9.1 시공 유의사항 ·········· 302
9.1.1 주요재료의 산업규격 ·········· 302
9.1.2 재료취급 ·········· 302
9.1.3 작업 전 확인사항 ·········· 302
9.1.4 용접 시 유의사항 ·········· 302
9.1.5 기초 프레임 조립, 설치 ·········· 303
9.1.6 바닥판 설치 ·········· 304
9.1.7 측판 설치 ·········· 304
9.1.8 상판 설치 ·········· 304
9.1.9 내부 보강앵글(보강재) 설치 ·········· 305
9.1.10 수직보강재의 설치 ·········· 305
9.1.11 연결 접속구 ·········· 305
9.1.12 기타 부속자재 설치(사다리, 맨홀, 통기관) ·········· 306
9.1.13 보온 ·········· 306

9.2 물탱크 시공 순서 및 방법 ·········· 306

9.3 품질관리 ·········· 311
9.3.1 선승인 후 작업 ·········· 311
9.3.2 시험 및 검사항목 ·········· 311
9.3.3 표면처리 및 도장 ·········· 311

9.4 환경관리 ·········· 312
9.4.1 환경관리 우선 배정 ·········· 312
9.4.2 환경관리 방안 ·········· 312

참고문헌 ·········· 314

제1장 물 저장탱크 개요

1.1 기술 개요

대형 물 저장탱크 장치는 물과 같은 유체를 대용량으로 비축하기 위한 시설 또는 장치로서 주로 공동주택이나 병원, 학교, 공장 등에서 물을 많이 쓰는 곳에 설치어 사용되고 있다. 수도용수 외에 공업용수, 소방용수 등의 용도로 사용하기도 하고, 저장탱크에 수용되는 물질이 물인 경우 물탱크(Water Tank)라고 칭하고 있다.

1.2 대형 물 저장탱크의 종류 및 특징

1.2.1 설치 위치에 따른 구분

대형 물 저장탱크의 설치 기준은 [수도시설의 청소 및 위생관리 등에 관한 규칙] 제3조와 동 규칙 별표1에 규정되어 있다. 대형건축물 등의 소유자 등이 대형 물 저장탱크를 설치할 때에는 유지 관리가 용이하고 수질오염을 방지할 수 있는 구조와 재질로 설치해야 한다. 대형 물 저장탱크는 설치 위치에 따라 지하, 지상, 옥상으로 구분되어지고, 고층 건물에서는 건물의 중간에 대형 물 저장탱크를 설치하기도 한다.

1) 지하 물 저장탱크

지표면 밑이나 건축물 지하층 본체의 바닥이나 외벽 등을 이용하여 설치하는 것으로 대부분 건축물의 기존 물탱크는 이런 방식으로 설치된다. 기존 물탱크는 비상용수나 소방용수로 사용하기 위해 설치된 것으로 대체적으로 대용량이다. 물탱크의 위생관리가 법제화되기 이전에는 청소나 유지관리를 염두에 두지 않고 설치되었기 때문에 오염되기 쉽고 보수를 하기 어려운 문제점이 있다.

2) 지상 물 저장탱크

지표면상이나 건축물의 바닥 위에 설치하는 것으로 물탱크의 주변이나 바닥과 상부가 모두 보일 수 있게 설치되어 물탱크의 점검이나 보수가 용이하여 유지관리가 용이하다.

3) 옥상 물 저장탱크

지하 또는 지상에 설치된 물탱크에 담겨진 물을 건물 옥상에 설치된 물탱크로 양수하고, 중력을 이용하여 각층에 급수하기 위해 설치된 물탱크로서 대부분의 건축물 옥상에 물 저장탱크가 설치된다.

4) 중간 물탱크

고층건물에서는 수압을 조절하기 위해 건물 중간층에 중간 물탱크를 설치하기도 한다.

5) 기타 물탱크

설치위치에 따른 구분 외에 부(附) 물탱크, 압력물탱크 등이 있다. 여기서 부(附) 물탱크는 수도 본관의 수압에 영향을 주기 않기 위해

수도본관과 물탱크의 중간에 설치하는 물탱크를 말한다. 압력물탱크는 입지여건상 옥상물탱크를 설치할 수 없을 경우 또는 옥상물탱크를 설치하지 않고 직송하기 위하여 물탱크에서 받을 물의 압력을 이용하여 각층에 급수하기 위하여 설치하는 물탱크를 의미한다.

그 외에 가정용 소형 물탱크는 물탱크 위생관리에 대한 법적 규제를 받지 않는 소형 주택이나 소형 건축물의 옥상에 수돗물의 안정적 급수를 위하여 설치한 소형물탱크로서 지하물탱크를 설치하지 않고 상수배관에서 옥상물탱크에 직결로 연결하기도 한다.

1.2.2 재질에 따른 구분

물탱크 설치기준에 의하면 지하물탱크의 재료는 수질에 영향을 주지 않는 재료로 내식성과 수밀성이 확보되어야 하며 충분한 강도가 있어야 한다. 조류 증식을 방지할 수 있는 제품을 사용하여야 하고, 될 수 있는 한 내부에 보강재를 설치하지 않는 것이 바람직하다. 옥상 물탱크에도 지하물탱크와 마찬가지로 충분한 강도와 내구성을 갖추어야 하고, 물탱크 내부의 물이 오염되지 않도록 해야 한다. 철근콘크리트 구조체의 경우에는 인체에 해가 없는 도료로 도장하거나 인체에 유해한 물질이 용출되지 않는 재질로 라이닝(Lining) 해야 한다.

주로 설치되고 있는 물탱크로는 콘크리트 물탱크, FRP 물탱크, SMC 물탱크, 스테인리스 물탱크 등이 있으며, 최근에는 부식 등의 문제로 잘 사용하지 않고 있는 강재물탱크와 PE 물탱크 등도 있다.

1) 콘크리트(Concrete) 물탱크

콘크리트 물탱크는 유지관리가 용이하고 시공성이 보편화되어 있다. 타 재질에 비하여 경제적이고 내구성이 우수하고, 대규모 용량에 적합하여 최근까지 탱크의 재질로 가장 많이 사용되었다. 사용 재료인 콘크리트의 특징상 건조수축 및 균열의 발생(특히 내부구조는 두께를 크게 증가시킬 수 없고 연장이 길며 신축이음부를 두기 어려워 건조수축과 균열을 방지할 수 있는 정밀시공이 요구됨)에 따른 문제점이 대두되므로 정기적인 점검을 통하여 방수 및 수질오염을 막기 위하여 내부도장을 검토해야한다.

그림 1.1 콘크리트 물탱크

2) 강재 물탱크

강판은 절단, 절곡, 용접 등 가공성이 뛰어나고 가격도 비교적 저렴하여 물탱크 뿐만 아니라 건축설비용으로 널리 사용되고 있었다. 그러나 염소가 함유된 수돗물에 쉽게 부식되고 내구성이 떨어지며, 녹물 발생의 원인이 되는 등의 결함이 있어 물탱크용 자재로 점차 사용되지 않고 있다.

3) 스테인리스(Stainless Steel, STS) 물탱크

스테인리스 강재는 그 자체가 녹이 슬지 않는 것이 아니라 그 표

면에 생기는 산화 피막에 의하여 공기 중에 존재하는 산소와 산화물의 침입을 방지하여 더 이상의 산화를 진행시키지 못하게 하는 재질로서 내식성과 위생성이 우수한 장점이 있다. 다른 재료에 비하여 다소 비싸기는 하지만 강판에 비하여 가볍고, 청소하기 쉬우며 외관이 깨끗하여 경관성이 좋아 물탱크용 재질로 선호하고 있다.

스테인리스 물탱크는 패널을 용접 조립하는 용접구조식, 볼트를 이용하여 조립하는 볼트조립구조식, 절곡된 판을 끼워 압착하여 만드는 원통구조식이 있다. 수면접촉 부위와 용접구조식 물탱크의 경우 용접부위에서의 염소반응에 의한 공식(孔蝕)현상이 발생할 수가 있으므로 내식성이 강한 STS 316이상의 재질을 주로 사용하고 있다.

취약점은 용접이음부로서 철저한 관리가 요구되며 청소시 내부 연결 구조 및 바닥부위의 요철현상과 패널접합부 돌출로 인하여 잔수의 배수가 안되는 등 유지관리에 문제점이 있다.

그림 1.2 스테인리스 물탱크

4) PE(Polyethylene) 물탱크

PE는 물탱크 재질로서 우수하여 소형 탱크에서는 많이 이용되고 있으나 대형 물탱크에서는 수압관계로 잘 이용되지 않는 종류의 물탱크이다. 최근 PE 보강 판넬을 이용한 재질이 개발되었으나 PE계열은 햇빛에 의한 투과성이 강하기 때문에 수질오염을 방지하기 위하여 반드시 옥내에 설치하거나 또는 차폐시설을 설치해야 하는 단점이 있다.

그림 1.3 폴리에틸렌(PE) 물탱크

5) FRP(Fiber Reinforced Plastic) 물탱크

FRP 물탱크는 플라스틱과 보강재인 유리섬유를 혼합하여 제조한 것으로 시공 기간이 짧고 운반이 용이하여 경량물탱크에 적합하다. FRP 물탱크는 수작업으로 제작된 판넬을 현장에서 조립 설치하고 연결부는 고무이음재를 사용하여 볼트로 체결 제작한다. 수작업으로 인하여 유리섬유가 50% 이상 함유될 수 있으며 작업자의 숙련도에 따라 내구성이 좌우되고 있다. 볼트 체결 부위의 수밀성 취약 및 시간 경과에 따른 강도 열화로 유리 섬유의 유출이 가능하며 배관 접속부 등의 내진성이 취약하다는 단점이 있다.

그림 1.4 FRP 물탱크

6) SMC(Sheet Molding Compound)

FRP의 일종이나 기존의 수작업 FRP와는 달리 원료의 금형에 의해 고온에서 성형 압출하여 생산하므로 폴리에스터 함유량이 기존 수작업 FRP보다 많고 상대적으로 유리섬유 함유량이 적어 인장강도는 FRP의 50% 정도이다. 표면이 깨끗하고 착색이 가능하며, 소규모 탱크에 적합하다는 장점이 있다. 그러나 이음부 고무경화로 누수 우려가 있고, 수밀성이 취약하며, 인장강도의 취약으로 내구성이 결여되며, 청소 시 알칼리 유기용제에 취약한 문제점 있다. 또한 물탱크 내부에 수압을 견디기 위하여 설치한 보강재는 스테인리스로 교체하여 주는 것이 바람직하나 청소 시 많은 어려움을 주므로 유지관리상 문제점 있다.

위와 같이 물저장탱크의 보수는 방수 및 재질에 따른 문제점을 개선함이 무엇보다 중요하며, 철저한 방수와 함께 위해물질이 용출되지 않는 도료로 코팅하거나 내식성 재질로 다시 라이닝하여 수질오염을 최대한 줄여주는 것이 중요한 사항이다.

 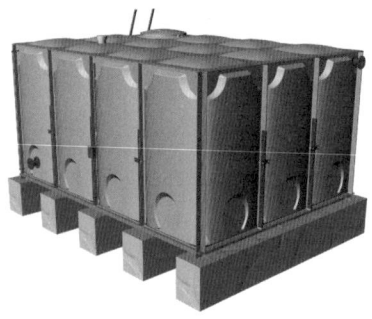

그림 1.5 SMC 물탱크

표 1.1 물탱크 재질에 따른 종류와 특성

종류	장점	단점
콘크리트	· 성형이 자유롭다. · 기계적 강도가 높다. · 가격이 저렴하다. · 내구성이 길다. · 보수가 용이하다. · 표면강도가 높아 부재의 접착이나 설치가 용이하다.	· 타설치 결함부가 생긴다. · 중성화되면 알칼리 용출로 인해 식수를 오염시킨다. · 염소이온에 의해 중성화가 될 가능성이 높다. · 균열이 발생한다. · 산에 약하다.
FRP	· 내식성이 있고 위생적이다. · 가볍고 운반 취급이 쉽다. · 단열성이 좋아서 결로가 없다. · 성형이 자유롭고 착색이 용이하다. · 보수가 용이하다.	· 기계적 강도가 낮다. · 표면강도가 낮고, 파손이 쉽다. · 탄성률이 낮고, 유격이 약하다. · 경년변화로 강도가 나빠진다. · 알칼리성 유기용제에 약하며 가연성이 있다. · 채광성이 있고 자외선에 약하다.
강재	· 기계적 강도가 강하다. · 탄성률이 높고 충격에 강하다. · 가공이 쉽고 가격이 저렴하다.	· 녹 발생이 심하다. · 적당한 도료의 선택과 수지피막의 점검을 주기적(6개월)으로 행하여야 한다.
스테인리스	· 기계적 강도가 강하다. · 표면이 평탄하고 깨끗하다. · 관리가 철저하면 수질오염 지수가 낮다.	· 단가가 높다. · 염소가스에 의해 녹 발생한다. · 청소가 힘들다.
PE	· 가볍고 운반 취급이 용이하다. · 주로 10톤 이하 소형으로 가격이 저렴하다. · 내식성이며 위생적이다.	· 투광성이 강하며 반드시 옥내에 설치하거나 차폐시설이 있어야 한다.

(자료출처: 급수장치 및 저수조의 위생관리, 환경부 · 환경보전협회, 2001)

1.3 대형 물 저장탱크 설치 현황

대형 물 저장탱크는 공공시설 또는 민간시설에서 각각 필요에 따라 개별적으로 설치하고 있어 물 저장탱크 설치 현황을 정량적으로 정리된 자료는 없는 실정이다.

서울특별시에서 공개한 자료를 참조하면 서울특별시의 경우 직결급수의 도입이 확대되고 있지만 고층건물이 많고 배수관의 수압이 낮으며, 비상급수시설의 설치 등의 문제로 물탱크에 의한 급수가 이루어지고 있다.

1.3.1 건축 유형별

2001년 기준으로 물탱크를 일반주택과 공동주택, 지하물탱크와 옥상물탱크로 구분하여 조사한 결과 일반주택과 공동주택의 물탱크 개수가 거의 비슷하며, 옥상물탱크가 지하물탱크보다 더 많은 것으로 나타나고 있다. 최근에는 건축물의 지하에 물탱크를 설치하는 것을 선호하는 추세이다.

표 1.2 건물 유형별 물탱크 현황

건물유형	지하물탱크	옥상물탱크	합계
일반주택	9,099	11,612	20,711
공동주택	3,122	17,732	20,854
합 계	12,221	29,314	41,565

(자료출처: 상수도통계연보, 서울시 상수도사업본부, 2002)

1.3.2 물 저장탱크 규모별

지하물탱크의 경우 저장 용량이 100톤 이하인 경우가 전체의 약 46%를 차지하고, 101~300톤은 약 25%, 301톤 이상은 약 29%의 점유율을 보이고 있다. 100톤 이하가 많은 것은 비교적 소 용량인 일반주택의 지하물탱크가 많기 때문이고, 301톤 이상의 지하물탱크가 많은 이유는 아파트의 경우 지하물탱크 용량이 대부분 수백 톤 이상이기 때문인 것으로 판단된다.

옥상물탱크의 경우에는 약 99%가 100톤 이하로 나타나 세대수가 많은 아파트를 제외한 대부분 주택의 옥상물탱크가 소규모인 것으로 나타났다.

표 1.3 물탱크 규모별 현황

규모	지하물탱크		옥상물탱크		합계	
	개수	비율(%)	개수	비율(%)	개수	비율(%)
100톤 이하	5,614	45.9	28,354	96.6	33,968	81.7
101~300톤	3,094	25.3	380	1.3	3,474	8.4
301톤 이상	3,513	28.8	610	2.1	4,123	9.9
합계	12,221	100	29,344	100	41,565	100

(자료출처: 상수도통계연보, 서울시 상수도사업본부, 2002)

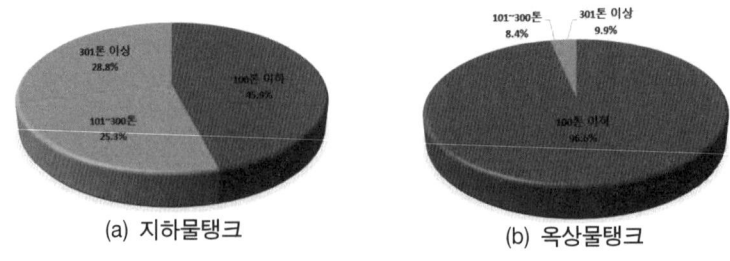

그림 1.6 물탱크 규모별 현황

1.3.3 물탱크 재질별

지하물탱크의 68%가 콘크리트로 형성되어 있고, 녹 발생 문제가 심각한 강재 물탱크도 약 3% 정도를 차지하고 있는 것으로 나타났다. 옥상 물탱크는 76%가 FRP 재질로 이루어져 있고, 약 6%가 강재로 설치되어 있다.

표 1.4 물탱크 재질별 현황

재질	지하물탱크		옥상물탱크		합계	
	개수	비율(%)	개수	비율(%)	개수	비율(%)
콘크리트	8,361	68.4	2,018	6.9	10,379	25.0
FRP	1,882	15.4	22,335	76.1	24,217	58.3
STS	1,077	8.8	2,171	7.4	3,248	7.8
강재	327	2.7	1,812	6.2	2,139	5.1
기타	574	4.7	1,008	3.4	1,582	3.8
합계	12,221	100	29,344	100	41,565	100

(자료출처: 상수도통계연보, 서울시 상수도사업본부, 2002)

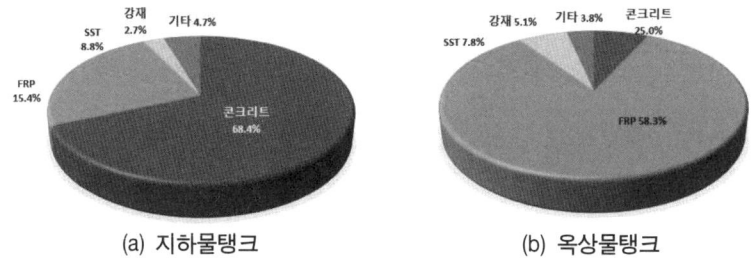

그림 1.7 물탱크 재질별 현황

1.4 기술의 발전 단계

국내의 경우 대형 물 저장탱크가 언제부터 기술 도입되어 생산되고, 실제 언제부터 설치되었는지 명확한 근거는 없다. 대형 물 저장탱크를 형성하는 복합재료(FRP)의 변천 단계를 정리하면 다음과 같다.

1.4.1 일체형 대형 물 저장탱크의 개발

1962년 일본의 미츠비시(주)에서 FRP를 소재로 하는 일체형 물 저장탱크 생산이 시작되었다. 개발 당시에는 무게가 가볍고, 내구성이 튼튼하며, 녹이 발생하지 않는다는 장점이 있어 급격히 보급되었다.

일체형 물 저장탱크의 단면 형상은 원통형, 사각형, 구형 등 다양한 형태로 제작되었다. 최초의 복합재료로 생산된 물 저장탱크는 공장에서 일체로 제작되기 때문에 대용량일 경우 현장까지 운반할 때 별도의 운송수단을 사용해야 하는 등의 문제점이 제기되었다.

Morimatsu(일본)는 1970년 초반부터 스테인리스 물 저장탱크를 개발하여 사용되고 있고, Morimatsu는 1978년 스테인리스를 이용한 유체 압력용기가 개발되어 사용되었다.

(a) 각형　　　　　　(b) 원통형　　　　　　(c) 구형

그림 1.8 최초 개발된 복합재료 일체형 물 저장탱크

1.4.2 조립식 대형 물 저장탱크의 개발

일체형 대형 물 저장탱크의 운송이 어려운 단점을 개선하기 위해 일정 크기와 형태로 이루어진 단위패널(Unit Panel)을 개발하여 조립하는 형태로 대형 물 저장탱크를 개발하였다. 조립식 대형 물 저장탱크는 일본의 세키스이(現 Sekisui Aqua Systems)에서 개발되어 1964년부터 사용되었다. 단위패널은 1m×1m 크기로 패널이 형성되어 엘리베이터와 인력으로 현장 반입하여 현장에서 조립할 수 있는 장점이 있다.

당초 10년간은 특허에 의해 세키스이(일본)가 독점하였지만, 10년 후 일본의 대기업인 Bridgestone, TOTO, INAX, 미스비시, 히타치 등이 대형 물 저장탱크시장에 참여하면서 대형 물 저장탱크 시장이 확대되었다. 현재는 SMC재료로 제조된 대형 물 저장탱크는 일본에서 세키스이 아쿠아(Sekisui Aqua Systems), 미츠비씨 플라스틱(Mitsubishi Plastic) 등이 생산하고 있다.

그림 1.9 조립식 물 저장탱크

1.4.3 한국의 기술 도입

1981년 국내 다이아몬드社에서 최초로 도입하였다. 최초 도입된 물 저장탱크는 현재의 제품과 형상은 유사하나 냉간프레스방식으로 제작된 단위 판넬을 조립하여 대형 물 저장탱크를 생산 및 설치한다.

1982년 럭키화학 등이 일본의 SMC 원자재 회사와 기술 제휴하여 SMC 원료를 국내 생산하면서 원료의 자체생산이 가능해지면서 압축성형방식으로 설비를 확충하여 대량 생산 체제로 변경되었다. 이후 SMC 판넬이 국내 대량 생산되면서 국내 및 해외에 물 저장탱크의 국내 적용 및 수출이 확대되었다.

그림 1.10 국내에서 대형 생산된 물 저장탱크의 카탈로그

1.4.4 대기업에서 중소기업으로 기술 이전

2002년 LG화학의 HI-TANK 브랜드 물 저장탱크가 외주업체인 영성산업으로 이전 된 후 유압프레스를 보유한 중소기업들의 참여로 SMC 물탱크의 보급이 활성화되었다. 2003년부터는 중동 및 아시아 지역 등을 시작으로 SMC 물탱크의 수출이 확대되어 현재는 제조업체별로 수출실적이 확대되고 있다. 현재는 기술 이전 받은 영성산업 등 몇 개 업체가 사업을 포기하고 다른 업체가 인수받아 활동하고 있는 것으로 조사되었다.

1.5 산업의 중요성

기후변화에 따른 전 세계 물 부족으로 식수 및 생활용수 저장·공급하는 대형 물 저장탱크 기술이 미래 산업으로 부상되고 있다. 우리나라 연평균 강수량(1978~2007)은 1,227.4mm, 세계평균 강수량 807mm의 약 1.6배이나 1인당 연 강수총량은 2,629㎥으로 세계평균 16,427㎥의 1/6에 불과한 실정이다.

물 저장탱크(저수조, 물탱크 등) 용량은 점진적으로 감소하는 반면, 국민생활수준 향상으로 인해 1인당 물 사용량 증가로 물 저장용량 부족한 실정이다.

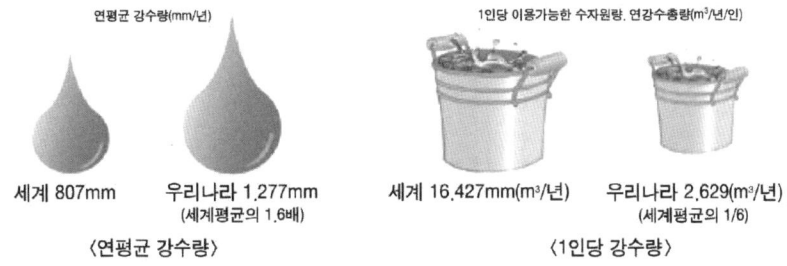

그림 1.11 우리나라 물 부존량 현황

(자료출처: 물과 미래, 2013)

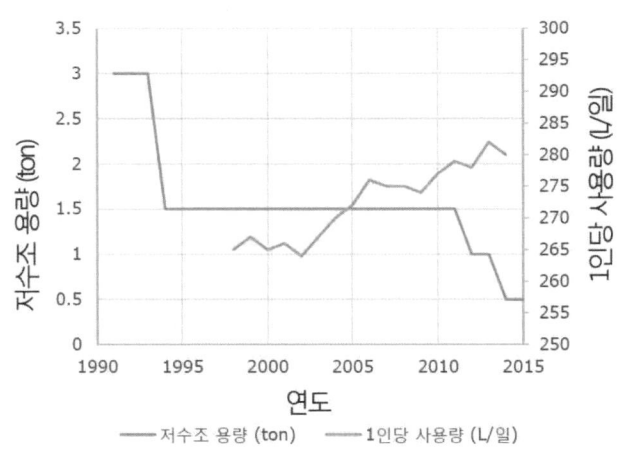

그림 1.12 국내 연도별 저수조 용량 및 1인당 사용량

(자료출처: 상수도통계, 2015)

국내 규모 5.0 이상의 지진(경주, 포항)발생으로 소방시설 내진설계 화재안전기준 강화(국민안전처, 2015.11.30.)로 인하여 내진 성능을 갖춘 물 저장탱크 기술의 고도화가 필요하다. 또한 등록된 특허의 경우 특허무효, 권리범위확인, 공사중지가처분 신청 등의 물

저장탱크 제조업체 간의 분쟁이 빈번이 발생되고 있는 실정이다.

1.6 국내 여건 및 물 저장탱크 기업 실태

국내 물 저장탱크 시장은 가격경쟁 위주의 저수익 구조가 고착화된 상태이다. 상수도 인프라 구축(보급율 92.5%)으로 물탱크에 대한 투자가 점차 감소하고, 노후시설에 대한 재투자 여력이 저하되어 국내 내수시장이 침체되는 악순환이 반복되고 있다. 주 발주처인 지방자치단체는 최저가낙찰제를 선호하여 우수 기술 및 우수 제품 채택을 회피하고 있는 실정이다. 이로 인해 해당 기업은 기술혁신을 위한 필요성이 불필요하다고 인식하여 기술혁신 동력이 상실되고 있는 실정이다.

국내 대다수 물탱크 기업은 기술혁신을 통해 해외진출 보다는 내수시장에 안주하고 있는 것으로 판단된다. 건설·시공 분야를 제외한 부품·장치 제조 기업은 대부분 영세해 기술혁신과 해외진출을 위한 역량 확보 미흡하다. 물탱크 기업 96%는 해외진출 계획이 없으며(설문조사 결과), 국내 시장 특성(가격 중심)에 적응하면서 내수시장에 집중하는 구조이다.

국내의 경우 물탱크 관련 핵심 부품의 글로벌 기술경쟁력은 미흡한 실정이다. 전반적인 물탱크 기술경쟁력은 선진국 대비 미흡하고, 고부가가치 핵심 부품(재료)은 여전히 선진국에 의존하고 있는 실정이다.

제2장 시장동향 및 주요국 전망

2.1 물 관련 산업 전체 현황

대형 물 저장탱크 분야 기술 우위에 있는 일본, 미국 등은 대용량 물탱크, 수질 정화 분야 등에서 높은 기술력으로 시장을 선점하고 있다. 대표적으로 일본은 금속재, 고분자 소재 등을 이용한 대용량 물 저장탱크 및 내진 설계기술 분야에서 시장을 지배하고 있다.

2.1.1 세계 물 시장 및 전망

선진국은 노후시설 개량, 개도국은 상하수도 인프라 확충, 중동은 해수담수화 및 재이용 수요가 물시장 성장을 견인하고 있다. 중국의 경우 2020년까지 상하수도 인프라 확충에 480억불 투자 예정이다. 2013년 골드만삭스에서 발표한 자료에 따르면 미국은 향후 20년간 6,330억불 상하수도 인프라 투자 필요가 있다.

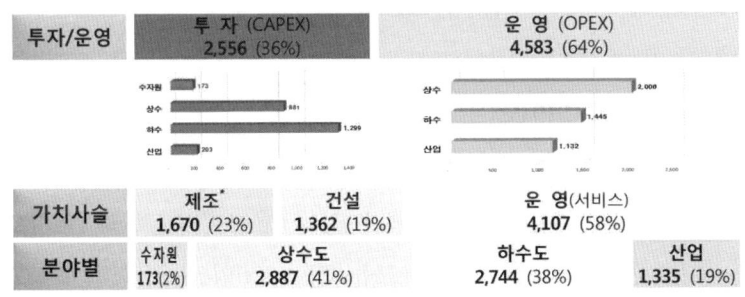

그림 2.1 세계 물 시장 현황

(자료출처: 영국 물전문 리서치기관(GWI)의 Global Water Market 2017 재구성, 단위:억$)

2.1.2 국가별 물산업 추진 현황

싱가포르와 이스라엘은 국가의 강력한 의지로 상하수도공사 중심의 대형 국가 프로젝트 및 국제 네트워크 구축을 추진하고 있다. 구체적으로 싱가포르에서는 PUB(Public Utility Board)의 NEWater Project를 통해 물 재이용 및 담수화를 위해 노력하고 있다. 이스라엘에서는 국영물기업인 Mekorot를 통해 해수담수화 플랜트 재이용 시설 구축에 힘쓰고 있다.

물 산업분야 선진 기술을 확보하고 있는 미국은 대규모 인프라 투자와 세계 최대 물 산업 전시회 및 WEFTEC 개최 등 국제 홍보를 통하여 내수 및 수출을 견인하고 있다. 독일은 세계 최고 수준의 기자재 기술력을 기반으로 민관워터 파트너십을 활성화하여 자극기업의 해외진출을 지원하고 있다. 프랑스에서는 민간 상하수도 사업에 투자하여 자국기업을 대형 물기업으로 성장 및 배출하여 세계시장 주도하고 있다. 베올리아, 수에즈 등 3개 기업이 자국 상하수도 99% 점유하는 등 민간시장 160년 역사를 자랑한다.

2.2 국내·외 시장 규모 및 전망

2.2.1 국내 시장규모

국내 물 저장탱크의 공공부분 신규 시장규모는 2019년 기준 조달청에서 발주되는 연간 800억 원 이상의 규모이다. 신축 아파트와 같은 공동 주택용 건설 시장 규모는 약 1500억원 시장이 형성되어 있다.

기 설치된 물 저장탱크의 노후화가 가속되어 2016년 경주지진 발생이후 매년 2000만톤 용량의 물 저장탱크 교체 수요가 있고, 그 규모는 약 1,150억원의 시장이 형성되고 있다. 2016년 경주, 2017년 포항에서 발생한 지진으로 인해 물 저장탱크가 파손됨에 따라 파손된 물 저장탱크 긴급복구 교체에 따라 305억원의 비용이 소요되었다.

재해 및 재난 대비 시장으로 국내의 경우 2016년 305억원, 국외의 경우 32,150백만 달러의 시장이 형성되어 있으며 내진 성능을 갖춘 물 저장탱크 시장은 매년 증가할 것으로 판단된다.

2.2.2 국외 시장규모

세계 물 산업 전체 시장은 2019년 기준 8,000억불 규모, 연평균 3% 성장 전망되고 있다. 물 저장탱크의 물 산업 전체 시장에서 차지하는 비중은 약 2% 정도로서 약 160억불 규모이나 다른 물 산업에 비해 낮은 실정이다.

표 2.1 국외 시장규모

구분	2013	2014	2015	2016	2017	2018	2019	2020	연평균
규모 (M$)	678,983	685,498	694,112	713,916	738,489	767,252	800,021	834,109	3%성장

선진국은 노후시설 개량, 개도국은 상하수도 인프라 확충, 중동은 해수 담수화 및 재이용 수요가 물 시장 성장을 견인하고 있다. 물 시장 기술 패러다임이 스마트 관리(ICT 융합), 고도처리로 변화, 관련분야 연평균 15%이상 급성장하고 있다.

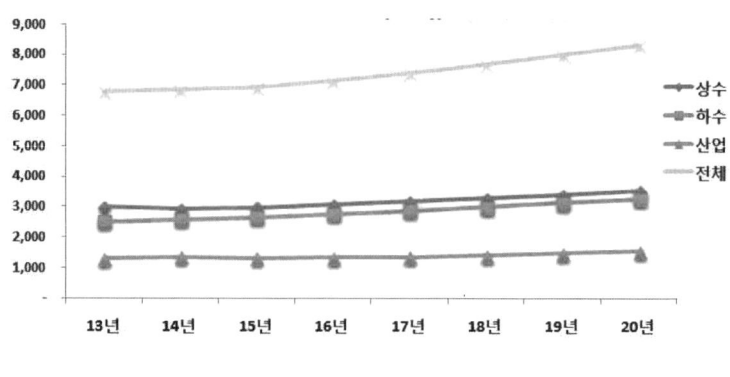

그림 2.2 분야별 물 산업 시장 규모

(자료출처: 환경부 "물산업 육성 전략" 보도자료, 2010)

2.3 국가별 해외시장 동향

2.3.1 베트남

> - 베트남은 급격한 경제성장과 인프라투자에 따라 물탱크 수출확대 가능
> - 중국, 일본 물탱크가 주로 수입되었으나, 최근 한국 제품의 수입 증가추세
> - 물탱크 품질은 물론, 가격경쟁력 확보가 중요함

1) 경제 상황

베트남의 경제 성장과 시장 접근성 증대 및 인프라 투자는 투자자들에게 중요한 매력 포인트이다. 베트남은 최근 경제 자유화와 새로운 외국인 투자 유치에 상당한 진전을 이루었다. 베트남의 GDP는 2013년 5.4% 증가했으며, 경제 범위는 1,700억 USD에 이르

렀다. 1인당 평균 수입은 1,964 USD로서 베트남 국민들의 생활수준은 상당히 향상되었다. 베트남은 세계경제포럼(World Economic Forum)의 Global Competitiveness Index 2013에서 148개국 중 70위를 차지했으며, 이는 2012년 144개국 중 75위에서 개선되었다. 베트남의 개선은 주로 거시 경제적 성과 개선, 시장 접근성 향상, 운송, 건설 및 에너지 인프라의 발전 영향인 것으로 나타났다.

2013년 베트남의 소비 지출은 미화 1억 9천 8백만 달러로 2013년 대비 성장률이 175개국 중 50위로서, 2018년 5.9%로 인도네시아와 동일하고, 태국(3.2%), 필리핀(5.3%), 미얀마(4.5%)보다 높은 것으로 나타났다.

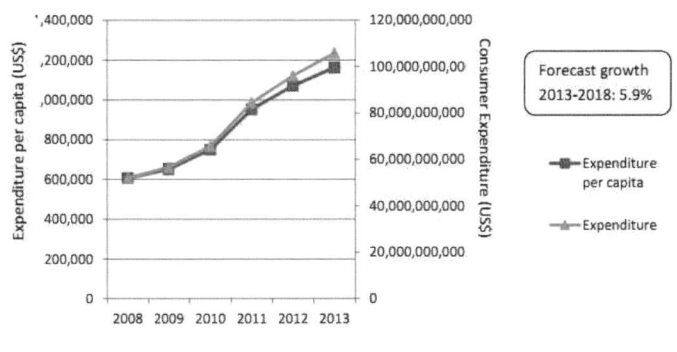

그림 2.3 베트남의 소비자 지출

(자료출처:Euromonitor Internation)

2009년 가계소비 평균 성장률은 2012년 5.1%, 지난 4년간 평균 8.9%에 비해 감소한 것으로 Nielsen Consumer Confidence Index는 2013년 소비자 신뢰가 회복되고 있는 것으로 나타났다.

2) 건설 시장 현황

2010년부터 2012년 사이에 베트남 부동산 시장의 위기로 급락 한 후 시장상황 개선에 대한 정부의 노력으로 2013년 건설 산업의 생산가치는 770.41조 VND(2012년 대비 7% 증가)에 도달했다. 베트남 건설부 연례 보고서에 따르면 이는 국가 GDP의 5.94%를 차지하며, 2013년까지 경제성장에 긍정적인 요소 중 하나로 간주되고 있다. 2013년 BMI에 의해 요약 된 베트남 전체 건설 산업의 총 가치는 2012년에 비해 5.85% 증가한 61억 달러를 기록하고 있다.

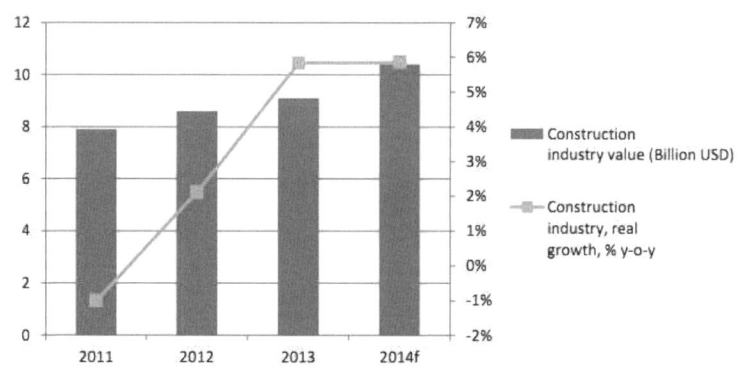

그림 2.4 베트남 건설시장 가치 및 성장률

(자료출처: KOTRA 해외시장뉴스, 2016.09.15., BMI)

3) 물탱크 수요

【가정용】

고층 건물이 집약된 도시지역의 대다수 모든 주택은 식수공급시스템에서 물탱크를 사용하도록 설계되었다. 최근 20년간 도시에서의 물 수요는 빠른 도시화 성장률과 대도시 및 도시 지역의 인구 확산으로 인해 급격히 증가하고 있다.

20년 이상의 리노베이션(Renovation) 공사기간 동안, 도시화 프로세스는 특히 지난 10년 동안 하노이, 다낭 및 호치민과 같은 대도시에서 매우 빠르게 진행되고 있다. 1990년부터 2000년까지 베트남 도시개발에 따른 도시화 비율은 약 17~18%로 급속히 변화고 있다. 베트남 건설부에 따르면 2020년 베트남의 도시화 비율은 약 40%, 도시인구가 4천 5백만 명에 육박하여 도시화 비율과 인구는 점점 더 빠르게 유지되어 물 수요와 저장을 포함한 인프라가 부족한 실정이다. 가정용 소비가 가능한 물 저장탱크 사업은 잠재적 기회가 있는 것으로 판단된다.

【산업 및 건축 지역】

주거 및 비거주 건물 부문은 2014년에 현저한 회복세를 기록하였고, 실제로 2014년에 7.6% 성장하였다. 베트남 소비자와 빠른 도시화 비율은 향후 몇 년 동안 쇼핑몰 및 호텔과 같은 주택 및 상업 건설 프로젝트에 대한 수요를 증가하고 있다. 2012년 8월 베트남 환경부에 따르면 베트남의 232개 산업단지 중 89개 산업단지에는 폐수처리시설이 없어 산업지역과 주거용 빌딩 모두에서 물 저장탱크가 필요한 실정이다.

4) 지하물탱크 및 수처리

베트남에서는 도시인구의 21%만이 음용수에 접근 할 수 있고, 농촌인구의 80%는 낮은 수준의 음용수에 접근 할 수 있다. 도시폐수는 전체에서 10%만이 처리되는 반면 농촌지역에서는 기본적으로 처리가 없어 베트남 정부는 정수 및 폐수 처리 프로젝트를 시행하고 있다.

베트남은 2014년부터 2018년 사이에 수자원 인프라 산업의 실제 성장률이 연평균 5.4%로 대규모 수처리 시설에 대한 상당한 잠재력을 가지고 있다. 베트남 주요 도시의 도시화는 수자원을 빠르게 오염시키고 동시에 식수 수요가 증가하고 있는 실정이다.

다자간 금융기관들은 상수도 프로젝트에 자금을 지원할 계획이고, ADB는 2011년에서 2020년 사이에 수도공급시스템을 개선하기 위해 10억 달러의 기금을 제공하기로 합의되어 베트남의 지하수 인프라가 낮고 정부의 향후 개선 계획으로 인해 수자원 사업자에게도 좋은 기회인 것으로 판단된다.

5) 물탱크 수입 현황

물탱크(HS code 730900 기준, 300리터 용량)에 관한 수입량 통계에 따르면 물탱크 수입수요는 최근 안정적으로 증가하고 있는 추세이다. 2009년 수입량은 2008년 1억 7,406만 달러에서 48억 3,100만 달러로 280%의 성장률을 기록했고, 이 기간에는 사용 수요가 증가하였다. 현지 생산은 베트남 국내의 소비를 감당할 수 없었으며, 베트남 국내 제품의 기술력은 수입제품보다 낮은 실정이다.

그러나 2009년부터 현지 생산기술의 변화와 국제품질표준을 갖춘 제품을 생산하기 위해 일부 대기업의 최신 생산라인 적용으로 수입량이 점진적으로 감소하고 있고, 수입량은 약 48,000백만 달러로 변동되었다.

표 2.2 베트남 물 저장탱크 주요 수입국 현황(HS Code 730900 기준)

순위	국명	수입액(1000USD)					총액	증가율(%)
		2008	2009	2010	2011	2012		2012/2011
1	중국	2,246	4,677	7,134	13,496	15,869	43,422	17.6
2	일본	5,175	4,610	8,031	11,510	9,835	39,161	-14.6
3	이탈리아	120	26,149	7,114	156	361	33,900	131.4
4	대한민국	2,321	6,545	4,366	5,334	11,711	30,277	119.6
5	인도네시아	0	20	2,062	4,340	620	7,042	-85.7
6	미국	972	355	2,143	1,303	1,734	6,507	33.1
7	대만	1,126	1,659	1,559	1,723	328	6,395	-81.0
8	말레이시아	488	107	2,022	2,559	907	6,083	-64.6
9	싱가포르	1,625	728	521	1,238	586	4,698	-52.7
10	태국	411	116	712	346	574	2,159	65.9
	총계	14,484	44,966	35,664	42,005	42,525	179,644	

(자료출처: KOTRA 해외시장뉴스, 2016.03.17.)

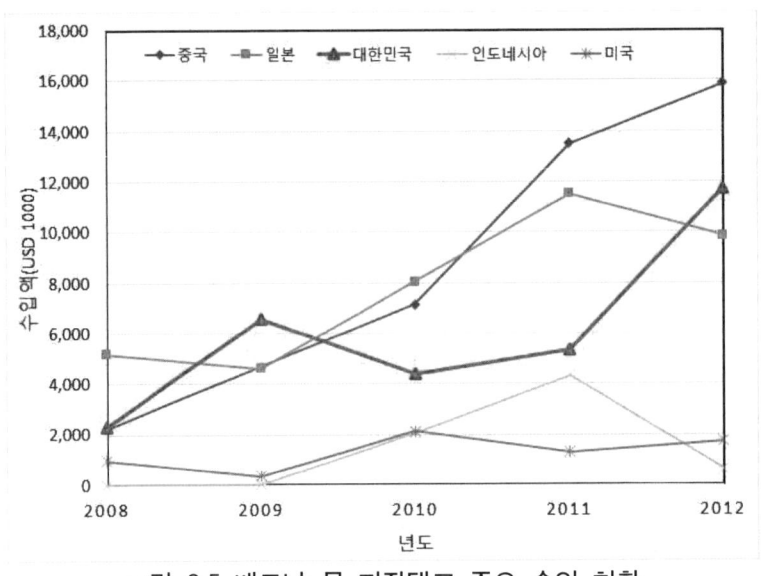

그림 2.5 베트남 물 저장탱크 주요 수입 현황

베트남 시장에서 주요 10대 수출국 중 중국, 일본, 이탈리아 다음으로 한국은 4위로서, 2012년에는 한국제품의 수입량은 119% 증가한 반면, 일본제품의 수입량은 15% 감소하였다. 현재 베트남에서 물탱크 수입시장은 중국, 한국, 일본이 주도하고 있고, 중국은 가장 높은 성장률을 기록하고 있으며, 일본은 다소 하락세인 것으로 판단된다.

6) 생산과 경쟁

베트남에서 물탱크의 수요가 꾸준히 증가함에 따라 최근에는 베트남 현지 생산되고 있고, 수입 제품과의 가격경쟁에서 상당한 우위를 차지하고 있다. 베트남에서 직접 생산되는 물탱크 종류로는 스테인리스 강, 플라스틱 및 복합재의 3가지 유형이 있다.

【스테인리스 물탱크】

합리적인 가격, 시공의 적절성 및 내구성이 좋아 가장 선호하는 물탱크로서 300~6,000톤 용량이 주로 설치되고 있다(기존 콘크리트 물탱크에서 스테인리스 물탱크로 교체되는 추세임). 베트남 현지 제조업체로는 Son Ha, Toan My, A My, Tan My, HWATA, Hong Giao, Tan A, LongNhien, Dai Son, Dai Thong 등이 있다.

【플라스틱 물탱크】

플라스틱 물탱크는 스테인리스 물탱크만큼 품질이 좋지는 않지만 저렴한 가격으로 많이 사용되고 있고, 플라스틱 물탱크의 내구성은 5년 보증하고 있다. 플라스틱 물탱크는 300톤, 500톤, 1000톤 이상의 용량이 주로 설치되고 있다.

【복합재 물탱크】

FRP(유리섬유 강화플라스틱)와 같은 복합재료로 제조되는 1000톤 이하 용량의 물탱크는 건축물과 공장 등에서 다양하게 사용되고, 콘크리트 물탱크, 플라스틱 물탱크에서 복합 물탱크로 교체하고 있다. 부식성이 없고 위생적이며, 다른 유형의 물탱크보다 가벼우며, 내구성이 뛰어나 도심지의 고층빌딩에 주로 적용되고 있다. 주요재료(FRP, HDG, 에폭시, SS)는 주로 말레이시아와 중국에서 수입되고 있는 것으로 나타났다.

2.3.2 인도네시아

- 물탱크(HS Code 3922.90 기준)의 수입액은 약 1천만 달러
- 수입 물탱크의 약 60%는 중국이 차지하고 있음
- 인도네시아 자국 물탱크 생산업체가 급격히 발전 중임

1) 경제 및 산업 환경

인도네시아의 경제성장률은 평균적으로 약 5%대를 상회하고 있으나, 베트남(7.15%), 필리핀(6.8%)에 비해 낮은 성장률을 보이고 있다. 최근 5년간 인도네시아 국내총생산(GDP)의 꾸준 한 성장으로 국민 생활수준도 동반 성장하고 있다. 인도네시아의 산업 중 가장 큰 부분을 차지하는 것은 제조업(20%), 건설(10%) 순이고, 인도네시아 내부 산업설비 노후화 및 인프라 부족으로 인해 많은 어려움 격도 있다.

2) 물 산업 시장

인도네시아는 세계 수자원의 6%에 해당하는 풍부한 담수 자원을 보유하고 있으나 심각한 강물의 오염과 수처리 시설의 부족 및 낙후로 인해 이용 가능한 수자원이 부족한 실정이다.

도시지역의 경우 국영 및 민영 상수도 기업이 협업해 상수를 공급하고 있고, 지방의 경우 국영지역상수도사업회사(PDAM: Perusahaan Daerah Air Minum)를 통해 상수 보급 및 관리가 이루어지고 있다. 2018년 기준 음용수 보급률은 73.68%로 상수원으로부터 물 공급기반 시설이 부족한 현황이다. 2018년 기준 식수 원천으로 부터 상수도 이용 비율은 10.66%에 불과해 국민 대다수가 여

전혀 상수도 이용이 어려운 실정이다.

3) 물 산업 현황 및 전망

인도네시아 정부의 적극적인 국가 중기 개발계획에 따라 다수의 수처리 프로젝트를 발주하고 있고, 인도네시아 정부 및 민간은 수처리 인프라 확장을 위한 다수의 프로젝트를 추진할 계획이다. 프로젝트 추진 주체로서 주요기관으로는 국영지역상수도사업회사, 대표적 민영기업으로는 Sembcorp Industries Ltd., PR. Aetra Air Jakarta 등이 있다.

인도네시아 물 산업 시장의 규모는 2019년 기준 35조100억 루피아로 집계되었다. 물 산업 중 수원 공급 및 저장하기 위한 산업의 성장은 이들 시설에 직접적으로 필요로 하는 저장탱크, 밸브, 펌프, 필터 등의 수요 증가로 직결되어 해당 제품의 매출은 최근 5년간 꾸준히 증가하고 있다.

상수 관련 시설의 노후화로 이를 대체할 수 있는 제품 및 기술 확보에 대한 관심이 확대되어 있다. 이에 따라 인도네시아 시장에 진출하려는 한국 기업은 유지보수 가능 여부 및 용이성에 대한 강조기 필요하다.

표 2.3 인도네시아 저장탱크, 밸브, 펌프, 필터 등의 판매액

연도	2014	2015	2016	2017	2018
판매액 (단위:백만 루피아)	9,094,773	11,288,860	12,156,810	12,522,770	12,783,020

(자료출처: KOTRA 해외시장뉴스, 2019.12.24.)

한국은 전체 수입국 중에서 11위로서 약 1%의 점유율을 점유하고 있다. 2013년 기준 인도네시아에 수입되는 물탱크(HS Code 3922.90 기준)의 수입액은 약 1천만 달러에 달하고, 중국이 60% 이상의 점유율을 차지하고 있는 것으로 나타났다.

표 2.4 HS Code 3922.90 기준 인도네시아 물탱크 주요 수출국

순위	국가명	수입액(US$ 1000)			점유율(%)		
		2011	2012	2013	2011	2012	2013
1	중국	4,451.689	5,764.321	6,158.012	65	66.9	61.4
2	영국	92.183	45.112	1,194.444	1.3	0.5	11.9
3	싱가포르	518.702	735.126	780.435	7.6	8.5	7.8
4	인도	0	0.044	434.118	0	0.0005	4.3
5	독일	216.225	177.077	330.778	3.2	2.1	3.3
6	말레이시아	74.811	610.528	311.691	1.1	7.1	3.1
7	일본	542.112	306.865	203.432	7.9	3.6	2.0
8	타이완	185.739	121.252	163.142	2.7	1.4	1.6
9	미국	202.596	250.530	117.278	3	2.9	1.2
10	이탈리아	161.892	165.959	117.172	2.4	1.9	1.2
11	대한민국	63.836	112.681	84.154	0.9	1.3	0.8
12	기타국가	338.488	330.248	142.201	4.9	3.8	1.4
	총계	6,848.273	8,619.743	1,0036.857	100	100	100

(자료출처: KOTRA 해외시장뉴스, 2016.03.03.)

표 2.5 HS Code 3922.90 기준 인도네시아 물탱크 주요 수입현황

HS Code	수입액(US$ 1000)			점유율(%)			증가율(%)	
	2011	2012	2013	2011	2012	2013	12/11	13/12
39	6,687,478	6,990,930	7,642,657	100	100	100	5	9
3922	18,127	23,222	27,658	0.27	0.33	0.36	28	19
3922.90	6,488	8,6120	10,037	38	37	36	26	16

(자료출처: KOTRA 해외시장뉴스, 2016.03.03.)

    인도네시아의 식수를 공급하기 위한 시스템으로는 얕은 우물, 핸드 펌프 우물, 저수지 빗물, 물 터미널, 물탱크, 스프링 보호 장치를 포함한다. 인도네시아의 식수 공급 시스템은 대부분의 배관 시스템으로 이루어져 있으나 주거지역에 식수를 저장하기 위해 대형 물탱크를 설치하기도 한다. 또한 물을 절약하기 위해 Hamente Waterleiding 일부 인도네시아 시민들은 자신의 집에 자체 물탱크를 가지고 있다.

    대형 물탱크는 아파트, 호텔 또는 쇼핑몰과 같은 고층건물과 물 사용이 많은 건축물에서 사용되고 있다. 물탱크를 수입하여 많이 사용하였으나 최근에는 인도네시아 자체에서 생산하는 노력을 하고 있는 실정이다. 인도네시아 현지에서 물탱크를 생산하는 주요업체로는 Penauin, Excel, Profil Tank 등 3개사가 주를 이루고 있고, Penauin사가 자국 시장의 약 50% 이상을 점유하고 있다.

그림 2.6 인도네시아 자체 브랜드 점유 현황

2.3.3 싱가포르

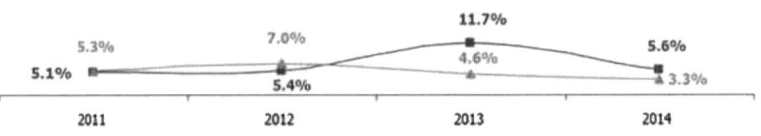

1) 경제 및 산업 환경

싱가포르의 성장을 견인하고 있는 주력산업은 서비스생산 산업으로 GDP의 70%를 차지하고, 제조 산업은 GDP의 26%를 차지하고 있다.

2) 물 산업 시장 현황

싱가포르는 대표적 물 부족 국가로 자체적으로 강이나 호수 등 수자원이 부족하며, 토지 면적이 좁고, 지층의 특징 상 충분한 양의 물을 보유하기에 불리한 구조임에 따라 물 보유를 최대화하기 위해 노력 중이다. 부족한 물 자원을 보관하기 위해 싱가포르는 2010년 기준 17개의 대규모 저수조(물 저장 탱크)를 보유하고 있다. 식수의 40%는 말레이시아에서 수입되고 있으나 국내 저수량의 증가로 식수 국내 공급량이 조금씩 증가하고 있는 것으로 나타났다.

3) 물 산업 현황 및 전망

싱가포르는 최근 650만 인구 육성 계획에 따른 인구 증가로 물 소비량도 증가하고 있고, 싱가포르 PUB(수도 전기 가스 통합 관리 기관)에 따른 향후 물 수요량은 인구 증가와 산업발전으로 2010년의 2배가 될 것으로 예측되고 있다. 싱가포르는 물 부족을 극복하기 위해 정부차원의 집중 투자로 물 관련 산업은 빠른 성장세를 기록하고 있다. 물 수입과 자국 내 물 저장을 위하여 대규모 물 저장 탱크가 신설될 계획이므로 이에 대응하여 최대 물 저장 용량 확대 기술에 대한 점검이 필요하다.

싱가포르의 스테인리스 물탱크 시장규모는 2013년 기준 4억6000만 달러로 전년 대비 1.2% 증가하였고, 국가적인 차원에서 환경 프로젝트의 중요도, 빈도 증가로 인한 폐수처리용 관련 물탱크 제품의 수요가 증가할 것으로 판단된다.

표 2.6 싱가포르 스테인리스 물탱크 시장규모 및 성장률

구 분 (단위: US$ 백만, %)	2011		2012		2013	
	시장규모	증가율	시장규모	증가율	시장규모	증가율
시장규모 및 증가률	473.8	8.9	455.0	-4.0	460.4	1.2

(자료출처: KOTRA 해외시장뉴스, 2015.02.25.)

물탱크 수입은 독일, 미국이 전체 수입의 40% 가량의 점유율을 보이고 있다. 한국산 제품의 수입비중은 2.3%로 8위이며, 최근 3년 동안 수입액과 점유율에 큰 변동이 없는 것으로 나타났다.

표 2.7 싱가포르 스테인리스 물탱크 주요 수입국 현황
(HS Code 842199 기준)

순위	국명	수입액(US$ 백만)			점유율(%)			증가율(%)
		2011	2012	2013	2011	2012	2013	2013/2012
1	독일	32.0	68.1	65.0	12.5	23.2	23.2	-4.5
2	미국	89.9	68.7	63.7	35.1	22.7	22.7	-7.3
3	이탈리아	3.7	14.5	25.3	1.4	9.0	9.0	73.9
4	중국	20.2	27.9	23.2	7.9	8.3	8.3	-17.2
5	일본	18.9	17.9	15.7	7.4	5.6	5.6	-12.1
6	말레이시아	10.6	15.8	15.2	4.1	5.4	5.4	-3.9
7	영국	10.2	11.5	9.7	4.0	3.5	3.5	-15.0
8	대한민국	3.1	6.6	6.3	1.2	2.3	2.3	-4.5
9	호주	0.7	3.7	5.9	0.3	2.1	2.1	59.3
10	프랑스	4.0	2.8	5.7	1.6	2.0	2.0	101.6
	총계	256.1	291.8	280.7	100	100	100	-3.8

(자료출처: KOTRA 해외시장뉴스, 2015.02.25.)

2.3.4 러시아

- 러시아에서 생산하는 물탱크는 한국 기술력을 기반으로 함
- 중국의 GRP 물탱크가 주로 수입됨
- 고품질로 승부, 브랜드 인지도 강화 전략 필요

1) 경제 및 산업 환경

러시아의 부족한 인프라 확장 및 현대화를 위해 약 180억 달러 예산을 2024년 까지 투입할 예정이다.

2) 물 산업 시장 현황

러시아의 수자원 관리를 책임지는 천연자원부(Minpriroda)는 수자원 관리 관계된 인프라시설의 설계 및 건설, 물매장량 관리의 조직화, 양수장 보호 및 개축, 지하수의 수질관리를 주요 기능으로 수용하고 있다. 2030년까지 러시아 수자원 개발을 목표로 법이 승인되었다. 이는 공급되는 물의 재사용 및 재이용을 통하여 안정적인 식수 공급, 수자원시설의 개보수, 홍수 등 재난재해 문제에 대한 예방조치를 구축함을 목적으로 하고 있다. 현재 수자원이용시스템을 개발하였고, 이는 물 부족 문제 해결 등을 주 목적으로 하고 있다.

3) 물 산업 현황 및 전망

러시아의 전국 물 사용량은 산업용수가 전체 물 사용량의 53%를 차지하고 있고, 생활용수가 13%, 농업용수가 15%를 차지하고 있다. 러시아 상수망 보급률은 2014년 기준 79%로 상수도 인프라 수준은 선진국 수준에 못 미치는 것으로 나타났다.

상수 공급망이 형성되지 않은 지역의 경우 물 저장 및 공급을 원활히 하기 위해 물 저장탱크를 대다수 사용함에 따라 물을 저장하기 위한 구조물, 밸브, 관망 등 물 저장 시설 분야 산업은 연평균 1% 이상의 성장률을 보이고 있다.

러시아 제조업체들이 생산하는 물탱크는 주로 강철을 주재료로 하는 원통형 컨테이너인 것으로 나타났다. 러시아 로스토프 지역의 'MOP COMPLEX 1'은 유일하게 스테인리스 물탱크를 제조하는 업체로서 해당 기업에서 생산되는 물탱크는 한국 기술력을 기반으로 하고 있다. 이 회사의 제품군은 최대 3만㎥ 용량의 원통형과 사각형 물탱크를 생산하고 있다.

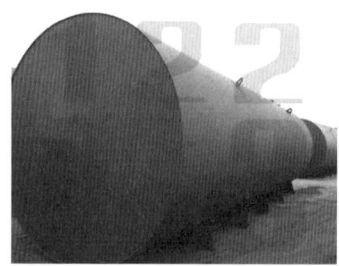
122 EMZ Factory

Penza Power Engineering Factory

그림 2.7 러시아 자체 생산되는 물탱크

(자료출처: www.tank-oil.ru, www.pzem.ru)

그림 2.8 COMPLEX 1에서 생산되는 물탱크

(자료출처: www.complex1.ru)

4) 주요 수입처

러시아 물탱크 시장에서는 주로 중국에서 제조된 GRP 패널 물탱크가 판매되고 있다. 중국 제조사의 경우 손쉽게 주문이 가능한 간편 시스템 구축되어 있다. 예를 들어 alibaba, micro fillterhousin, stainless steel-storage tank 등 글로벌 상거래 사이트를 통해 직접 주문 가능하다.

5) 주요용도

산업전반에서 다양하게 활용되고 있으며, 특히 석유, 가스 및 화학 산업의 수요가 두드러지는 것이 특징이다. 석유굴착용 플랫폼, 시추, 석유 및 가스 주유소 등에 설치되고 있고, 각 산업현장에서 수도관이 원거리에 있는 환경에서 기업으로의 물 공급은 중요한 문제이다. 화학합성, 비료 및 철강 생산 공장의 수요도 높은 편이며, 농업분야의 물탱크 수요도 있다. 기타 주요 사용처로는 음용수 및 공업용수 저장을 위한 수도 시스템, 화재 진화를 위한 소방용 물 저장 탱크, 유동 식품 및 유동제품(세정제, 오일, 농축된 산성 물질) 저장, 농약 등 용액 및 발포제 저장, 주류 및 다목적 대용량 제품 저장 등에도 사용되고 있다.

6) 수입동향

표 2.8 러시아 스테인리스 물탱크 수입국 현황

순위	국명	수입액(US$ 백만)			점유율(%)			증가율(%)
		2012	2013	2014	2012	2013	2014	2014/2013
1	중국	1	143	911	0.02	1.94	17.24	538.30
2	벨라루스	0	900	740	0	12.23	14.01	-17.68
3	독일	1337	1411	594	23.73	19.19	11.25	-57.89
4	대한민국	302	248	534	5.35	3.37	10.11	115.71
5	폴란드	325	668	500	5.77	9.08	9.46	-25.14
6	이탈리아	91	367	342	1.62	4.98	6.47	-6.65
7	영국	300	299	338	5.32	4.06	6.39	13.09
8	우크라이나	212	390	253	3.77	5.31	4.79	-35.19
9	리투아니아	354	192	232	6.29	2.61	4.39	21.00
10	핀란드	251	187	221	4.46	2.54	4.19	18.37
	총계	5,634	7,354	5,285	1000	100	100	-28.13

(자료출처: KOTRA 해외시장뉴스, 2015.08.13.)

7) 러시아 수출 시사점

국내 기업이 러시아로 수출할 경우 물 저장탱크 품질의 고도화 및 브랜드 인지도 강화 전략을 필요로 한다. 한국의 물탱크 제품의 대러 수출 순위가 상위권에 있는 점을 감안할 때 이미 기본적인 수요처는 확보된 상태로 품질 또한 인정을 받았다고 판단된다.

러시아 시장을 평정한 중국 제품의 가격 경쟁력에 상대할 수 있는 차별화된 마케팅 전략 필요하고, 제품의 홍보, 주요 수요처 확보보다 고품질로 고객의 신뢰를 얻는 것이 중요한 사항이라고 판단된다.

러시아는 낙후된 인프라 환경을 고려할 경우 진출확대 가능성 높다고 판단되고, 상대적으로 열악한 러시아 인프라 시설을 고려해볼 때 각종 산업에서 필요로 하는 물탱크 수요는 꾸준히 지속될 것으로 판단된다. 또한 시장 상황을 주시해 추가 수요처 확보를 통해 수출 증대의 기회로 삼을 필요가 있다.

2.3.5 수단

- 음용수 및 농공업용수 수요증가로 시장 성장세
- 한국산 물탱크 고품질로 인식하고 있으나, 가격경쟁력 확보 필요
- 면대면 상담을 통한 바이어 발굴 후 SNS를 통한 커뮤니케이션이 효과적

1) 경제 현황

수단은 세계 16위 면적에 나일강이 관통하는 광활한 농토, 금 등 풍부한 광물자원 보유하고 있는 반면에 미국발 제재(테러지원국 지정) 및 자본, 기술 부족으로 인해 제조업 등 사업화 수준은 미흡한 실정이다. AFDB(Africa Statistical Yearbook)에 따르면 농업 비중이 30%, 제조업 비중은 9.8% 정도로 집계되고 있다. 또한 전기, 가스, 수도 등 국민생활 인프라 산업은 GDP(2017년 기준) 대비 0.3%로

매우 미약한 실정이다.

2) 시장 개요

인구 42백만 명의 아프리카 수단 시장, 보건위생에 대한 관심 증가 속에 저수조로 불리는 GRP(SMC) 물탱크 시장 성장세를 보이고 있다. 타 중동국가와 마찬가지로 수단도 GRP 물탱크 수요가 크고 한국제품 인지도가 높은 편이다.

2000년대 들어 보건 위생에 대한 관심 증가, 농공업용수 수요 증가로 GRP 물탱크 시장이 급격히 성장하고 있다. 주요 수입처는 한국으로 한국산이 고품질 제품으로 평가받고 있다. 이외에도 중국, 터키, 인도, 말레이시아, EU 제품들이 시장에서 경쟁 중이다. 한국산 및 유럽, 인도, 터키산은 비교적 고품질 제품으로, 중국산 제품은 아직까지 품질이 이에 미치지 못한다는 것이 바이어들의 평가를 받고 있다.

그림 2.9 GRP(SMC) 물탱크 설치 현황

3) 전체 시장규모 및 수입동향

수단 현지의 GRP 물탱크 생산은 전무하므로 수입 통계를 통해 전체 시장 규모를 추산 가능하다. GRP 물탱크를 포함하는 HS코드 701990류(기타의 유리섬유 제품) 전체의 수입규모는 2018년 기준 1.8백만 달러 수준, 2016년 7.3백만 달러를 기록했으나 2017년 1.4백만 달러로 큰 폭의 하락 후 회복세이다. 2017년 경제위기가 심화되면서 일시적으로 수입규모가 크게 줄었지만 아직까지 수요가 지속적으로 증가하는 상태이다.

표 2.9 수단 GRP 물탱크 수입 동향

HS코드	수입액(US$ 백만)		
	2016년	2017년	2018년
701990	7.3	1.4	1.8

(자료출처: KOTRA 해외시장뉴스, 2019.12.11., 수단통계청)

물탱크 수입은 국가별로는 2018년 사우디로부터 수입이 49.5만 달러로 가장 많고, 다음이 한국으로 33.5만 달러, 그 뒤를 중국, UAE, 이집트, 터키, 인도 등이 뒤따르고 있다. 사우디아라비아, UAE 등 중동 국가로부터 수입은 경유 수입이 대부분인 점을 감안하면 실제 물을 저장하기 위한 저장탱크 수출 기업은 한국, 중국, 터키, 인도 기업들이 주를 이룬다. 아울러 아래 통계표에서 보는 바와 같이 연도별로 국가별 수입 편차도 다소 큰 것으로 나타났다.

표 2.10 수단 GRP 물탱크 주요 수출국(HS Code 701990 기준)

국가명	수입액(US$ 천달러)			증가율(%)
	2016년	2017년	2018년	2018/2017
사우디아라비아	108	143	495	346.1
대한민국	406	192	335	74.5
중국	429	387	296	-23.5
UAE	495	249	274	10.0
이집트	5,357	57	263	361.4
세인트비센트	25	37	74	100
터키	180	247	66	-73.3
인도	59	46	50	8.7
쿠웨이트	111	11	4	-63.6
기타국가	16	12	72	500

(자료출처: KOTRA 해외시장뉴스, 2019.12.11., 수단통계청)

4) 유통 및 경쟁 동향

GRP 물탱크 수입은 주로 건축자재 수입상 등 전문 수입유통상들이 수입중이고 이외 수처리, 건설사들이 사업확장 차원에서 동 제품을 취급중이거나 관심을 기울이고 있는 상태이다.

수단에서 가장 알려진 제품은 한국, 터키, 인도산 제품으로 중국, 말레이시아 제품도 시장에 소개되고 있으나 아직 품질 만족도가 높지 않은 편이다. 한국산 제품이 2018년 33만 달러 규모 수입, 시장에서 한국산 GRP 물탱크의 인지도는 매우 높은 편으로 코바, 상일, N&B 등이 잘 알려진 브랜드이며, 이외에도 다수 한국산 제품이 수출 중이다. 한국산 제품은 고가제품으로 인식하고 있고, 일반 상업용 보다는 농공업 용수용으로 다수 판매되고 있다.

수단 정부의 GRP 물탱크 관련 공공 프로젝트 발주 부처는 수자원전력부의 DIU(Dam Implementation Unit)에 따르면 품질 민감도가 높은 GRP 물탱크의 경우 한국산 제품이 강세이다. 특히 음용수용 GRP 물탱크의 경우 한국산 점유율이 80% 정도로 추산되고 있고, 수단 바이어 대부분이 한국산 품질에 대한 인지도가 높고 이외 인도, 터키산 등이 강세이다. 그러나 중국산과 일부 말레이시아산도 수입되고 있으나 이들 제품은 품질만족도가 낮다.

수단 정부는 한국산 GRP 물탱크가 품질면에서 가장 우수하여 한국산 제품을 선호하지만, 저가시장인 수단 특성상 경쟁력 있는 가격 책정이 필요하다. 수단이 미국발 경제 제재로 인해 외화 송금에 제약이 있는 점을 감안, 제3국 결제 등 유연한 결제방식 채택과 A/S 등에 대한 지원도 필요로 한다.

수단 GRP 물탱크 시장이 성장하고 있고, 최근 2~3년 경제위기발 수단 정국상황 악화로 수요가 위축되었지만 중장기적으로 물탱크 시장은 커질 것으로 판단된다.

5) 시사점

위생에 대한 관심 증가로 깨끗한 음용수, 농공업용수 수요 확대로 GRP 물탱크에 대한 수요 증가세에 있다. 전문 수입상, 건설엔지니어링, 수처리 기업들이 시장에서 활동하고 있다. 제품 특성상 수입 뿐 아니라 설치 및 A/S를 일괄 공급할 수 있는 파트너 발굴이 필요하다. 또한 수단의 수도인 카르툼내 쇼륨 보유, 지방 판매네트워크, 제3국 결제 등 수입대금 결제 역량 검증을 필요로 한다.

면대면 상담을 선호하는 수단 바이어들의 특성을 감안하여 수단으로의 출장 또는 두바이 등 인근국 전시회 참가, 한국내 전문전시회에 바이어 초청을 통한 바이어 발굴이 효과적인 것으로 판단된다.

아울러 관심 바이어 발굴 후에는 이메일 보다 SNS를 선호하는 수단인들 특성을 감안 이메일 교신과 함께 현지인이 선호하는 'Whatsapp'을 통해 이메일 커뮤니케이션을 보완하는 것이 유리할 것으로 판단된다.

2.3.6 오만

- 중동지역 오만에 국산 GRP 물탱크 수출확대 가능
- 전체 시장규모는 약 500만 달러
- 고가 일본제품과 말레이시아 저가제품이 시장 장악 중
- 제품의 무게, 태양광 차단능력, 조류와 세균번식 억제 기능 등이 중요

1) 산업 및 경제 현황

오만은 경제성장과 인구증가에 따라 물과 전기의 수요 지속적으로 증가하고 있다. 중동 GCC국가의 일원인 오만의 인구는 약 300만명(2011년 인구센서스 자료는 277만명이나, 실제로는 300만명이 넘을 것으로 추정됨)으로, 매년 2%의 높은 인구 증가율을 기록되었다. 이에 따라 물과 전기의 수요도 계속 늘어나고 있다.

과거에는 오만에서도 정수장, 주택단지, 빌딩, 병원, 호텔, 산업시설 등에 있어 콘크리트 물탱크나 강재 물탱크가 많이 사용되었다. 그러나 콘크리트 물탱크는 균열이 발생하면 건축 전체의 안전성과

수명에 악영향을 미칠 수 있고, 강재 물탱크는 녹이 쉽게 발생하는 경향이 있어 GRP패널 물탱크의 수요가 크게 늘고 있는 실정이다.

2) 물탱크 시장 현황

오만에서 GRP 물탱크의 시장규모는 약 500만 달러이다. 무스카트 무역관이 오만 현지의 주요 바이어들을 접촉한 바에 따르면, GRP 물탱크는 품질과 가격에서의 강점을 이유로 지난 10년간 시장을 크게 확대하고 있다. 또한 오만 수전력청 등이 시행하는 프로젝트에 향후에도 GRP 물탱크의 수요가 증가할 것으로 전망되고 있다.

오만에서는 Amiantit, Al Hosni 등의 자국기업들이 유리섬유탱크나 회전성형 플라스틱 물탱크를 생산하고 있으나 GRP 등 다른 재질의 물탱크 생산업체는 없다. 특히 GRP 물탱크는 전량 수입되며, 연간 시장규모는 약 500만2000달러로 추정된다.

오만시장에서는 약 10~12개의 브랜드들이 GRP 물탱크시장에서 경쟁하며, 특히 최근에는 UAE, 사우디아라비아로부터의 수입도 늘어나는 추세이다. 2012년 10월 기준 가격경쟁력이 높은 말레이시아산 Pipeco 제품의 시장점유율이 가장 높으나, 오만 왕실이나 정부기관에서는 아직 Bridgestone이나 Mitsubishi 등 일본에서 수입된 물탱크를 선호하는 편이다. 그러나 최근에는 Pipeco 제품도 오만 왕실부로부터 제품공급 허가를 받아 고가 제품군의 경쟁도 심해질 것으로 예상된다.

3) 물탱크 설치 형태

오만의 공공기관은 미관을 고려해 물탱크를 지하에 설치하고자 하는 경향이 있다. 물탱크는 산업시설, 상업시설, 주거시설, 병원,

학교 등은 물론 음료회사, 담수화 플랜트, 정수장 등에서 사용되며, 주거지에서는 일반적으로 회전성형 플라스틱 물탱크가 사용되고 있다. 공공기관 빌딩들은 미관을 고려해 모든 물탱크를 지하에 설치하여 사용하고 있다. GRP 물탱크의 최종 소비자는 역시 공공기관으로 오만 수전력청, 주택부, 술탄 카부스 대학과 병원, 교육부, 국방부 등을 들 수 있다.

오만에서 물탱크는 영국의 WRAS 인증을 보유해야 하며, 특히 오만 보건부와 왕실부의 허가를 반드시 받아야 오만 내에 납품이 가능하다. 오만 보건부와 왕실부의 허가는 해당 기관으로부터 직접 받거나 관련 프로젝트의 컨설턴트를 통해 받을 수 있다.

오만 내에서 활동 중인 주요 컨설턴트는 Triad Oman, Mott MacDonald, Cowi & Partners, Gulf Engineering, W.S. Atkins 등이 있다.

4) 물탱크 수입 현황

GRP 물탱크 주요 수입국은 말레이시아, UAE, 일본, 한국 등 이다. 구체적으로 Pipeco가 가격경쟁력 우세로 약 70% 점유하고 있고, 기타 브랜드들이 30% 점유하고 있는 실정이다. 무스카트무역관에 따르면 오만 내에 건설 활성화로 GRP 물탱크의 수요가 크게 증가할 것으로 전망된다. 그러나 한국 브랜드들은 가격경쟁력에서 다소 고전하고 있는 실정이다.

표 2.11 오만 내 유통 중인 주요 GRP 물탱크 브랜드 현황

회사명	국가명	오만 내 배급업자
Bridgestone	일본	Al Muttawa
B K Platek	대한민국	A사
Mitsubishi	일본	Gulf Services
Korawan	대한민국	B사
Pipeco	말레이시아	Al Ansari
Sungil	대한민국	C사
FTC	두바이	Target LLC
Anchor Links	말레이시아	Oman Pumps
Hi Tanks	대한민국	D사

(출처: KOTRA 해외시장뉴스, 2012.10.21.)

5) 수입동향

HS 39251000(300리터 이상 용량의 플라스틱 물탱크)를 기준으로 할 경우 국가별 시장점유율은 말레이시아 42%, UAE 18%, 일본 11%, 한국 7%, 인도 5% 순으로 점유하고 있다.

6) 오만 수출 시사점

오만은 시장규모가 UAE나 사우디에 비해서는 크지 않으나, 경제가 매년 5% 이상 성장, 인구증가율 2% 이상으로 공략할 가치가 있는 시장이다. 오만의 GRP 물탱크시장 진출에 관심이 있는 한국기업은 현지 발주처, 컨설턴트와 좋은 관계를 보유하고 있는 배급업체와 독점계약을 체결한 후 제반 허가를 취득하는 순으로 업무추진

이 필요하다. 오만의 물탱크 시장 진출을 위해서는 가격 뿐 아니라 제품의 경량화 정도, 태양광 차단능력, 세균과 조류 차단능력 등이 필요하다. 오만은 다른 GCC국가와 마찬가지로 민간분야 보다는 정부주도의 경제개발이 이뤄지고 있어 관공서와 정부기관을 중심으로 마케팅 계획을 세워야 한다.

표 2.12 오만 플라스틱 물탱크 수입동향(HS 39251000 기준)

국가명	수입액(US$)		
	2009	2010	2011
말레이시아	1,155,146	1,209,372	1,385,829
UAE	256,173	848,159	581,012
일본	441,340	250,164	360,485
대한민국	104,354	222,589	216,419
인도	7,381	76,397	154,791
미국	40,765	11,029	139,430
기타	368,909	519,163	427,540
합계	2,374,068	3,127,873	3,265,506

(출처: KOTRA 해외시장뉴스, 2012.10.21.)

2.3.7 뉴질랜드

- 물탱크 수요는 주택, 산업용 건물 및 공원이나 골프장 등에 주로 사용
- 최근 기후변화에 따른 가뭄으로 빗물 저장 목적으로 많이 이용
- 물탱크 해외 수입 규모는 크지 않으나 지속적 증가 추세
- 제품의 품질규정이 확립되어 내구성 및 고품질 전략이 필요함

1) 산업 및 경제 현황

뉴질랜드는 2009년 금융위기 이후 2% 수준의 경제 성장을 지속하고 있고, 최근 대규모 도시 인프라 건설 프로젝트로 2019년 기계류, 철강 제품 수요가 급증하고 있다.

2) 물탱크 시장 현황

조사대상 품목을 포함한 지하 매립형 플라스틱 물탱크는 빗물저장 및 재활용(Rainwater Harvesting System), 오폐수 처리용도로 사용되고 있다. 뉴질랜드에서 물탱크 수요는 주택 및 사무실, 산업용 건물, 공원이나 골프장 등에 주로 사용되고 있다. 뉴질랜드는 국토 면적에 비해 인구가 적고 일부 대도시를 제외한 지역, 특히 농촌지역의 경우는 빗물을 저장해서 재활용하는 경우가 많으며 식수로도 사용하고 있어 가정용 수요가 많은 편이다.

가정용의 경우 대부분이 단독주택인 관계로 5톤에서 10톤 내외의 소형 크기의 물탱크가 주로 쓰이며, 300톤 이상 대용량 탱크의 경우는 산업단지 내 오폐수 저장용이나 대형공원이나 경기장의 강우 저장시설(Stormwater Storage)로 쓰이고 있다.

최근 가뭄이 계속되면서 빗물 저장시설에 대한 중요성이 더욱 크게 인식되고 있으며, 정부에서도 빗물 저장시설의 설치를 권장하고 있어 수요는 더욱 늘어날 것으로 예측된다.

그림 2.10 가정용 빗물 저장 설비 예

3) 물탱크 수입 현황

물탱크가 포함된 HS Code 392510의 뉴질랜드 수입통계에 따르면 이 제품군(HS Code 392510)의 2012년 전체 수입액은 157만 달러이며, 중국이 79만6000달러로 수입액의 절반을 차지하고 있다. 그 뒤를 호주(51만8000달러, 시장점유율 32.94%), 독일(9만1000달러, 시장점유율 5.83%), 미국(8만9000달러, 시장점유율 5.71%) 순으로 기록하고 있다. 상위 4개국의 수입시장 점유율이 95%에 달하고 있으나 전체 수입액 규모가 크지 않아 큰 의미는 없다. 물탱크의 경우 수요에 비해 수입 규모가 상당히 낮은 편이다. 이는 해당 HS Code가 300톤 이상의 건설용 대형 탱크를 대상으로 하고 있어 물류비용의 부담이 커서 수입보다는 현지 생산 비중이 높다고 볼 수 있다.

뉴질랜드 내에서 한국은 2010년 1만2000달러 이후 물탱크 수출 기록이 없다. 특이사항으로는 뉴질랜드가 수입국 6위로 기록되어있는데, 이는 뉴질랜드 생산 제품이 해외로 수출되었다 다시 역수입된 것으로 확인된다.

표 2.13 뉴질랜드 물탱크 수입국 현황(HS Code 392510 Plastics; Build)

순위	국명	수입액(US$ 백만)			점유율(%)		
		2010	2011	2012	2010	2011	2012
1	중국	0	0.045499	0.796181	0	7.07	50.55
2	호주	0.386951	0.547261	0.518760	88.47	84.98	32.94
3	독일	0	0.093229	0.091808	0	6.09	5.83
4	미국	0.028612	0.003191	0.089864	6.54	0.50	5.71
5	이탈리아	0.005491	0.000962	0.041871	1.26	0.15	2.66
6	뉴질랜드	0	0	0.026192	0	0	1.66
7	프랑스	0	0.007689	0.009246	0	1.19	0.59
8	영국	0	0	0.000880	0	0	0.06
9	대만	0	0	0.000271	0	0	0.02
10	말레이시아	0.001982	0	0	0.45	0	0
11	인도네시아	0	0.000144	0	0	0.02	0
12	대한민국	0.012049	0	0	2.76	0	0
	총계	0.435085	0.697975	1.575073	100	100	100

(자료출처: KOTRA 해외시장뉴스, 2013.08.12.)

【유통구조】

해당 제품의 유통구조는 크게 대형 하드웨어 판매점이나 딜러 망, 그리고 엔지니어링 업체의 직접 조달 등으로 나눌 수 있다.

Place Maker社나 Bunnings社와 같은 대형 하드웨어 판매점이나 지역별 딜러 망에서 해당품목을 판매하고 있는데, 최근 들어 제조업체에서 온라인을 통한 직접 판매가 활성화 되고 있는 추세이다.

해당 업체 관계자에 따르면 온라인 판매의 경우 DIY용 소형 탱크에서부터 대형 탱크까지 전 제품을 취급하고 있으며, 전 지역 배송과 설치 업체 연결까지 서비스하기 때문에 이용이 늘고 있다.

대형 물탱크나 대규모 구축 설비의 경우는 엔지니어링 업체에서 현지 제품과 수입 브랜드를 자체 조달해서 사용하고 있다. 대표적인 엔지니어링 업체인 Hynds社의 경우 뉴질랜드 RX 제품과 독일의 Graf 제품을 직접 조달해 사용하고 있으며, Maskell社의 경우는 호주 브랜드인 Envirotank를 수입해서 사용하고 있다.

【경쟁동향】

뉴질랜드 플라스틱 제조협회(www.plastics.org.nz)에 의하면, 조사 품목을 포함한 플라스틱 제품 제조업체가 뉴질랜드 내에 약 400여 개 이상 존재하며, 직원 100명 이상의 대규모 업체도 14개나 있는 것으로 파악되었다. 플라스틱 원료는 전량 해외에서 과립형태로 수입되어 뉴질랜드 현지에서 제품으로 가공되며, 연간 약 22만 톤 정도의 원료가 수입되는 것으로 조사되었다. 2012년 기준 플라스틱 산업의 매출액은 33억 달러 규모이며, 이는 플라스틱 전 제품을 포함한 것으로 조사 품목의 시장규모와는 차이가 있다.

플라스틱 물탱크의 경우 제조과정이 간단한 데 비해 부피가 커서 물류비용의 부담이 큰 관계로 수입보다는 현지 제조가 유리한 편이다. 이미 많은 수의 현지 제조업체가 시장을 장악하고 있는 상황으로 파악되었다.

수입제품의 경우 뉴질랜드 현지 엔지니어링 업체가 호주, 유럽 등지에서 직접 조달해 사용하는 경우가 많은 것으로 조사되었으나 수입통계에서 확인할 수 있듯이 큰 비중은 없어 보인다.

4) 뉴질랜드 물탱크 대표 제조 및 수입 브랜드

promax ENGINEERED PLASTICS	Promax Engineered Plastics Ltd (www.promaxplastics.co.nz) - 뉴질랜드 현지 플라스틱 탱크 제조사 - 물탱크, 연료탱크, 빗물 저장탱크 등 취급 - 탱크제품은 자체 생산이며, 펌프류 같은 부속 품목은 호주, 중국에서 수입
GREENTANK	Greentank Ltd (www.greentank.co.nz) - 1993년에 설립된 FRP 탱크 제조사 - 물탱크, 연료탱크, 폐수탱크 취급 - FRP(섬유강화플라스틱) 재질로 친환경 탱크 생산
AQUA	Greentank Ltd (www.greentank.co.nz) - 1993년에 설립된 FRP 탱크 제조사 - 물탱크, 연료탱크, 폐수탱크 취급 - FRP(섬유강화플라스틱) 재질로 친환경 탱크 생산
DEVAN	Devan Plastic Ltd (www.devan.co.nz) - 1988년에 설립된 플라스틱 물탱크 및 폐수탱크 제조사 - 매립형, 지상형 등 다양한 물탱크 제품 제조 - 웹사이트상에서 온라인 판매
BAILEY TANKS	Bailey Tanks Ltd (www.tanks.co.nz) - 40년 역사의 플라스틱 물탱크 및 폐수탱크 제조사 - 물탱크, 하폐수 저장탱크 및 IBC 제조 - 웹사이트상에서 온라인 판매
GRAF	Otto Graf GmbH (www.graf-water.com) - 50년 역사를 가진 독일의 플라스틱 탱크 제조사 - 뉴질랜드 관개수로 및 배관 관련 건설 및 엔지니어링 업체인 Hynds에 공급하고 있음
ENVIROTANK	Envirotank New Zealand Ltd (www.envirotank.co.nz) - 호주에 근거지를 두고 있는 플라스틱 탱크 제조사 - 뉴질랜드 관개수로 및 배관 관련 건설 및 엔지니어링 업체인 Maskell에 공급하고 있음

【품질인증제도-안전표준】

안전표준과 관련하여 뉴질랜드는 호주와 TTMRA(Trans-Tasman

Mutual Recognition Arrangement)라는 상호인증협정(1998.5.1부 발효)을 체결하였다. 뉴질랜드 표준(Standard) 제도의 기본은 인체의 안전에 있으며, 공산품 전반에 걸친 표준에 대한 인증을 담당하는 기관은 소비자보호부(Ministry of Consumer Affairs) 산하의 뉴질랜드 표준원(Standards New Zealand)이다.

뉴질랜드 표준을 신청하는 방법은 뉴질랜드 표준원(www.standards.co.nz)을 접촉하여 신청 하고자 하는 품목에 대한 표준 내용을 파악하여야 하며, 유료인 경우 수수료를 지불해야 한다.

조사대상 품목의 경우 주 원료인 플라스틱 재질에 관하여 아래와 같은 안전 표준을 획득하거나 인증을 획득한 재질을 원료로 제품을 제작하여야 한다.

- AS/NZS 4020: 2005 Portable (Drinking) Water Standard
- AS/NZS 2070: Part 1 and Part 8 Australian Standard for Food Contact
- AS/NZS 4766(INT): 2006 Polyethylene Storage Tanks for Water and Chemicals

2.4 국내·외 정책동향

2.4.1 국내 정책 동향

세계 물 시장의 확대와 해외 물 사업 수주 실적 증가로 물 산업에 신규 진출하는 국내기업이 늘어나고 있으며 국내 건설업계의 해외진출도 증가하고 있는 추세이다. 삼성, 웅진, 두산, 코오롱, 효성 등은 물 산업에 이미 진출해 있으며, 2010년 SK와 도레이 등 다수의 국내기업이 물 산업 진출계획을 발표하였다.

다수의 해외 EPC 수주 경험을 바탕으로 투자 및 운영관리가 포함된 BOT(Build Operate Transfer) 사업 진출 등 고부가가치 사업의 수주를 위해 많은 노력을 기울이고 있다. 국내 기업의 해외 진출 희망지역으로는 상대적으로 사업 경험이 많고, 재정적으로 건전한 중동지역을 목표로 하고 있는 것이 특징이다.

국내 기업들은 해외진출을 위해 전략적 제휴의 확대, 기존 사업의 확장, 차별화 전략 등의 다각적인 사업전략을 구사하고 있다. 첫째, 전략적 제휴를 통해 국내외 기업간 컨소시엄 및 M&A 등 전략적 제휴 확대를 통한 해외 시장공동 진출을 시도하고 있다. 둘째, 수직 계열화를 통해 수처리 플랜트 사업에 경쟁력을 갖춘 코오롱, 삼성, LG 등 대기업들은 계열사들을 통해 소재 개발, 공급, 시공, 운영까지 수직 계열화하면서 사업의 시너지 창출을 도모하고 있다. 또한 기존 사업 확장을 통해 제일모직, 웅진케미컬, SK케미컬 등 소재 및 화학 전문기업은 멤브레인 등 고부가가치의 수처리 소재사업에 새로 뛰어들거나 공격적으로 사업을 확장하고 있다. 마지막으로 차별화 전략으로 삼성 SDS, LG CNS, SK C&C 등 IT서비스 기업들은 IT기술을 접목한 '지능형 수자원관리시스템 사업(가칭)' 등으로 해외진출 차별화를 모색하고 있다.

국내 기업들의 물 산업 수주규모는 1965~2010년까지는 약 37조 원에 달하며, 2010년은 약 16억 달러로 세계 물 산업 건설시장(619억 달러)의 2.6% 차지하고 있다. 분야별로는 담수화시설 수주가 14억불로 전체 수주 비중의 88%를 차지하고 있어 상하수도, 댐 분야에 비하여 해외 물 산업 수주에서 압도적 비중을 차지하고 있다.

표 2.14 2010년 해외 물 사업 수주 현황

구분	상수도	하수도	댐	담수화시설	계
금액(백만불)	12.9	36.8	143.2	1,459.6	1,652.5
비중(%)	0.78	2.22	8.67	88.33	100.00

(자료출처: 국토해양부 "물산업 해외시장 진출 활성화 방안 연구", 2011)

1970년대 중반부터 중동지역의 수주량이 급증하여 2001~2010년 기준으로 중동지역이 해외 물 사업 총 수주량의 86.2%를 차지할 정도로 국내 기업들의 해외 진출이 중동지역을 중심으로 이루어지고 있다. 1965년 이후 500건의 수주실적이 49개국에서 이루어졌는데 금액 기준 상위 10개국 중 필리핀을 제외한 9개국이 중동·북아프리카 지역에 있는 국가들로 나타났다.

우리나라 물 산업의 해외 진출은 「시설 및 건설」 분야에 집중되어 있으며, 「운영·관리」 분야의 진출은 미흡한 실정이다. 2007~2009년 물 산업 분야의 대규모 해외사업 진출 가운데 시설 및 건설 분야의 비중은 계약액 기준 88.5%를 차지하고 있다.

2001~2010년 113억 달러의 수주 실적을 살펴보면 해수담수화 시설부문이 66.7%, 상하수도가 23.3%, 댐 건설, 오폐수 처리시설, 용역부문은 각각 4.4%, 5.5%, 0.2% 차지하고 있다. 2001~2010년 기준으로 해수담수화와 상하수도 시설 건설 부문의 수주 실적이 90%를 차지하여 이 분야에 지나치게 편향된 경향을 보인다.

2.4.2 국외 기업 동향

차별화된 기술역량 및 적극적인 M&A를 통해 성장하였으며, 관련 분야의 Total Solution 제공 및 현지 밀착경영을 추진하고 있다. Nalco社(미국)는 수처리 관련 화학물질 제조 기업으로 전 세계 수처리 약품 시장의 17%를 점유한 1위 기업으로 전 세계 48개 생산시설을 통해 현지 시장을 공략하고 있다. Siemens社(독일)는 제조, 건설시공, 운영 및 관리를 포함한 전 사업 단계의 가치사슬(Value-chain)에서 토탈솔루션(Toal Solution) 제공을 추구하고 있으며, 북미 및 유럽의 제조 및 운영기업들을 인수하여 현지 시장을 진출하였다. 자국 및 유럽시장을 중심으로 성장하였으며, 점차 중국, 중동 등 신흥 시장 진출 및 운영, 제조분야 진출을 추진하고 있다.

CH2MHILL社(미국)은 EPC(Engineering Procurement Construction) 사업으로 성장한 전통 시공기업으로 물 산업 전 사업(Value-chain) 영역으로 사업을 확대 추진하고 있다. 자국에서의 오랜 운영 경험을 바탕으로 운영 사업 중심의 해외진출 전략을 추진하고 있으며, 제조업에서는 철수하는 추세에 있다.

세계 1, 2위인 Veolia社, SUEZ社는 M&A 등을 통해 제조 및 시공부문에 진출하였으나 부문 간 시너지 미흡, 재정악화 등의 이유로 철수하고 운영사업에 집중하고 있다. Veolia社(프랑스) US Filter社를 인수하여 제조부분에 진출하였으나, 2004년 동 사업에서 철수했으며, 2003년 시공부분에서도 사업수익 저조로 철수하였다. SUEZ社(프랑스)는 Nalco社, Calgon社 등 인수를 통해 제조 사업에 진출하였으나 매각하였고, 현재는 매출의 85% 이상을 운영부문에서 발생하고 있다. PUB는 물 산업 허브의 운영기관으로서 물 산업 클러스터 앵커 역할 수행과 기술개발 및 역량강화, 국제화 등 물 산업 육성프로그램을 시행하고 있다. 자국 물 산업 플래그 쉽 프로젝트에 자국 기업을 참여시켜 단기간에 물산업 육성과 세계 최고 수준의 물산업 기술력을 확보하고 있다. 정수시스템 제조회사인 Hyflux 社는 정부 주도의 NEWater Project(물 재생 프로그램)에 참여하여 세계적 물 전문기업으로 성장하였다.

이스라엘에서는 2005년 이래로 국가 성장전략 차원에서 물 산업 육성 추진 중 이며, 18개 정부부처 및 관련 기관이 참여하는 NEWTech(Novel Efficient Water Technology) 착수하였다. 2020년 해외수출 200억 달러의 '물 산업 기술 분야의 실리콘벨리(the Silicon Valley of Water Technology)' 도약 목표를 제시하였다. 범정부 차원의 물 산업 육성정책과 Mekorot社(수자원공사) 중심의 클러스터링 전략을 통해 2005년 이후 물 산업 해외수출 증가 연평균 26% 달성하였다. Mekorot社의 공동연구개발, 기술보증, 마케팅 등 물 산업 앵커역할의 성공적 수행으로 세계 물 시장을 선점하였다. 20여개 분야 총 270개에 달하는 중소벤처 기업들을 통해 글로벌 물 산업 첨단기술(Advanced Water Technology) 시장을 창출, 현재 100여 개 국가에 수출 중이다.

표 2.15 주요 선진국의 물 산업 육성 전략 비교

구분	물 산업 육성 전략	해외진출 지원
(프랑스)	· IOW 설립하여 자국기업 해외 진출 지원	· 해외지원 시 자국기업 동반 진출 지원 · 자국기술의 국제표준화
(일본)	· '물 비즈니스 해외진출 연구회' 물 산업 해외진출 방안 발표	· 해외 물 기업인수와 M&A 통한 해외거점 확보
(싱가포르)	· 대형 국책사업(NEWater Project) 추진을 통한 기술력 경쟁력 확보 · 자국 수자원공사(PUB)을 통해 물 산업 육성사업 수행	· 물 산업 허브구축전략
(이스라엘)	· 대형 국책사업(NEWTech) 추진을 통한 기술력 경쟁력 확보 · 자국 수자원공사(Mekorot) 중심의 클러스터 전략	· 벤처육성을 통한 첨단기술 시장 창출
(대한민국)	· R&D 투자확대를 통한 원천기술 개발 · 물 산업 실증화 단지 구축 · 전문 인력 양성 · 전문 물 기업 육성 · 신성장 동력 육성	· 물 산업 펀드 조성 · 물 분야 ODA 규모 확대 · 해외진출 민관 협의체 구축 · 권역별 맞춤 진출전략 수립 · 통합 물 관리 등 신시장 선점

2.4.3 주요국 정책의 시사점

프랑스와 일본과 같은 물 산업 선진국들은 기술력과 자본에 있어서 시장경쟁력 우위를 유지하기 위한 다양한 전략을 마련하고, 자국기업의 해외진출을 지원할 전담기관을 설치하였다. 이로서 자국

기술의 국제 표준화 추진, 해외 원조 시 자국기업의 동반진출 지원, 해외기업 인수 등을 통한 해외거점 확대 등 자국이 지닌 기술과 자본의 강점을 최대한 이용할 수 있는 전략을 마련하고 이를 담당할 전담기관을 운영하고 있다.

싱가포르와 이스라엘과 같은 물 산업 후발 선진국들은 세계적으로 대표적인 물 부족 국가로서의 단점을 극복하기 위한 대형 국책사업에 자국기업을 참여시켜 기술력을 향상시킴과 동시에 실적을 확보할 수 있도록 하여 자국 기업의 해외진출을 지원하고 있다.

프랑스, 일본 등 물 산업 선진국에 비해 부족한 자국의 자본, 인력, 기술 등을 극복하기 위하여 허브전략 등을 추진하고 첨단기술 경쟁력 확보를 위한 벤처육성을 적극 지원하고 있는 실정이다.

제3장 기술동향

3.1 기술 세부 분석

3.1.1 개요

　대형 물 저장탱크는 소비자에게 안정적으로 식수를 공급하기 위한 시설물로서 음료용 및 산업용 용수의 품질을 위생적으로 유지하여야 한다. 이를 위해서는 정수압 및 지진 등에 의한 동수압에 대한 안정성이 요구된다. 그러나 공동주택의 경우 물 저장탱크 시설의 관리 및 위생상의 문제 등을 이유로 점차적으로 축소되고 있다.
　지진이나 태풍, 홍수, 이상가뭄 등의 자연재해에 의한 단수상황이나 취수장, 정수장 및 배수지에 대한 테러, 전시상황 등의 인위적인 재해 시 국민 재난안전과 생활 위생건강 측면에서 심각한 문제가 야기될 것으로 판단된다.

3.1.2 대형 물 저장탱크 용량 축소 현황

1) 저수조 설치 관련법
　주택건설기준 등에 관한 규정 제35조는 비상급수시설에 대한 규정으로 먹는 물의 수질기준에 적합한 비상용수를 공급할 수 있는 지하양수시설 또는 지하저수조시설을 설치해야한다. 그러나 개정할 때 마다 저수조 용량은 줄어들고 있다. 2015년 9월 새누리당 김태원 의원이 공개한 "수돗물 단수 현황"에 따르면 한국수자원공사가 위탁 운영하는 21개 지방 상수도의 단수 건수는 연도별로 2012년 469건, 2013년 508건, 2014년 549건으로 2012년에서 2014년 사이에 17% 증가한 것으로 나타났다.

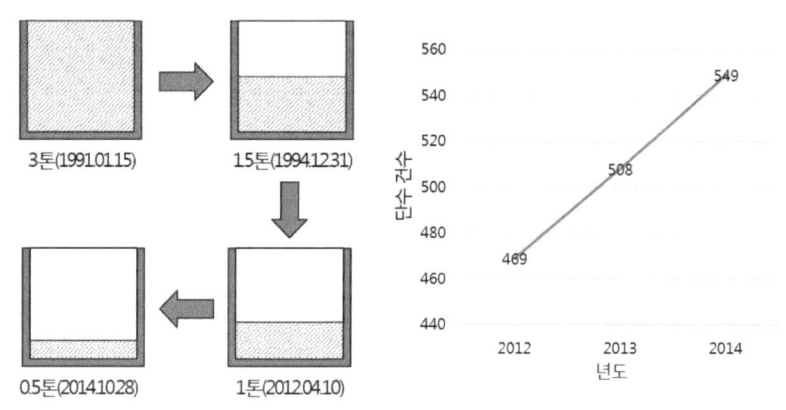

그림 3.1 저수조 설치 관련법 변경사항
(자료출처: 주택건설기준 등에 관한 규정 제35조)

그림 3.2 21개 지방 상수도 수돗물 단수 현황
(자료출처: 한국수자원 공사, 2015)

2) 수돗물 사용 용도 및 사용량 분석

통계청에 따르면 2016년 2월 기준 전국 세대 당 인구수는 2.45명이고, 한국수자원공사에 따르면 2015년 국민 1인당 하루 소비량은 282 l로 나타났다. 이를 바탕으로 세대별 하루 물소비량을 계산하면 $2.45 \times 282 = 690.9 \, l$로 현행 저수조용량인 0.5톤(500 l)보다 초과하는 수준으로 나타났다.

○ 국민1인당 하루 물소비량 : 282 l

변기	싱크대	세탁	목욕	세면	기타
70.5 l (25%)	59.2 l (21%)	56.4 l (20%)	45.1 l (16%)	31 l (11%)	19.7 l (7%)

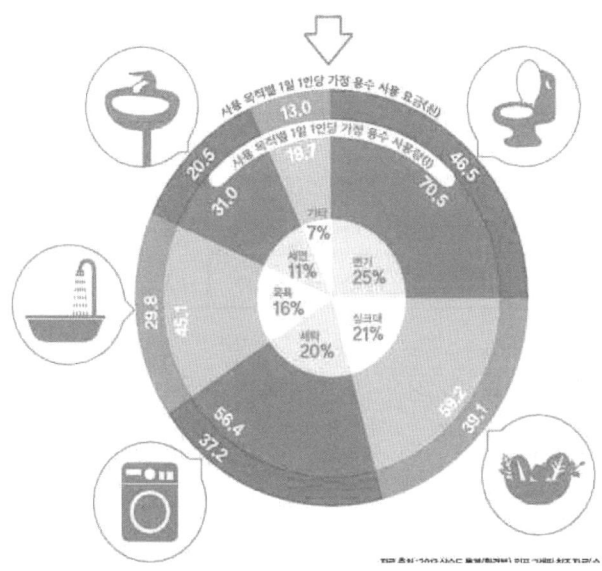

그림 3.3 국민 1인당 하루 소비량

(자료출처: 2013 상수도 통계, 환경부)

표 3.1 수돗물 음용실태 조사 결과

(자료출처: 환경부 및 수돗물홍보 협의회)

수돗물 음용실태		수돗물 음용			정수기	먹는샘물	약수터
		합계	그대로	끓여서			
환경부	2000년	61.6%	2.5%	59.1%	13.7%	5.0%	13.9%
	2003년	45.8%	1.0%	44.8%	33.6%	10.4%	10.3%
	2005년	44.0%	1.7%	42.3%	38.9%	8.6%	7.7%
	2008년	44.9%	1.4%	43.5%	41.9%	7.8%	5.0%
수돗물 홍보 협의회	2009년	56.0%	3.0%	54.5%	42.5%	10.3%	
	2010년	55.2%	4.1%	53.7%	46.8%	11.2%	5.8%
	2011년	54.8%	3.2%	53.3%	47.6%	10.3%	5.5%

3) 대형 물 저장탱크 수요 용량 분석

① 대형 물 저장탱크 활용률에 따른 용량

분석대상 153개 단지의 평균 세대수 및 평균 수돗물 사용량을 기준으로 저수율을 90%로 가정하여 저수조 신설시 저수량 활용률을 검토한 결과 회귀분석 시 산출된 저수량 활용률 하한치 23.2~31.66% 이상을 모두 만족하고 있는 것으로 나타났다. 현행 주택건설기준에서 제시한 법정용량(1.0톤/세대)의 75%수준(0.75톤/세대)으로 저수조 용량을 설치 시에는 저수량 활용률이 69.2%로 나타났다. 50%수준(0.5톤/세대)으로 설치 시에는 저수량 활용률이 103.8%으로 나타났다. 그러나 이는 비상상황에 대한 용량을 고려하지 않는 경우에도 사용량이 저수용량(0.5톤/세대)을 3.8% 초과하므로 지진과 같은 자연재해나 테러와 같은 인위적 재해를 고려하면 기존 법정용량(0.5톤/세대)보다 더 큰 저수용량이 필요한 실정이다.

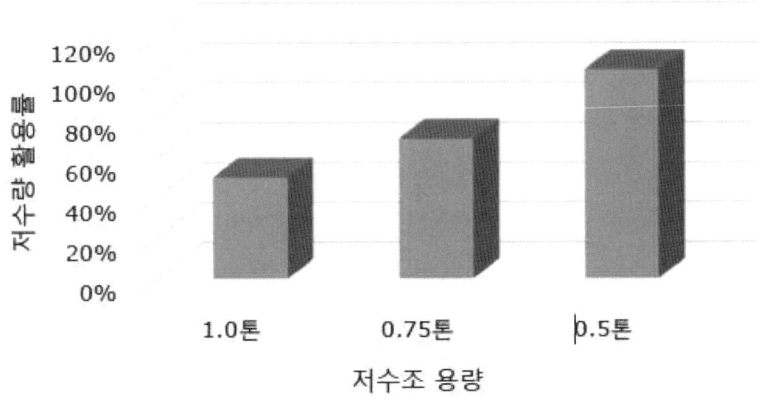

그림 2.4 저수량 활용률에 따른 저수조 용량

(자료출처: 공동주택단지 지하저수조 용량과 운영에 관한 연구, 이우찬, 2013)

표 3.2 특별시 및 광역시 별 저수조 수요 현황

(자료출처: 2014 상수도통계, 환경부)

수도 사업자	저수조용량									
	고가저수조						지하저수조			
	100㎥ 이하		101㎥~ 300㎥		301㎥ 이상		100㎥ 이하		101㎥~ 300㎥		301㎥ 이상	
	(개소)	(m)	(개소)	(m)	(개소)	(m)	(개소)	(m)	(개소)	(m)	(개소)	(m)
2014	75,839	2,123,009	12,416	1,121,542	5,649	1,510,474	27,916	1,379,388	18,239	14,218,778	15,454	3,878,923
서울 특별시	17,293	381,387	1,162	187,001	170	84,926	7,870	383,190	4,019	3,539,823	4,641	781,258
부산 광역시	13,663	737,802	495	80,685	195	131,040	2,872	155,088	1,390	931,300	1,123	185,295
대구 광역시	1,990	30,690	945	34,186	326	38,714	1,169	60,503	1,141	634,799	745	95,026
인천 광역시	1,499	48,052	253	42,529	67	37,011	1,048	67,718	1,025	1,286,069	714	127,934
광주 광역시	895	28,524	305	36,977	140	28,506	461	20,948	730	669,480	300	56,386
대전 광역시	1,123	39,525	103	20,245	26	9,873	694	35,251	318	61,584	462	546,302
울산 광역시	2,830	40,683	655	16,700	269	10,866	999	39,702	631	353,858	489	72,940
세종특별 자치시	1	20	2	485	7	20,418	-	-	-	-	-	-

표 3.3 비상시 물 확보용량

지진발생 이후~	응급 급수량(1인/day)	용 도
~3일	3 l	생존을 위한 최소 수량
4~7일	3~20 l	간단한 취사, 화장실 용수(1인1회)
8~14일	20~100 l	목욕(3일1회1인), 세탁, 화장실(1인1일1회)
15~21일	100~250 l	지진 발생전 상황과 유사한 수준
22~28일	250 l	지진 이전과 유사한 수량
29일 이상	250 l	-

② 비상용수 확보량

한국수자원공사에서는 계획 단수 시 한도시간을 32시간을 기준으로 비상용수를 산정하고 있다. 일본의 경우 지진발생기간에 따라 비상 급수량은 아래와 같이 산정하고 있다. 미국의 경우 WHO 기준을 따르고 있다.

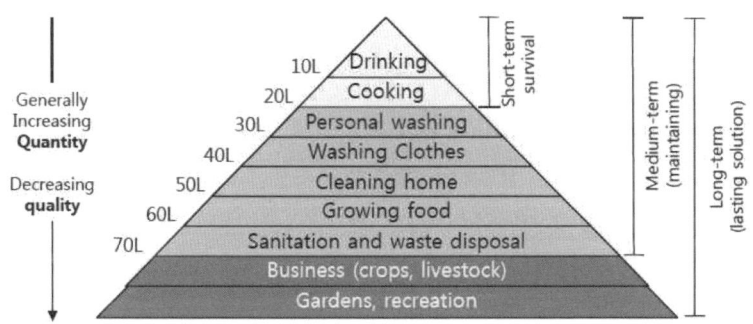

그림 3.5 긴급 비상용수량(WHO)

3.1.3 각종 단수사례 및 재해유형 분석

1) 단수 유발 유형 및 전개양상

단수 유발 유형은 크게 가뭄에 의한 용수 부족, 홍수 및 태풍, 지진 등에 의한 시설 및 설비 파괴, 수질악화 및 오염, 전산시스템 운영중단 등이 있다.

표 3.4 단수 유발 현황 및 전개양상

단수 유발 현황	전개양상
가뭄 등에 의한 용수부족	- 이상기후에 의한 강우량 부족 - 용수 부족 및 공급의 불균형 - 용수 부족에 의한 수질악화
홍수, 태풍, 지진 등 자연재해에 의한 시설 및 설비의 파괴	- 시설물파괴에 의한 공급불가 - 공급의 불균형
수질 악화, 오염	- 유해물질 투입위협 또는 투입 - 오염된 물질로 인한 취수장 및 정수장오염 - 홍수, 가뭄, 이상조류, 녹조와 같은 자연현상에 의한 수질오염
전산 및 시스템 운영 중단	- 급수체계 혼란 유발 - 공급 불균형 초래

2) 관로사고 원인 및 단수 시간

2005년부터 2010년까지 조사된 관로사고 424건 중 50% 이상이 시설 노후 및 관로 주변 기타 공사에서 비롯된 관로의 파손이 차지하고 있다. 단수시간 조사를 통하여 관로사고가 단수로 이어지는 경우는 약 50%였으며, 그중 대부분은 5시간 이상의 장기 단수였다. 관로사고 관련 평균단수 시간은 약 13.5시간이며, 단수 20시간 이상의 사고 발생건수는 8%(32건)로 조사되었다.

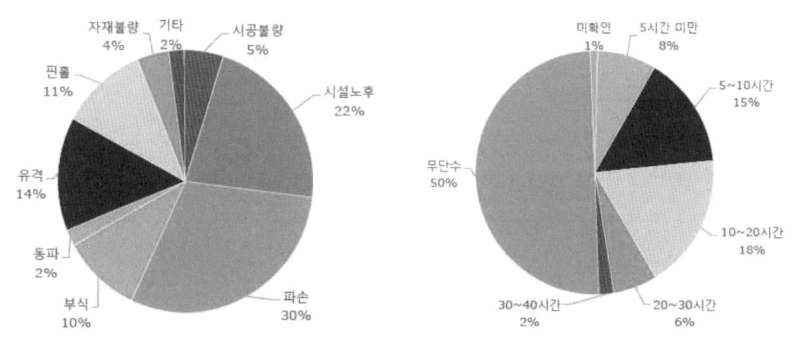

그림 3.6 관로사고 원인   그림 3.7 관로사고 발생 시 단수시간

(자료출처: 국내 비상용수 확보량 산정 방법론에 관한 연구, 이태국 외5, 2011)

3) 시설의 노후화

경제성장과 더불어 70년대 중반이후 정수처리시설의 급격한 증가에 따라 80년대부터 상수도관망이 급격히 증가했다. 2013년 현재 20년 이상 상수도 관로의 총 연장은 56,800km로써 전체 상수도 관로 중 30.6%에 해당하는 것이다. 상수도관망은 80~90년대 단기간에 대량 설치되어 향후 노후파손과 유지관리비용의 급격한 증가가 예상된다. 지하에 매설되는 특성상 파손 시 보수와 유지관리에 막대한 시간과 예산이 필요로 한다. 노후화된 관로가 증가함에 따라 단수의 위험성이 갈수록 증가하고 있으므로 무단수 공급체계 구축을 위한 저수조 관련지침이 현실적으로 반영되어야한다.

표 3.5 정수시설 현황

정수시설 수	647개소
30년 이상 정수시설 수	201개소(32.5%)
정수시설 용량	2,513×104m3/d
30년 이상 정수시설의 용량	977×104m3/d
연간 총 생산량	624,481×104m3/yr

표 3.6 상수도관로 현황(km)

총 연장	185,778
도수관	3,332
송수관	10,925
배수관	100,121
급수관	71,401
20년 이상 상수도관로의 연장	56,800(30.6%)

(자료출처: 무단수 공급체계 구축을 위한 기준 마련 연구, 한국상하수도협회, 2015)

4) 인위적 재해사고

① 국내의 인위적 재해사고

수질오염사고	발생일시	사고 내용
정수장 중금속, 세균 과다 검출	1989.09	전국 주요 10개 정수장에서 중금속, 세균이 과다 검출
정수장 THMs 검출	1990.06	전국 262개 정수장 중 17개 정수장에 대한 표본 조사결과 발암물질인 THM이 당시 WHO 허용 기준인 0.1mg/l를 크게 초과검출
낙동강페놀 오염사고	1991.03~ 1991.04	예비용 지상 파이프를 사용하던 중 연결부에 페놀원액이 유출되어 낙동강으로 유입
유조트럭 낙동강 상류 추락	1991.09	황산 유출 낙동강 오염
낙동강수질 오염사고	1994.01	정수처리미흡, 벤젠 등의 유기용제유출 등 복합 요인으로 수돗물에서 악취발생
영산강 오염사고	1994.04	물 환경 이상으로 물고기 떼죽음
낙동강 오염사고	1994.06	디클로로메탄 검출, 냄새발생으로 수계 12개 정수장 취수 중단
수돗물 바이러스 검출사고	1997.12~ 2005.05	환경부에서 대표지점 64개소를 대상으로 "수돗물 바이러스 분포 실태조사" 조사결과, 일부상수원에서 바이러스 검출
영산강 오염사고	2005.06	지하탱크내 기름 주입시 탱크로리 차량운전자의 부주의로 탱크가 월류하여 기름 약 100 l가 주변 천으로 유출
섬진강 오염사고	2005.06	순천시 황전면 월산리 원전마을 앞 황전천에 농약 또는 독극물(추정) 유입

② 국외(미국)의 인위적 재해사고

수질오염사고	발생일시	사고 내용
미국 전역 Giardia Lamblia 편모충에 의한 집단감염발생	1971 ~1978	원수 중 Lamblia 편모충 염소소독 저항력과 응집침전 불충분에 따른 여과지의 미여과로 인한 집단 감염으로 설사, 발열 동반
미시시피강 페놀오염 사고 발생	1981	Georgia Pacific사의 페놀유출로 인한 심한 냄새로 3일간의 급수정지 피해 보상액 9백만불 소요(최고농도 0.11 mg/ l)
텍사스주 Cryptosporidium 감염	1986	Cryptosporidium 감염(1만 3천명 감염)
오레곤주 Cryptosporidium 감염	1992	Cryptosporidium 감염(100만명 감염)
밀워키주 Cryptosporidium 감염	1993	Cryptosporidium 감염(25만명 감염)
워싱턴D.C Dalecarlia 정수장 Cryptosporidium 감염	1993	Cryptosporidium 감염 (우기시 고탁도에서 운전 부주의로 약품주입시설중 1기가 미가동된 상태에서 운전을 계속하여 여과지 기능상실로 여과수 탁도 상승과 소독 효과 저하)

③ 상수도 파괴 형태

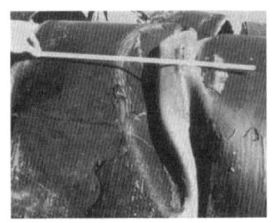

물탱크 손상　　파이프 입출구부 손상　　파이프 손상

피해형태	피해원인 및 현황
건물 균열	외부하중(지진 하중)에 의한 건물의 균열 및 손상
탱크 손상	외부하중(지진 하중)에 의한 물 저장탱크의 지지앵커의 손상
파이프 입출구부 손상	지반변형에 의한 파이프 입·출구 밸브의 파괴
파이프 손상	지반액상화로 인한 지중매설관의 파괴
맨홀 손상	지반액상화로 인한 매설맨홀의 손상

5) 상수도시설 내진설계 현황

① 상수도시설 내진설계 적용기준

이 기준은 상수도시설의 내진성 확보에 필요한 최소 설계요구조건을 규정한 것으로서, 지진 시 상수도시설의 급수기능을 최대한 확보하고, 시설의 지진피해가 중대한 2차 재해를 발생시킬 가능성을 최소화하는 것이 목적이다.

표 3.6 상수도 시설의 내진등급 분류

내진I등급	내진II등급
· 대체시설이 없는 송·배수간선 시설 (도시전체에 걸쳐 영향을 줄 수 있는 관로) · 중요시설(병원, 군부대 등의 공공시설)과 연결된 급수 공급관로 · 복구난이도가 높은 환경에 놓이는 시설 · 지진재해 시 긴급대처 거점시설(대피소) · 중대한 2차 재해를 유발시킬 가능성이 있는 시설 등	그 외 시설

※내진1등급과 내진2등급의 분류는 사고 시 파급 효과에 따라 분류됨
(자료출처: 상하수도시설기준, 환경부, 2010)

표 3.7 상수도 시설의 내진성능 목표에 따른 설계 지진

성능기준	기능수행수준		붕괴방지수준	
설계지진등급	II등급	I등급	II등급	I등급
평균재형주기	50년	100년	500년	1,000년

② 상수도시설 내진설계 현황

서울특별시에서 발표한 상수도시설 내진실태 현황에 따르면 수도시설 177개 중 45개(25%)만이 내진설계가 적용된 상태이다. 정수시설의 경우 모두 내진적용 또는 내진보강이 되었으며, 취수시설은 25%, 배수시설은 22% 정도만이 내진 적용되었다.

지진재해대책법 제15조 및 지진재해대책법 시행령 제11조에 따라서 현재 내진설계가 반영되지 않았거나 강화된 내진설계기준에 미달된 기존 공공시설물의 내진보강을 통한 국가 주요시설의 내진성능 확보로 지진 발생시 피해를 저감시키기 위함이다.

표 3.8 내진성능 확보 현황

구분	내진설계대상	내진적용	내진 미적용	내진비율(%)
수도시설	177	45	132	25%

(자료출처: 상수도시설 내진실태 현황, 서울특별시상수도사업본부, 2015)

6) 국내외 내진설계 비교를 통한 위험도 예상

국내 상수도시설물에 대한 지진피해 사례 및 지진관측 기록이 현저히 부족한 상황이고, 이에 따라 국내 설계기준내용의 대부분은 일본의 설계기준을 참고하여 만들어 졌다. 일본의 경우 규모 7.0~8.0 수준의 매우 큰 지진에 대해 설계되도록 되어있으나, 그보다 작은 규모의 여러 강진에 피해를 크게 입었다. 한국의 경우 규모 5.8~6.1 수준의 지진에 대해 설계되도록 되어 있으나, 한반도에서 발생한 지진규모를 살펴보면 규모 5.0 전후의 지진이 종종 관측되고 평균지진발생 횟수가 증가하는 추세인 것을 나타났다.

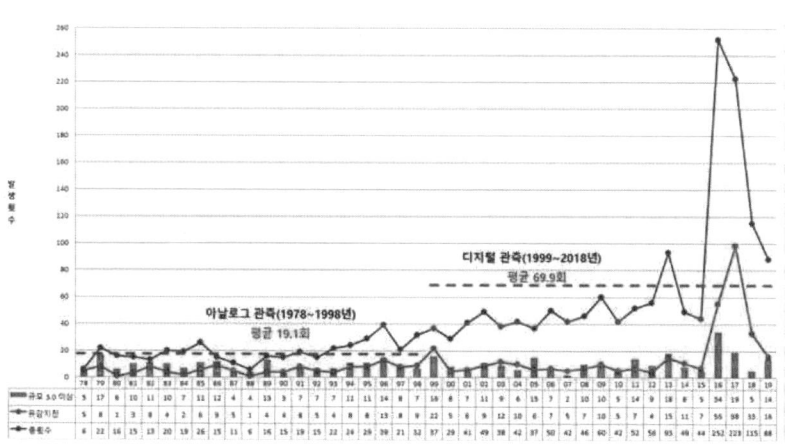

그림 3.8 국내 지진발생 추이(자료출처: 기상청)

7) 국내 · 외 지진피해 사례

① 국내
【경주지진】
- 2016년 9월 12일 20시 33분, 경상북도 경주시 남남서쪽 8km 지점에서 규모 5.8의 지진 발생
- 1978년 대한민국 지진 관측 이래 역대 가장 강력한 지진
- 본 지진 후 여진(규모 1.5 이상)이 총 178회 발생
- 경주 지진은 TNT 폭탄 50만톤(500kt)이 한 번에 폭발한 위력임
- 부상자 23명, 이재민 111명, 건물 외벽 파손, 건물 내장재 파손, 주택 지붕 파손, 물탱크 파손, 울산 LNG복합화력 발전소 4호기 고장 등의 피해 발생

(a) 건물 외장재 파손

(b) 상품 진열대 탈락

(c) 건물 천장 마감재 파손

(d) 주택 지붕 파손

그림 3.9 경주지진 피해 사례

【포항지진】
- 2017년 11월 15일 14시 29분, 경상북도 포항시 북구 북쪽 8km 지점에서 지진 규모 5.4의 지진 발생
- 본 지진 후 여진이 총 68회 발생, 지진 규모 3.0 이상의 여진은 6회 발생
- 아파트 외벽 파손, 필로티 구조 기둥 파손, 학교 건축물 외벽 붕괴, 물탱크 파손 등의 피해 발생(부상자 92명, 이재민 1,797명, 시설피해 354건 발생)
- 한국은행 집계, 포항지진 피해액은 3,323억원 추정

(a) 건축물 벽체 파손

(b) 도로 신축이음 파손

(c) 필로티 구조 건축물의 기둥 파손

(d) 아파트 벽체 손상

그림 3.10 포항지진 피해 사례

○ 경주, 포항 지진에 따른 물탱크 파손

- 지진으로 물탱크 파손으로 누수 2차 피해

그림 3.11 경주, 포항 지진에 따른 물탱크 파손 사례

② 일본

【동일본 대지진(후쿠시마 지진)】

- 2011년 3월 11일 14시 46분, 일본 동북지방에서 발생한 일본 관측사상 최대 규모 9.0의 지진 발생
- 1995년 6천여 명이 희생된 한신대지진(규모 7.3)의 180배 위력임
- 기존 내진설계기준을 상회하는 지진이 발생할 수 있다는 가능성을 보여줌

그림 3.12 동일본 대지진 피해 사례

【동일본 대지진의 상수도 피해 현황】
- 동일본 대지진으로 인한 평균단수기간은 6일로 나타남
- 초록색은 0~25% 단수, 노란색은 25~50% 단수, 주황색은 50~75% 단수, 빨간색은 75~100% 단수

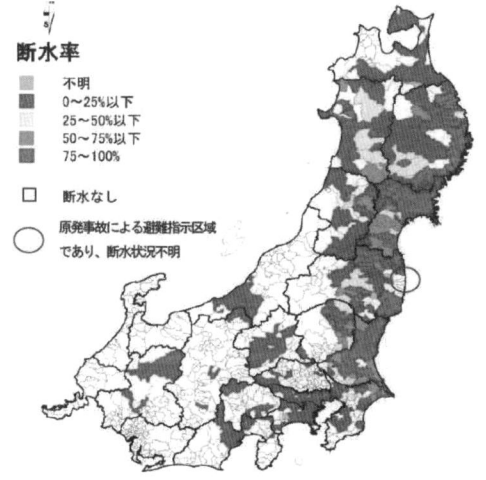

그림 3.13 동일본 대지진시 집계된 각 현별 최대 단수율

표 3.9 동일본 지진에 따른 수도시설 단수 현황

진도	사업자 수	최대 단수율	수도시설 피해 단수율	단수 기간 (일)
4 이하	43	11.5%	0.3%	1
5약	41	13.5%	5.8%	3
5강	57	33.9%	22.9%	6
6약	48	51.1%	34.8%	10
6강	22	74.1%	48.1%	14
7	1	100%	100%	20
평균(합계)	212	33.8%	20.7%	6

(자료출처: 동일본 대지진 수도시설 피해상황 조사 최종보고서, 일본 수도산업신문사, 2013)

【한신 아와지 대지진】
- 1995년 1월 17일, 아와지 북부부터 고베, 한신지역에 발생한 규모 7.3의 지진
- 사망자 6,434명, 부상자 43,792명 발생 하였고, 단수 인구는 약 1,600만명(지진 직후)에 달했음
- 응급 급수시 도시의 교통 체증이 심해서 원활한 급수가 어려웠고, 식수뿐만 아니라 생활용수의 수요량이 상당하여 비상용 물탱크의 필요성이 대두됨

그림 3.14 한신 아와지 대지진

(참고자료: 한신대지진의 반성 및 교훈, 일본 수도산업신문사, 2013)

8) 내진 성능향상 방안 및 보강대책

상수도 사업체의 시설정비 상황과 여건을 반영하여 시설정비의 우선순위를 결정하여야 하며, 개개 시설의 내진성 강화와 더불어 항시 상수도시스템 전체의 안전성평가를 고려해야 한다. 기 설치된 물 저장탱크의 내진 향상 방안들은 종래 물 저장탱크를 보강하는 것으로서 내진 보강에 따른 시공이 어렵고, 성능 검증이 어려운 단점이 있다. 물 저장탱크의 근본적 내진 성능을 향상시키기 위한 방안으로 최근 내진 및 면진 등에 대한 연구가 활발히 진행되고 있다.

표 3.10 상수도시설의 내진 보강 공법의 예

시설명	보강공법	비고
배수지	- 벽의 콘크리트 보강 - Flexible Joint 보강	- 내력부족에 대응 - 누수방지
취수탑 고가수조	- 콘크리트를 감아 세우고 보강 - 강판, 탄소섬유를 감아 세움 - 기초의 경우 지반개량	- 내력부족에 대응 - 지지력부족에 대응 - 액상화 대책
PC탱크	- 강재를 이용한 보강 - 기초의 경우 지반개량	- 내력부족에 대응
강재탱크	- 강재를 이용한 보강 - 기초의 경우 지반개량	- 내력부족에 대응 (주로 굽어짐 방지)
매설관로	- Flexible Pipe 설치 - 관로주변 채움재료 교체 - 지반개량 실시	- 상대변위방지 - 내력부족에 대응 - 액상화 대책

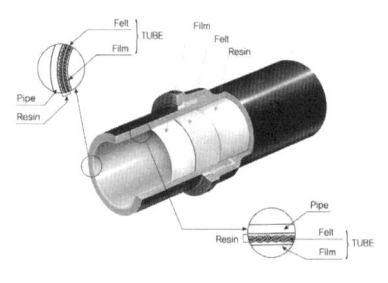

매설관로 Flexible Pipe

취수탑 고가수조-탄소섬유시트 보강

3.1.4 지진 대응 연구개발 현황

최근 대형 물 저장탱크 분야에서는 지진에 대비하여 물 저장탱크의 파손을 방지하고, 내진성능 향상을 위한 연구개발이 활발한 실정이다. 지진 발생 시 물 저장탱크 자체의 과도한 진동 또는 흔들림을 방지하기 위한 수단으로서 면진(Seismic Isolation) 및 내진보강(Seismic Reinforced)에 대한 연구가 있다. 물 저장탱크 내부에 수용 저장된 물이 지진과 같은 외부 하중 발생시 과도하게 출렁거리는 현상인 슬로싱(Sloshing)을 방지하기 위한 방파판이 있다.

1) 면진(Seismic Isolation) 물탱크 연구개발

① 개요

저경도 적층고무받침과 같은 지진격리장치를 물탱크의 하부에 설치하여 지진력을 저감시키는 기술이다. 물탱크 내부에 방파판이 설치되어 물에 전달되어 발생되는 슬로싱으로 인한 수평충격력을 저감시킨 물탱크 제작기술이다.

② 기술의 내용

저경도 적층고무(Laminated Rubbers)를 물탱크의 받침으로 활용함으로써 지진 시 물탱크에 전달되는 지진력을 저감시키고, 물탱크 내부에 방파판을 설치하여 물탱크 내부에 저장된 물의 과도한 슬로싱 현상을 저감시키는 수 있는 효과가 있다. 또한 보온일체형 패널 사용으로 물탱크 패널의 강성을 증가시켜 물탱크의 안정성을 향상시킬 수 있다.

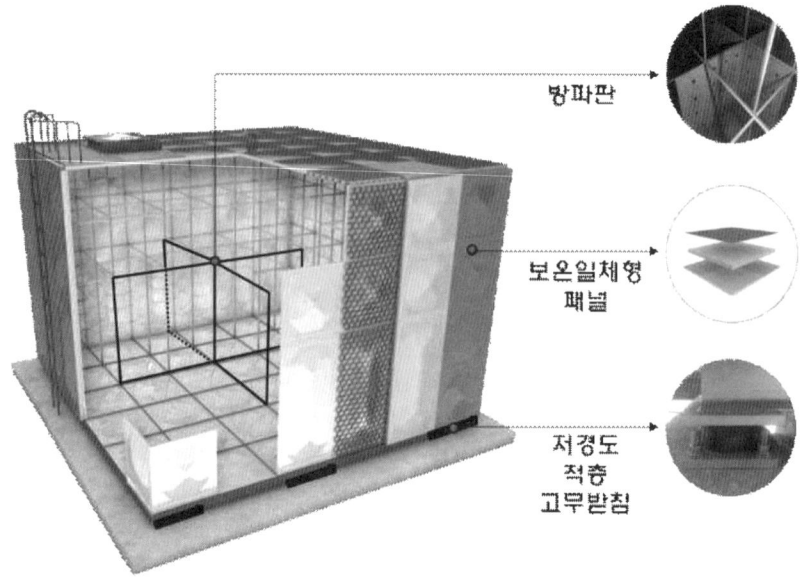

그림 3.15 면진형 물탱크 기술의 주요 구성

③ 해당기술의 특징

물탱크와 콘크리트 기초 사이에 저경도 적층고무받침을 설치하여 지진으로 인한 지진동의 전파를 방지하고, 지진동 에너지를 저감시킴으로서 물탱크의 파손을 방지하는 기술이다.

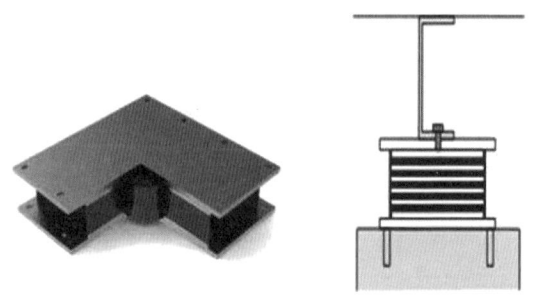

그림 3.16 지진격리장치(적층고무받침) 개념도

물탱크 내부에는 지진에 저장된 물의 과도한 출렁임으로 인한 물탱크 측벽부에 발생할 수 있는 충격력을 저감시키기 위해 유체진동 저감장치(방파판)가 설치된다.

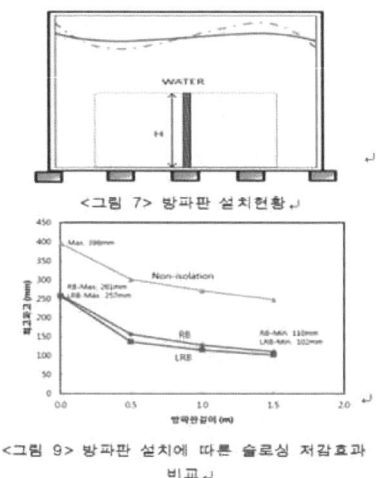

그림 3.17 물탱크 내부에 설치된 방파판에 따른 출렁임 저감

스테인리스 패널, 보온재, 보강재 및 보온커버가 일체형으로 결합된 패널 사용으로 물탱크 외벽의 강도를 향상시킬 수 있다.

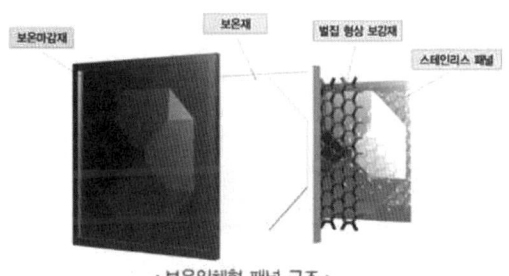

그림 3.18 단위패널 단면도

제3장 기술동향 87

④ 연구개발 성과
- 방재신기술 인증 제2017-11호 (행정안전부, 2017.09.)
- 우수제품지정 지정번호 2018146 (조달청, 2018.10.)
- 우수발명품 우선구매선정 (한국발명진흥회, 2018.10.)

⑤ 해당기술의 제작 및 시공순서

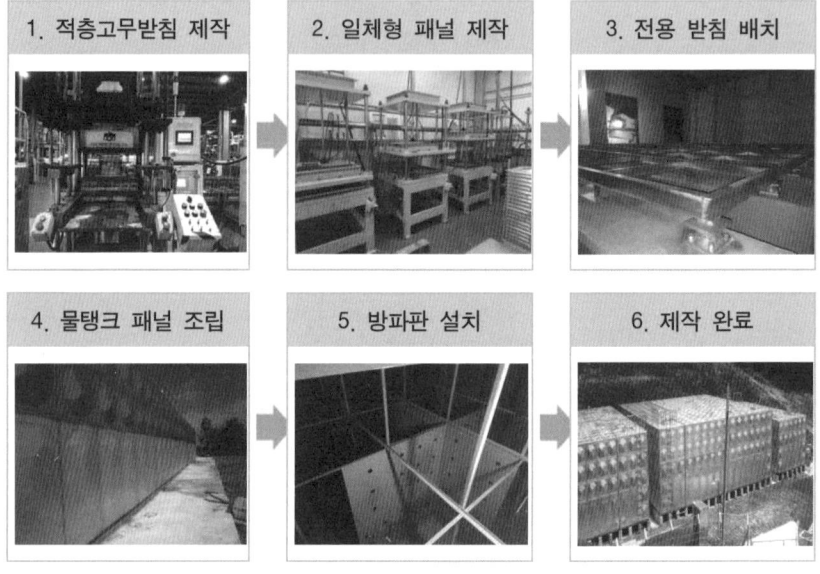

⑥ 기술적·경제적 전망

국내 최초의 면진형 물탱크 기술로 지진동을 효과적으로 회피 및 저감시켜 물탱크를 안전하게 보호할 수 있고, 우수한 적용성을 바탕으로 신설 물탱크뿐만 아니라 기존 설치 완료된 물탱크의 내진성능을 확보할 수 있게 하는 기술로 국내·외 높은 활용성을 나타낼 것으로 전망된다.

자연재해저감을 위해 지진동 저감 등 여러 가지 장점을 갖춘 우수한 기술로 물탱크 외벽 패널의 강도를 향상시켜 자재 절감이 가능하고, 공정을 표준화하여 공사비가 절감되어 경제성이 확보될 수 있다.

2) 내진보강 물탱크 연구개발

① 개요

물탱크 내부 보강용 금속 환봉을 사용하지 않아 청소 등 유지관리에 유리하고 정수압, 지진시 변동수압 등 다양한 하중조건을 고려한 물탱크의 외부보강용 부재개발 및 조립공정 기술이다.

② 기술의 내용

외부보강 프레임을 이용하여 외벽에 전달되는 수압을 지지하고, 칸막이 프레임을 사용하여 칸막이부의 수압을 지지하여 내진기능을 가지는 외부보강 물탱크로 다양한 물탱크용 판넬을 적용할 수 있는 구조 시스템이다.

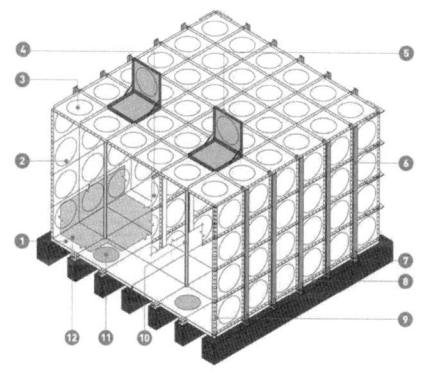

그림 3.19 내진보강 물탱크 기술의 주요 구성

③ 해당기술의 특징
- 내부 무보강의 내진 설계된 외부보강 시스템
- 내진설계 적용 및 검증을 통해 국내소방시설의 내진설계 기준을 만족하는 안전한 구조의 물탱크
- 수직보강재만을 제한적으로 사용하여 청소 및 유지관리의 효율성 향상
- 내부보강재 부식으로 인한 2차 오염방지로 위생안전성 확보
- 현장 용접방식 배제로 재해 안전성, 작업환경의 저해요인을 개선하여 친환경적
- 물탱크의 측벽과 칸막이벽에 작용하는 변동수압을 지진에 의한 가속도 응답과 슬로싱 응답을 모두 고려하여 각각의 상황에 맞게 제시함
- 내부 무보강으로 인한 내부 철자재 비용 및 유지비용 절감

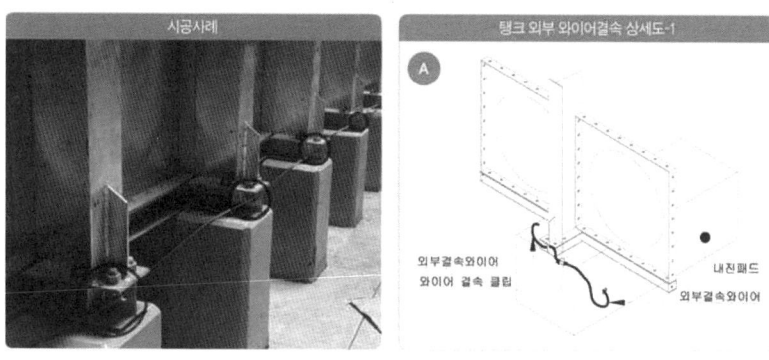

그림 3.20 내진보강 물탱크의 조감도

3.2 관련기업 분석

2019년 말 기준 물 저장탱크 사업체 수는 165개사이고, 이중에서 물탱크를 직접 생산할 수 있는 공장 설비를 갖추고 있는 기업은 92개사이며, 나머지 업체는 OEM생산하거나 영업 및 시공만 하는 것으로 조사되었다. 그러나 국내에서는 아직까지 물 저장탱크 산업분야에 대한 사업체수, 종사자 수, 기술개발 현황 등 정량적으로 조사 수집된 자료가 없는 실정이다.

3.2.1. 설문조사의 개요

1) 설문조사 배경 및 목적

최근 우리나라의 성장 동력 산업으로 물산업의 중요성이 대두됨에 따라 물산업의 일종인 물 저장탱크를 취급하는 사업체에 대한 현황 및 실태 파악을 위한 객관적인 지표가 필요하다. 이에 물 저장탱크의 산업 규모를 산출할 수 있는 지표인 매출, 종사자 수, 경영실태 등을 파악할 수 있는 기초 설문조사를 기획하여 해당분야 기술트렌드 분석 시 필요한 기초자료를 생산하였다.

2) 조사대상 및 조사기간

설문조사는 물 저장탱크와 관련하여 국내 산업체에 대한 정량적 자료가 없어 본 기술트렌드 조사에서는 관련 사업체 81개사를 대상으로 기초설문조사를 실시하였다. 본 설문조사 대상 사업체는 한국탱크공업협동조합 회원사 41개사와 특허심사 시 면담 요청한 출원인 40개사를 포함하여 총 81개 사업체를 선정하였다. 설문조사 대상인 81개사 중에서 33개사가 기초설문조사에 응답하였고, 이 설문 응답 자료를 바탕으로 분석하였다. 조사기간은 2020년 4월 27일 ~ 5월 15일까지를 설문 응답 자료를 기준으로 하였다.

① 설문조사 대상

본 설문조사의 단위는 '사업체'로서 일정한 물리적 장소에서 단일 또는 주된 경제활동을 독립적으로 수행하는 단위를 의미한다. 본 설문조사는 조사기준일 현재 국내에서 물 저장탱크 산업 활동을 영위하고 있는 종사자 1 이상의 사업체를 대상으로 하였다.

② 설문조사 항목

구 분	조사항목
사업체 일반현황	· 사업체명, 대표자명, 주소, 조직형태, 기업유형, 창립년월
경영현황	· 매출액, 수출액, 수입액, 해외진출계획
인력현황	· 종업수(정규, 비정규), 인력채용계획
물탱크 생산 현황	· 물탱크 구조형상, 구성재료, 설치위치, 내진면진 여부
경쟁력 현황	· 지적재산권 보유 및 활용, 연구개발 현황, 지적재산권에 따른 애로사항
인증현황	· 사업체 보유 인증현황(국내외 검인증)
기타	· 산업분야 전반 애로사항

3.2.2 설문조사 결과 분석

1) 사업체 현황

설문조사 응답 자료를 분석한 결과 대형 물 저장탱크 산업 분야 사업체의 조직형태는 '회사법인'이 93.9%, '개인사업체'가 6.1%인 것으로 추정된다. 사업체의 기업형태는 설문조사 응답자 모두가 '소기업'인 것으로 나타났다.

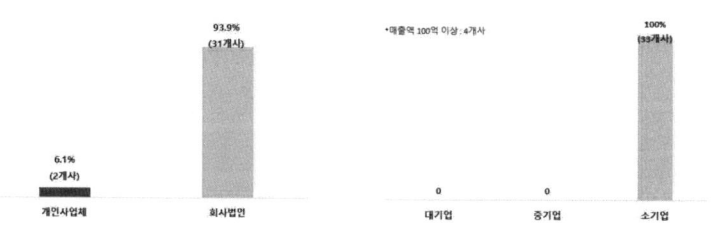

그림 3.21 조직형태   그림 3.22 기업형태

제3장 기술동향 93

2) 사업체 존속기간

창업 후 현재까지 '30년 이상'인 기업은 2개사(6%)였고, '5년 이내'인 기업은 2개사(3%)였으며, 창업 후 '15~20년'은 9개사(27%)로 가장 많았고, '21~25년'은 7개사(21.2%), '6~10년'과 '11~15'년인 기업체는 각각 5개사로 나타났다.

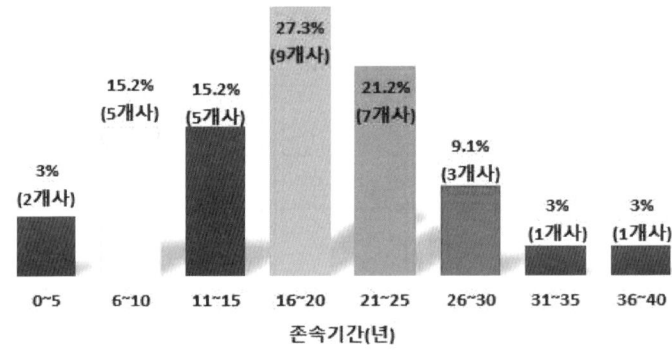

그림 3.23 사업체 존속기간 추이

3) 종업원 수

설문조사에 응답한 대형 물 저장탱크 산업분야에 종사하는 종업원은 380명이고, 이중에서 '정규직'은 363명으로 95.5%이고, '비정규직'은 17명으로 4.5%를 차지하고 있는 것으로 나타났다. 종업원 수 규모별로는 '11~15인' 사업체가 11개사(33.3%)로 가장 많고, '6~10인' 사업체(27.3%), '16~20인' 사업체(18.2%) 등의 순으로 나타났다.

표 3.11 대형 물 저장탱크 종업원 수 추이

종업원수	1~5인	6~10인	11~15인	16~20인	21~25인	26~30인	31~35인
회사수	4	9	11	6	1	1	1
비율(%)	12.1	27.3	33.3	18.2	3.0	3.0	3.0

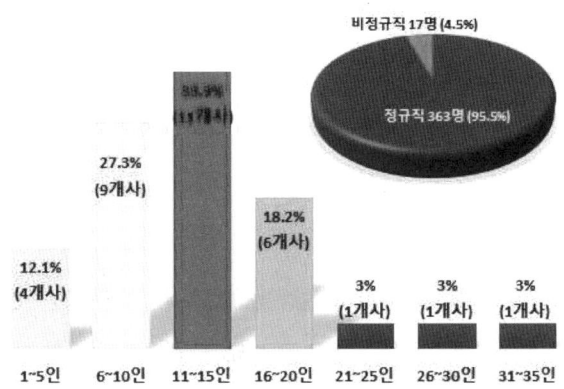

그림 3.24 대형 물 저장탱크 종업원 수 추이

4) 매출액 추이

2019년 기준 대형 물 저장탱크 산업분야 사업체들의 전체 매출액은 2,946억 원이고, 4개사가 '100억원 이상'의 매출 실적이 있었고, '10억원 이하'의 매출인 기업도 1개사 있다. 창업 후 존속기간이 '16~20년'인 9개 사업체의 매출액 합계는 796억원(27%), '21~25년'인 7개 사업체의 매출액 합계는 692억원(23.5%)를 차지하는 것으로 나타났다.

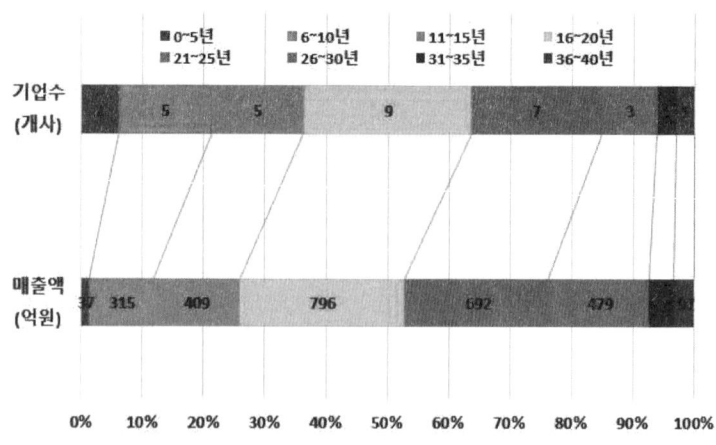

그림 3.25 사업체 존속기간 및 매출액 추이

그림 3.26 매출액별 기업 수

5) 해외진출 및 수출액 추이

설문조사 응답자 중 5개사가 해외 수출 사례가 있는 것으로 조사되었다. 2009년부터 2020년 4월 현재까지의 해외 수출액은 총

396.2억원으로 나타났다. 해외에 수출된 대형 물 저장탱크는 SMC(Sheet Molding Compound) 재질로 제조된 것으로, SMC 단위 패널을 조립하는 형식의 물 저장탱크이다. 2015년 77.5억원, 2016년 86.5억원으로 가장 많은 비중을 차지하고 있다. 그리고 해외 수출실적을 갖는 4개 사업체는 창업 후 존속기간이 '5~10년'된 사업체로서 국내 시장의 진출과 함께 해외 진출에 노력하고 있는 것으로 나타났다.

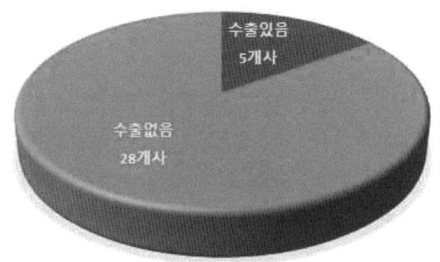

그림 3.27 해외 진출 여부

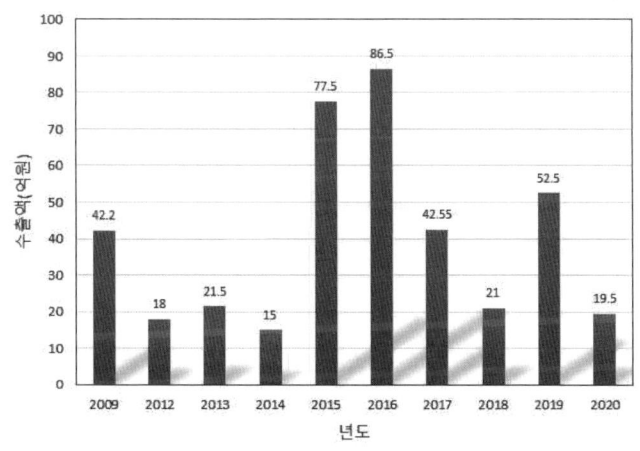

그림 3.28 대형 물 저장탱크 수출액 추이

① 수출 형태

수출 형태는 '당사에서 직접적으로 해외기업 또는 해외 수출입 전문 유통업체에 판매(직접영업)'하는 사례는 없었고, '국내의 수출입 대행업체에 위탁하여 진행(대행업체 위탁)'하는 경우가 4개사(80%), '국내의 수출 및 수입을 전문으로 하는 유통업체(전문유통)'를 통해 진출한 사례는 1개사(20%)이다.

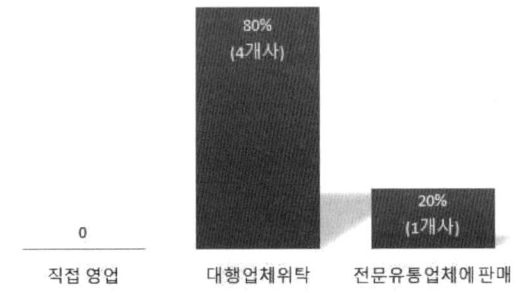

그림 3.29 수출형태

② 수출관련 애로사항

수출관련 애로사항은 '해외인증 취득 및 기준 이해 어려움'이 27.8%, '가격경쟁력'이 27.8%로 같았고, '해외업무 전담 인력부족'이 22.2%, '정부지원제도 활용 부족'이 16.7%, '제품경쟁력 부족'은 5.6%로 나타났다.

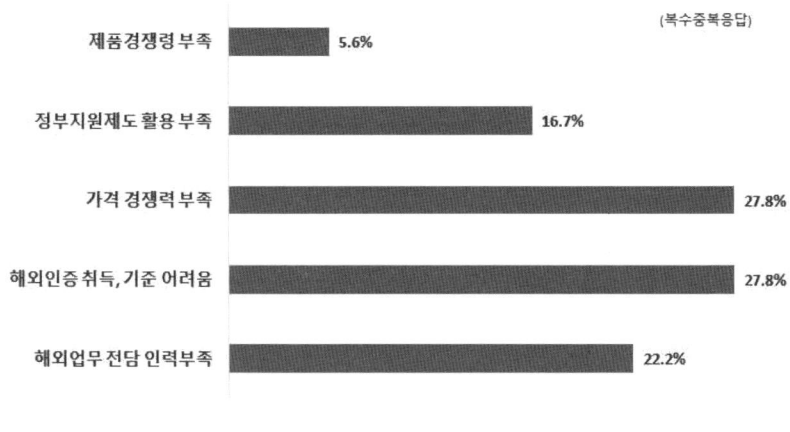

그림 3.30 수출관련 애로사항

6) 연구개발 활동

2015년부터 2020년 현재까지 연구개발 활동을 하고 있는 기업은 총 13개사로 조사되었다. 사업체 존속기간 16년 이상 25년 이하의 사업체가 연구개발에 노력은 하고 있으나, 연구개발비의 비중은 낮은 것으로 나타났다. 연구개발비는 총 45.3억원이고, '30년 이상' 존속기간을 갖는 사업체 일수록 연구개발 투자가 큰 것으로 판단된다.

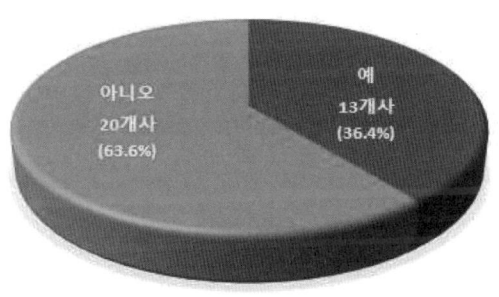

그림 3.31 연구개발 여부 현황

표 3.12 연구개발비 현황

구분 존속기간(년)	0~5	6~10	11~15	16~20	21~25	26~30	31~35	36~40
연구개발비(억원)	0	1.5	4.7	12.7	11.9	7.4	4.5	2.6
기업수(개사)	2	5	5	9	7	3	1	1
R&D기업(개사)	0	1	2	3	3	2	1	1

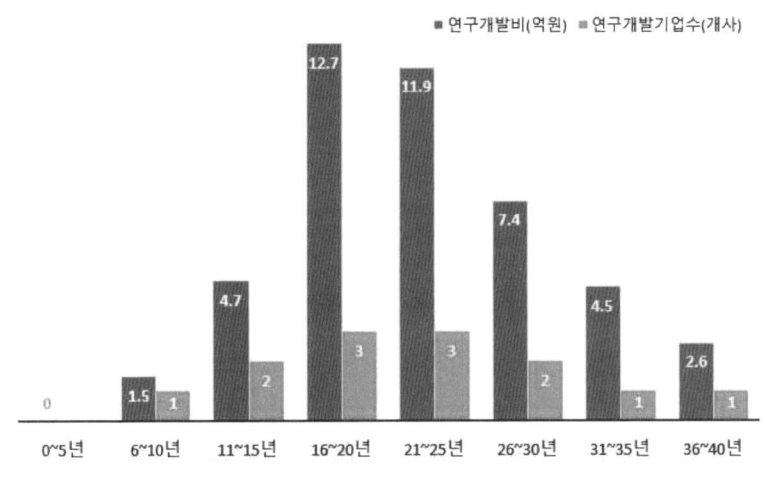

그림 3.32 사업체 존속기간별 연구개발 현황

연구 개발 시 애로사항은 '연구개발자금 확보'가 30건으로 가장 많았고, '연구전담인력 확보'가 24건, '핵심기술력 부족'이 21건, '연구기획력 부족'이 20건 등의 순으로 조사되었다.

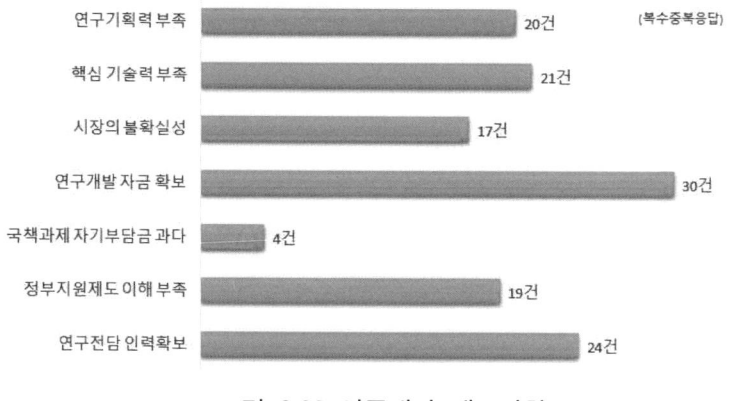

그림 3.33 연구개발 애로사항

7) 검·인증 자격 보유 사항

대형 물 저장탱크 관련 검·인증 자격 보유 여부는 설문조사 응답자 중 32개사(97%)가 보유하고 있는 것으로 조사되었다. 보유 검·인증 자격 수는 전체 332건이고, 이중 'KC인증'이 89건으로 가장 많고, '제품성능인증'이 68건, 'KS마크(한국산업표시인증)'이 56건 순으로 나타났다.

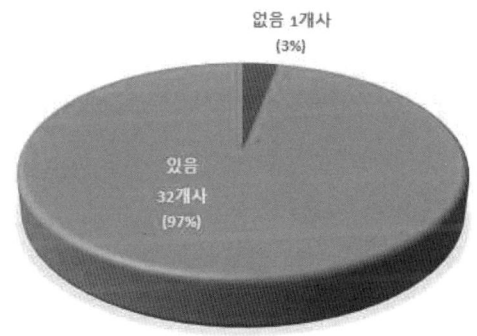

그림 3.34 대형 물 저장탱크 관련 검·인증 자격 보유 여부

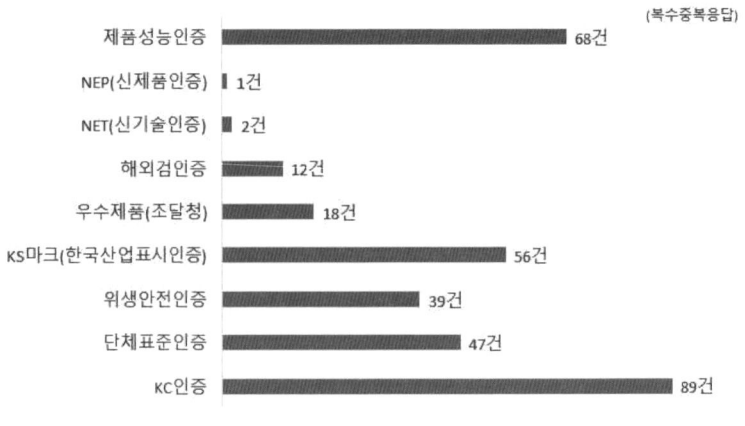

그림 3.35 대형 물 저장탱크 관련 검·인증 자격 보유 여부 현황

8) 대형 물 저장탱크 관련 지적재산권 보유 사항

대형 물 저장탱크 관련 지적재산권을 보유한 업체는 28개사 조사되었다. 보유 지적재산권은 전체 330건이며, 이중 '특허'가 279건(84.5%)으로 가장 많고, '실용신안' 28건(8.5%), '상표'는 11건(3.3%), '디자인'은 12건(3.6%)이다. 산업체 존속기간별로 살펴보면 '26~30년'인 사업체가 92건을 보유하고 있고, '21~25년'인 사업체가 83건 보유하고 있는 것으로 조사되었다.

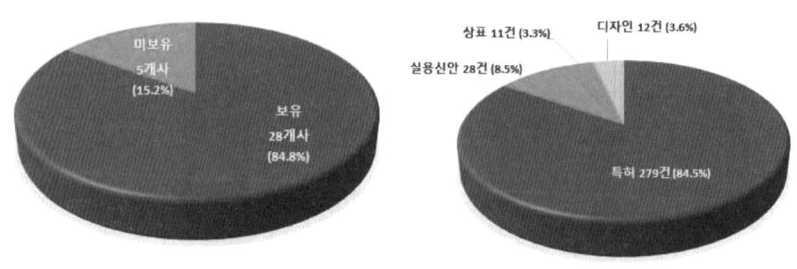

그림 3.36 지적재산권 보유 여부 그림 3.37 지적재산권 보유 현황

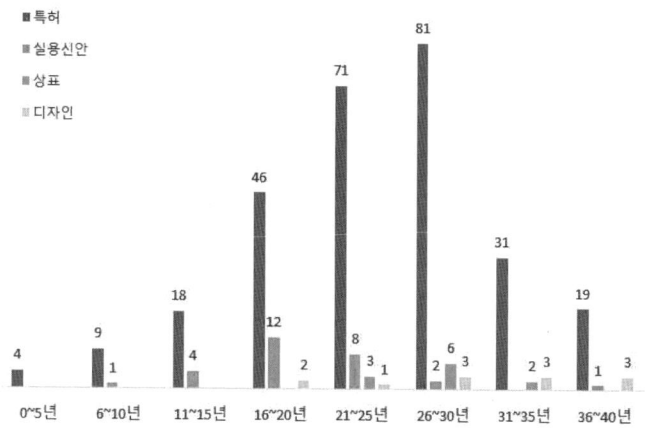

그림 3.38 지적재산권 보유 현황 비교

지적재산권 취득 관련 애로사항은 '제품 단순하여 신규 발굴 어려움'이 21건, '변리사 비용 부담'이 13건, '연구전담 인력부족'이 12건 순으로 나타났다.

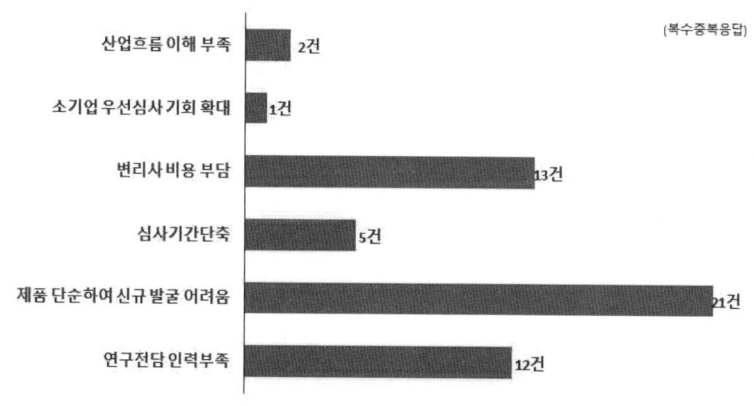

그림 3.39 지적재산권 관련 애로사항

3.2.3 기타 의견 사항

1) 국내산업 여건 및 실태

① 국내 물 저장탱크 시장은 가격 경쟁 위주의 저수익 구조 고착화
발주처인 지방자치단체는 최저가낙찰제를 선호하여 우수 기술·제품 채택의 회피, 이로 인해 기업은 기술혁신 의지가 상실되고 있는 것으로 조사되었다.

② 국내 기업은 기술혁신을 통한 해외진출 보다는 내수시장에 안주
물 저장탱크 및 부품 제조 기업은 대부분 영세해 기술혁신과 해외진출을 위한 역량 확보 미흡한 실정이다. 국내 기업의 96%는 해외진출 계획이 없으며, 국내 시장 특성(가격중심)에 적응하면서 내수시장에 집중하는 구조이다. 국내 기업 수출 참여율(4.5%)은 국내 제조업 평균(19.9%) 대비 1/4에 불과하다. 물 산업 관련 핵심 부품의 글로벌 기술 경쟁력은 선진국 대비 미흡한 수준이며, 고부가가치 소재는 여전히 선진국에 의존하고 있는 실정이다.

2) 산업계 애로사항

저수익 구조, 최저낙찰제 등으로 기업이 영세성을 탈피하기 어려우며, 우수 기술 및 제품이 인정받지 못하는 상황이다. 물 재이용 분야 외 대부분의 국내 시장은 포화, 정체 상태로 인식, 노후 인프라 개선사업 등으로 내수시장 창출할 필요가 있다. 해외진출을 위한 IP 기술 정보와 전문가 컨설팅, 금융 등 정책적 지원이 부족하다.

3) 산업계 요구사항

장기적이고 일관된 정책 수립 시행으로 기업이 안심하고 경영할 수 있는 환경의 조성 등이 요구되고, 해외진출을 위한 맞춤형 기술정보와 우수 특허 발굴 및 기술개발을 위한 컨설팅, 금융 등 정책적 지원 필요하다.

3.2.4 국내·외 주요기업 및 중요기술

본 절에서의 국내 기업의 현황은 2020년 기준으로 인터넷 포털인 '사람인(www.saramin.co.kr)'에 게시된 내용을 기준으로 하였고, 사업내용 및 중요기술은 각각의 회사의 홈페이지에 게시된 내용을 참고하여 작성하였다. 또한 해당 기업 선정은 2020년 특허청에서 실시한 기술트렌드 분석 보고서에서 물탱크 기술분야 특허 다 출원 회사를 참고하여 기술하였다.

1) 국내 기업

회 사 명	주식회사 문창		
기업연혁	1992년 12월 설립	직 원 수	29명
자 본 금	9억	매 출 액	139억원
사업내용	- 스테인리스 물탱크 및 배수지 설계 및 시공 - 정수장비 생산 제작		
중요기술	- 국내 최초 면진형 물탱크 개발(규모 7.0) - 물탱크와 지반 사이에 면진장치를 설치하여 지진 격리시켜 지진발생시 외력에 의한 물탱크 파손을 방지 - NET신기술 인증(행정안전부) - 우수제품 지정(조달청) 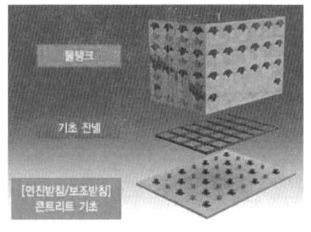  지진방재연구센터 진동대 시험 각종 지진파에 대하여 진동대 시험 결과 지진에 대한 안정성 확인   		

회 사 명	㈜성일		
기업연혁	1998년 2월 설립	직 원 수	156명
자 본 금	20억원	매 출 액	658억원
사업내용	- GRP 건축자재, 가구 제조, 도매/실내 건축공사, 조립식 하우스 - GRP 물탱크(설치용 및 위생용 플라스틱 제품 군)		
중요기술	- 물탱크 패널 생산 재료인 GRP 원료 국내 최대 생산 및 제품성형 - GRP(Glass-fiber Reinforced Polyester)와 혼화재를 혼합한 컴파운드로 형성하여 복합재료 성형 - GRP 원료를 바탕으로 건축자재(물탱크, 용조 등), 산업자재 (위성안테나 등), 방산자재 등에 적용 원재료 저장 탱크　　　GRP 교반설비 GRP 시트라인　　　환경설비		

회 사 명	㈜성지기공		
기업연혁	1985년 2월 설립	직 원 수	39명
자 본 금	20억원	매 출 액	345억원
사업내용	- STS, PDF 물탱크 - 압력용기, 온수탱크, 정유탱크, 밀폐형 팽창탱크 등		
중요기술	- 물탱크 구조물의 하부 기초부에 충전된 모래를 선택적으로 추출하여 결합된 상부기초부의 높이를 조절하여 물탱크 구조물의 수평을 유지하고 견고하게 지지하는 것		

회 사 명	㈜아쿠아		
기업연혁	2012년 11월 설립	직 원 수	27명
자 본 금	6억원	매 출 액	89억원
사업내용	- PDF, STS, SMC 물탱크 - 빗물 저류조, 압력용기, 열교환기, 온수가열기 등		
중요기술	- PDF(3PAC) 패널은 수지를 호퍼에 투입하여 스크류 회전에 의해 압축, 용융시켜 T-DIE쪽으로 밀어내어 일정 형태의 성형품을 만든 후 냉각, 고화시켜 연속적으로 성형 가공 - PE 또는 PP를 특수공법으로 제작하여 Double Frame구조를 형성하여 제품의 내화학성과 압축강도를 향상시킴 - Double Frame구조로 이루어져 압축강도 및 휨강도가 향상되어 안정성 향상		

회 사 명	㈜피엘테크 코리아		
기업연혁	2002년 1월 설립	직 원 수	17명
자 본 금	13억원	매 출 액	71억원
사업내용	- PE시트라이닝, 조립식 저수조, STS 탱크 리플래시 - 물탱크 제작 자재생산		
중요기술	- 폴리에틸렌(PE) 시트 생산 : HDPE와 EVA를 주성분으로 기능성 첨가제(항균제, 안료 등)를 마스터 배치, 혼합하여 T-DIE 시트 압출성형하여 항균 PE시트를 생산 - PDF 판넬 생산 : HDPE(High Density Polyethylene)를 소재로 하여 이중 골격 패널을 생산 - STS 탱크 리플레시 : 스테인리스 부동태 피막의 산화로 인한 손상표면의 녹을 제거하는 동시에 건조와 표면 증착 코팅을 통해 내부식성을 향상시켜 설비의 수명을 연장		

| PE 시트 | PDF 패널 | STS 리플레시 |

특허 다 출원인을 기준으로 국내외 주요기업의 현황을 조사한 결과, 국내의 경우 대다수가 중소기업이나, 설문조사에 응답하지 않은 기업 중 ㈜성일, ㈜ 성지기공 등의 업체는 매출액이 658억원, 345억원으로 설문조사에 응한 33개 업체에 비해 비교적 기업의 규모가 있는 것으로 나타났다.

주식회사 문창은 국내 최초 면진형 물탱크 개발(규모 7.0 이상)하여 NET 신기술 인증(행정안전부) 및 우수제품지정(조달청)받아 그 기술력을 인정받았다. 주식회사 성일은 물탱크 패널을 제작하기 위한 GRP 원료를 국내에서 최대 생산하고 이를 이용한 제품성형 분야에서 우월한 것으로 나타났다.

2) 국외 기업

회 사 명	세키스이 아쿠아 시스템 주식회사(Sekisui Aqua System Co., LTD)		
기업연혁	1964년 3월 설립	직 원 수	181명
자 본 금	2억엔	매 출 액	1,410억원
사업내용	- 각종 산업 플랜트 건설 물 환경 설비, 수리시설, - 물저장탱크(저주소), 급배수설비 개수 등의 제작 판매 공사 등		
중요기술	- 패널형 물탱크는 MMD(Matched Metal Die) 방법과 SMC (Sheet Mold Compound) 방법의 두 가지 제조 방법이 있음 - MMD 방법은 Sekisui의 독점적 생산 공급 - MMD 방법은 매트형태의 유리섬유로 직조되어 보다 미세한 스트랜드를 함께 직조하여 제조됨 - 얇은 유리섬유 시트를 복수로 적층하여 패널 형태로 제조하여 강도가 향상되어 높은 수압에 매우 적합하고, 물저장에 접합함		

회 사 명	森松 공업 주식회사(Morimatsu Industry Co., LTD)		
기업연혁	1962년 5월 설립	직 원 수	664명
자 본 금	1억엔	매 출 액	3,916억원
사업내용	- 스테인리스 물탱크 같은 축열조, 저탕조, 압력용기, 저유 탱크 등 - 스테인리스 배수지, 플랜트 설비용 각종 탱크		
중요기술	- 복합재료(FRP, SMC) 적용 물탱크 패널 최초 생산 - 1970년에 스테인리스를 적용한 물탱크 생산, 1978년 스테인리스를 사용한 압력용기 개발 - 상수도, 건축설비 용 스테인리스 물탱크 주요 생산 - 특수목적 저장탱크 개발 및 생산 (우주선 적용 순수탱크, 수소 흡장 합금용 저장용기, 흡착식 히트펌용 반응기, 목질 바이오매스 발전용 수조, 바이너리 발전 용기 등) 상수용, 건축용 STS 탱크 수소 흡장 합금용 저장용기 목질 바이오 매스 발전용 수조 바이너리 발전 용기		

회 사 명	주식회사 벨 테크노 플랜트 산업(Beltecno Plant Co., LTD)		
기업연혁	1957년 1월 설립	직 원 수	210명
자 본 금	1억엔	매 출 액	851억원
사업내용	- 스테인리스 물탱크 등의 개발, 설계, 제조, 판매, 유지보수 등 - 배수지, 저장탱크, 에어탱크, 오일탱크 등		

회 사 명	브리지스톤 주식회사(Bridgestone Corp.)		
기업연혁	1931년 3월 설립	직 원 수	146,509명
자 본 금	1,263억엔	매 출 액	2,027억원(탱크분야)
사업내용	- 자동차·산업용 각종 타이어 - 건축설비 배관·저장탱크 관련 용품, 토목·해양 관련 용품 외		

일본은 대형 물 저장탱크를 생산 및 시공하는 회사는 자금력과 기술개발이 가능한 대기업 등 글로벌 회사가 많이 참여하고 있는 것으로 나타났다. 기업 존속기간도 국내에 비해 오래되어 자본력과 기술력을 모두 가지고 있는 것으로 나타났다. 국내 SMC 물탱크는 세키스이 아쿠아 시스템으로부터 기술을 도입하였다.

일본의 Mitsubishi社는 1962년에 복합재료(FRP, SMC) 적용 물탱크를 생산하였고, Morimatsu社는 1970년에 스테인리스를 적용한 물탱크를 생산하였다. 그리고 1978년 스테인리스를 사용한 압력용기를 개발하여 상용화 하였다. Sekisui Aqua System社는 패널을 GRP(Glass-fiber Reinforced Polyester)를 MMD(Matched Metal Die) 방법으로 독점적 생산기술 확보하고 있는 것으로 나타났다.

제4장 지진 및 내진설계

4.1 일반사항

지진에 의한 물탱크의 국내 피해 사례는 많지 많아 일본, 미국 등 지진이 빈번히 발생하는 국가에서 발생한 지진을 대상으로 기술하였다.

4.1.1 지진과 화재

지진에 의한 2차 피해 중 인명피해 및 시설피해의 상당수는 화재에 의한 것이다. 특히 도심부를 강타하는 대지진이 발생하는 경우 필연적으로 화재를 동반한다고 할 수 있다. 이러한 지진과 화재의 예로써 가장 큰 시사점을 주는 재해는 1923년의 관동 대지진(일본)이다. 관동 대지진은 피해 규모 및 사회경제적 임팩트의 크기에서, 세계 자연재해 사상 최대 규모의 재해였다고 판단된다. 이러한 대재해를 야기 시킨 주요 요인은 본진 뒤에 발생한 대규모 연소 화재이다. 도쿄시에 있어서 주택 붕괴 동수는 대략 1만2천인데 반하여 화재에 의한 소실은 동수로 약 22만, 세대수에서는 약 28만으로 화재에 의한 피해가 대부분을 차지하였다. 소실 지역은 시 총면적의 44%에 이르러, 사망자 약 6만 9천 명 중 95%는 화재에 의하는 것이었다. 그림 4.1은 관동지진에 있어 도쿄의 화재지역을 나타낸 것이다. 요코하마(橫浜)시에서는 택지 면적의 75%가 소실해, 6만 3천 세대가 전소 피해를 입었다.

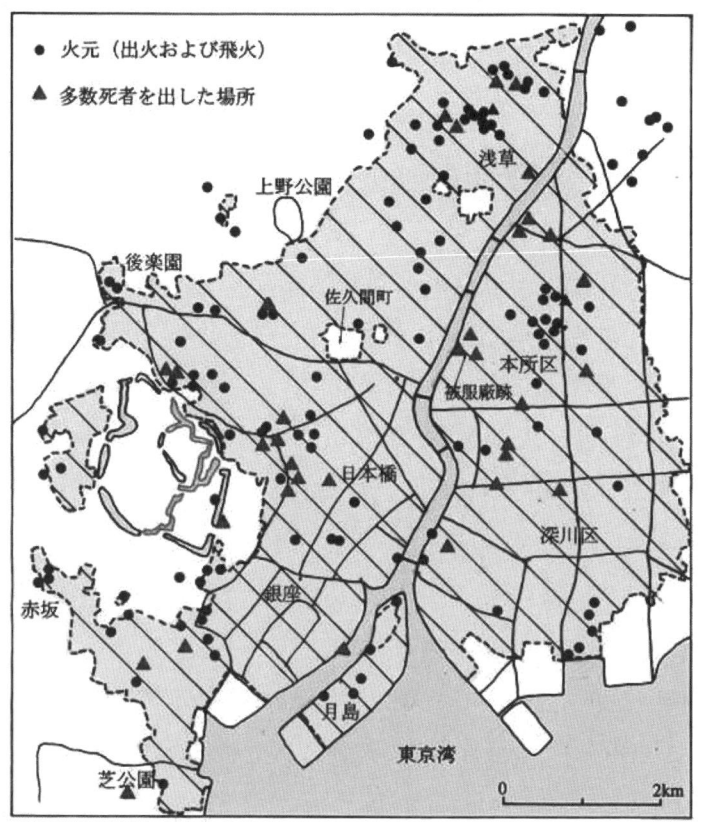

그림 4.1 1923년 관동지진에 의한 동경의 화재 지역(화재예방조사위, 1925년)

 관동 지진시의 화재는 거대 규모의 화재 특성을 보여주는 매우 이례적인 예이지만, 대지진 시에는 반드시라고 해도 좋을 정도로 화재가 발생하게 된다. 1995년의 효고현 남부 지진에 의한 고베시의 화재는 소실 동수 7,379동으로 관동 지진시의 도쿄시와 요코하마시에 뒤를 잇는 대형 화재였다. 이러한 화재는 일본뿐만 아니라 미국의 경우에도 동일한 양상을 보이고 있다. 미국 최대 지진 화재는 1906년의 지진(M7.7)에 의한 샌프란시스코의 대화재로 소실 면적은 12,200ha이며, 관동 지진의 화재에 의한 도쿄의 소실 면적 3,836ha의 약 3배였다.

지진시의 화재는 동시 다발적이기 때문에 소방력의 분산, 건축물·구조물의 붕괴나 전도 파괴에 의한 통행 장해, 소화전이나 수도관의 파손에 의한 수리 부족, 대량의 자동차 통행에 의한 교통 정체 등의 요인이 복합적으로 작용함으로써 소화 활동이 크게 저해되어 연소 화재로 발전하기 쉽다고 할 수 있다. 또한 화재의 대부분은 건물 붕괴나 건물 내에서의 전도 및 낙하물에 의해 발생하므로, 본진 뒤 단시간 내에 일제히 발화하는 특성이 있으며, 그 건수는 건물 붕괴 수에 비례하여 증가하게 된다. 상비되어 있는 소방장비는 기본적으로는 평상시의 화재 방어에 대응할 수 있는 규모로 정비되고 있기 때문에 이러한 비상사태에 대처할 수 있는 태세는 갖추어져 있지 않은 것이 현실이다.

이러한 소방서 및 진압장비의 부족을 잘 보여 주는 사례가 효고현 남부지진이다. 효고현 남부 지진 시 고베시에서는 지진 직후(오전 6시까지의 대략 15분간)의 발화 54건에 대해 출동 가능 펌프차 대는 28대로써 약 1/2밖에 되지 않았다. 또한 지진에 의한 발화 현장에 도달하는 데에는 도로 이용이 필수적이지만, 지진에 의하여 도로가 균열, 함몰 및 붕괴, 낙교, 건물의 도괴 등에 의해 곳곳이 절단되고, 피난민이 대량으로 자동차를 이용하여 탈출하면서 도로가 정체되어 큰 장해를 받았다. 이러한 원인으로 고베시에서는 극단적인 교통 정체에 의해 소방차 등이 화재 지점에 근접하는 것에 극도로 어려웠다고 보고하고 있다. 이러한 대량 통행 차량의 90%이상은 긴급성이 없는 일반차량 이였다고 추정된다. 또한 화재 현장에 소방대가 도달했다고 해도 소화전은 거의 파괴되어 있었다.

상비 소방력의 손이 미치지 않는다고 가정하면, 나머지는 지역 주민의 소화활동에 맡겨지게 된다. 그러나 강한 진동에 의한 재해나 공포 등으로 인하여 지진의 진도가 클수록 주민들에 의한 진화나(소화기나 물통 등에 의한) 초기 소화의 활동은 저하하게 된다. 또한 소화활동에 있어서 가장 중요한 소화수도 수도관의 파괴에 의한 단수에 의해서 얻을 수 없게 된다. 이러한 원인으로 지진 시에는 발화의 대부분이 연소에 이르러 건물이 밀집하는 도시에서는 대화재로 발전하게 되기 때문에 발화시 소방 설비의 자동 살수에 의한 진압이 중요한 요소가 된다고 할 수 있다.

4.1.2 지진과 발화의 원인

화재의 발생은 건물 붕괴의 규모와 그 건물의 용도 및 지진 발생의 시각, 계절, 시대 등의 영향을 받는다. 연소는 기상(주로 풍속 및 풍향) 및 시가지 조건(주로 목조 건물 또는 가연성 물질의 밀집도)에 의해서 규정된다고 할 수 있다. 일본의 관동 지진은 9월 1일의 정오 전에 발생하였다. 도쿄는 진원으로부터 70km 정도 떨어져 있어 테다이(手台) 지면에서 진도 5, 아라카와(荒川) 저지대에서 진도 6(국지적으로는 진도 7)의 흔들림이었다. 정확히 점심 식사 준비 때문에 많은 화원이 있어, 도쿄 시내 전체 97개소에서 발화가 발생하였다. 지반이 상대적으로 약해 건물 붕괴가 많았던 아라카와(荒川)·스미다(隅田)천 저지대 및 간다천(神田) 저지대에서 다수의 발화가 발생하였다. 주택 붕괴율과 발화율과는 비례적인 관계에 있다. 이 도쿄의 발화율은 여름 지진시의 평균보다 약간 큰 규모였다. 발화 시각은 지진 후 10분 이내가 50%, 1시간 이내가 80%이었다. 발화 원인은, 부뚜막 47%, 곤로 14%, 화로 10%, 가스 9%, 약품 25%

등으로 나타났다. 지진 발생의 시각·계절이나 시대는 사용되는 화기의 종류에 관계한다고 할 수 있다. 예를 들어 1968년의 일본 토카치(十勝) 지진에서는 석유스토브가 발화 원인의 대부분이었으므로 자동 소화설비의 설치가 의무화 되면서 급속히 보급되었다. 그러나 효고(兵庫)현 남부 지진시의 고베시에서는 지진 당일의 발화수가 109건으로 전기기구 및 설비, 배선 26건, 가스 관련 8건, 석유스토브 4건, 약품 3건, 그 외 6건, 불명 62건이었다. 명확하지 않는 개소를 제외하면 전기 관계 39%, 가스 관계 18%, 전기+가스 11%로 전기·가스 관련이 68%를 차지하였다. 전기와 관련해서는 전기스토브, 열대어 용기도구, 백열 스탠드, 각종 전원 코드가 주된 발화 원인이었다. 이처럼 발화 원인을 살펴보면 원인의 양상이 완전히 바뀐 것을 알 수 있으며, 이로 인하여 지진 시 화재 대책의 재검토가 이루어지고 있다.

발화 중에서 얼마만큼이 연소로 발전하는가를 살펴보는 것도 중요한 요소이다. 관동지진 시 도쿄 시내에 있어서의 발화 건 수는 98건으로 그 중 27(1/4 상당)건이 발화 장소 부근에서 진화되었고 나머지의 71건이 연소로 발전하였다. 비화에 의한 발화 장소는 45건으로 그 중 4건을 진화할 수 있었으며, 41건은 연소에 이르렀다. 결국 연소 발화 장소는 112개소였다. 이러한 화재에 있어서는 연소를 저지하는 초기 소화 활동이 대화재의 발전을 막는데 매우 중요하다고 할 수 있는데, 이는 초기소화율을 예측함으로써 분석할 수 있다. 지금까지의 지진 화재의 예에서 초기 소화율은 진도의 증가와 함께 크게 저하되는 것으로 나타나고 있다. 예를 들어 진도 7의 지진 흔들림 속에서 사람은 본능적으로 몸을 지키는 것도 매우 어려우며, 발화에 대하여 이를 제거하기 위한 의식적 행동은 거의 불가능하다고 할 수 있다. 또한 주민에 의한 초기 소화는, 발화·화염상승, 천정까지의 발화까지 10~20분 정도의 사이로, 그 이상의 본격적 화재에 대한 소화는 소방대의 역할이 되지만, 지진의 경우에는 소방대의 도착이 크게 늦어질 수밖에 없다. 그러므로 스프링클러 설비 등과 같은 소화설비가 초기 발화에 대하여 자동적으로 대응함으로써 화재의 발전을 막는 것은 부가적인 인명 및 재산피해를 억제하고 지진 이후 복구활동을 빠르게 하는데 무엇보다도 중요하다고 할 수 있을 것이다.

4.2 지진에 의한 물탱크 시설의 피해

4.2.1 캘리포니아 로마프리에타(Loma Prieta) 지진

1989년 10월 17일 규모 7.1의 강진이 캘리포니아에서 발생하였다(그림 4.2 참조). 진앙은 샌프란시스코 남쪽 75km의 로마프리에타 산중이었으며, 진원은 깊이가 약 18.24km로 추정되었다. 지진을 일으킨 단층은 산안드레아스 단층계로 진앙 지역의 최대 지반가속도는 0.65g에 달하였으나 지속시간이 10~15초로 비교적 짧았다.

그러나 75km떨어진 샌프란시스코에서 조차 심각한 피해를 초래하였으며, 그 원인은 샌프란시스코 만에 퇴적된 점토층에 의해서 지반운동이 증폭되고 성토지역에서 액상화가 발생되었기 때문으로 판단되었다.

이 지진은 약 83억불의 재산손실이 발생하였고 62명 사망, 3,000여명 부상, 14,000여명의 이재민 발생, 116,882채의 건물이 손상을 입었다. 이 지진의 특징은 건물뿐만 아니라 상·하수도관, 송전선, 가스관 등 라이프라인(Life Line)에 큰 손상이 발생하였고 지진과 동시에 화재가 발생한 점을 들 수 있다. 특히 급수관의 파괴로 인하여 물이 공급되지 못했기 때문에 화재 진압 시 더욱 큰 장애가 되었다.

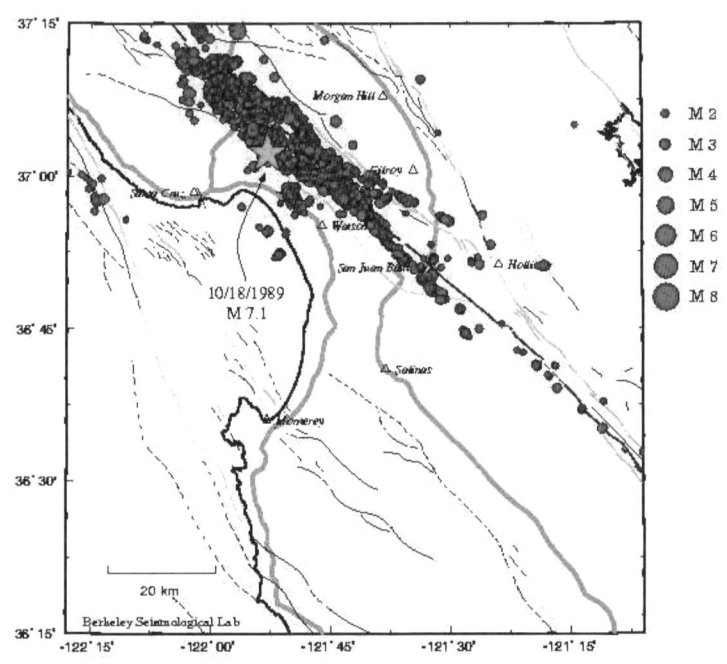

Loma Prieta Area Seismicity - 10/18/1989-11/18/1989

그림 4.2 캘리포니아 로마프리에타 지진의 진도 분포

1) 수원시설의 피해

샌프란시스코 상수도의 경우 크리스탈 댐의 제방에 3mm정도의 균열이 발생하였고, 도수관 에어 밸브의 고장과 1개 펌프장의 차단기가 손상을 받아 운전이 일시 정지되었다. 또한 저수지부터 정수장으로의 도수관(ϕ1500mm, PC 강관) 2개소의 용접부에 90cm의 균열이 발생하여 누수가 발생했지만, 침수에 이르지는 않았다. 다른 저수지에서 정수장으로 가는 도수관(ϕ900mm 강관)에 누수가 발생하였지만, 적은 양으로 다음날 복구되었다. 정수시설의 피해는 정수장의 응집기와 밸브 등에 피해가 있었지만 정수기능에는 지장이 없었다. 기타 인근의 도시에서 발생한 수원시설의 피해로는 흙댐의 제방 상부에 균열이 발생하여 수위를 낮추어 사용한 경우가 있었다. 또한 우물물의 일부에서 콘크리트 벽에 균열이 발생하여 양수펌프 모터의 제어가 불가능한 상태가 발생했다. 정수시설에는 완속 여과지의 측벽, 상부 슬래브에 균열이 발생하여 누수가 생겨 정수처리를 중지했다. 송수가압 펌프장의 경우 염소실의 전도와 자가발전설비의 냉각수관 파손 등의 피해가 발생했다. 한편 전력체계의 정전으로 인하여 정수장과 가압장치의 운용에 영향을 미쳤고, 자가 발전기를 이용하여 운영센터와 가압송수장치를 운용한 사례도 있었다.

2) 방화물탱크의 피해

큰 지붕에 설치된 방화물탱크는 일반적으로 지붕 위에 있는 추가적인 구조용 강재 프레임 위에 설치된다. 본 지진에서는 이러한 방화물탱크에 부착되어 있는 보강용 구조 강재 프레임이 떨어져 나갔다. 그것은 브레이스가 부적절하게 설치된 구조용 강재 프레임이 원인이었다. 적절한 브레이스가 설치되어 있지 않기 때문에 주요 부재는 변형 또는 이동되었으며, 시스템에 추가적인 자유도가 증가하였다. 이러한 현상을 종합해 보면 지진 지역에서 시스템을 지지하기 위해 독립적인 강재 레일(건물의 내·외부에 상관없이)은 사용되어서는 안 된다는 교훈을 얻을 수 있다. 또한 콘크리트 바닥에 매립앵커로 설치되어 있는 방화물탱크의 경우에는 앵커가 매입인발 하면서 피해가 발생하였다. 그러므로 방화물탱크의 설계 시 앵커의 설치에 보다 주의해야 할 것으로 판단되었다.

4.2.2 니가타현 나카고에(新潟県中越) 지진

2004년 10월 23일 (토) 17시 56분에 발생한 니가타현 나카고에 지진은 규모 6.8로써 대규모의 지진은 아니었지만, 진원에 가까운 카와구치(川口)에서 진도 7을 기록했고, 카와구치·오지야(小千谷)시·나가오카(長岡)시·야마코시(山古)(현재는 나가오카시)등의 시읍면에 막대한 피해를 가져왔다. 진도 7을 기록한 것은 효고현 남부 대지진 이래 처음이었으며, 지진 발생으로부터 4일간 최대 진도 6 및 6 미만의 여진이 각각 2회 발생하는 등 여진 활동이 매우 활발했다. 이러한 이유로 취약한 지질 구조의 산간부에 있어 자연경사면 붕괴나 성토 붕괴 등의 토사 재해가 발생하였다. 이로 인하여 교통 두절이나 정보 통신의 두절이 발생하였고, 각지에서 고립 취락이 발생하였다. 또한 오지야시를 중심으로 액상화 현상에 의해 하수도 맨홀의 돌출 및 관로 매설부의 함몰 등 라이프라인에도 많은 피해를 볼 수 있던 것이 특징이라고 할 수 있다. 본 지진은 내륙형 지진으로써 향후 국내에 지진이 발생한다면 유사한 지진형태일 것으로 예측되어 소방시설의 피해에 대한 분석을 실시하였다.

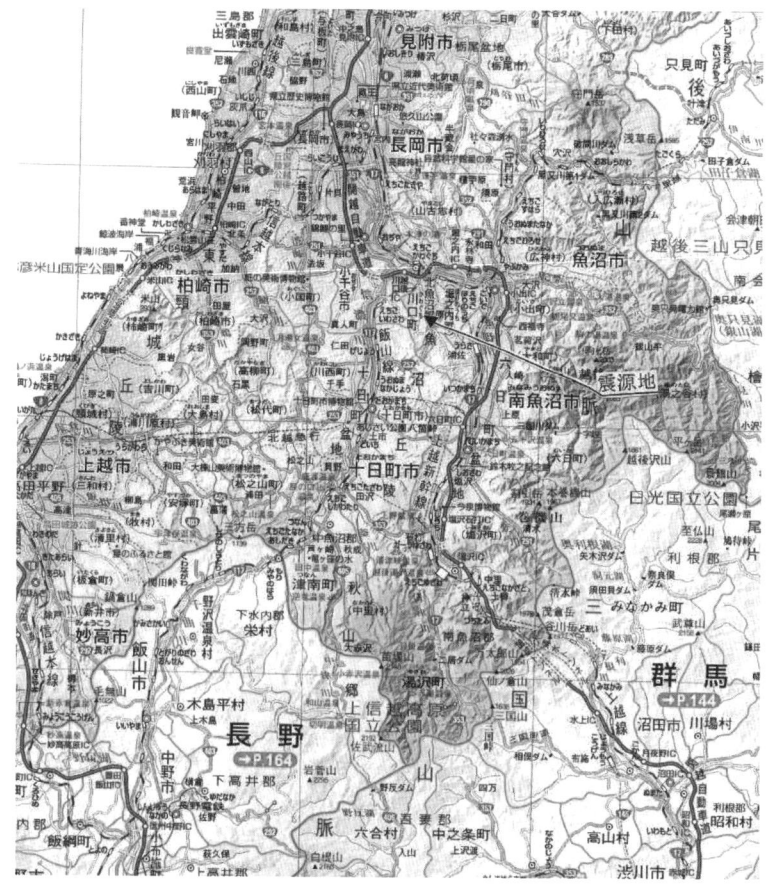

그림 4.3 니가타현 나카고에 지진의 진원(내륙형 지진의 예)

1) 방화물탱크 등의 피해상황

일반적으로 방화물탱크는 수도배관에 접속되어 있는 소화전과는 다르게 지진피해를 받은 지역에 있어서도 수도배관 수관 등의 수도시설 피해의 직접적인 영향을 받지 않는다고 할 수 있다. 또한 지진 시에 있어서는 하천이나 습지 등의 자연 수리나 우물 등이 중요한 소방 수리가 되기도 한다. 그러나 방화물탱크도 지진에 의해 피해를 받는 예가 많기 때문에 그 피해상황을 제어하고 향후의 피해의 경감이나 소방 수리의 배치계획을 고려하는 것이 중요하다고 할 수 있다. 일본의 경우 소방청의 보조 사업대상에 있어 방화물탱크 및 내진성능을 갖는 물탱크에 있어서는 구조기준이 정해져 있다. 방화물탱크의 경우 상재하중은 설치장소에 대응하여 자동차 하중이나 콘크리트의 설계기준강도, 철근의 직경, 사용량, 구조체의 두께 등을 규정하고 있다. 또한 내진성능을 갖는 물탱크의 경우 각 부재에 있어서는 동일한 규격이 적용되는데, 설계수평진도를 0.288로 하고 있다. 방화물탱크(내진성능을 갖는 물탱크를 포함)의 경우에는 (재)일본소방설비안전센터에 의해 인증이 이루어지고 있다. 국고보조 사업 이외에는 지방자치단체가 소방청의 보조기준에 준하여 구조기준을 작성하여 방화물탱크를 설치하는 경우가 있다. 또한 기타의 구조기준에 의해 설치되기도 한다.

니가타현 나가고에 지진에서는 본진(규모 6.8) 및 여진에 대하여 방화물탱크의 피해가 다수 발생하였다. 피해개소는 토치오(栃尾)시의 경우 현장타설 콘크리트 방화 물탱크 2기가 누수하고 있었으며, 1기는 본체가 손상되었다. 또한 오지야(小千) 지역에서는 8기가 손상을 받았는데, 수리를 필요로 하는 방화물탱크는 중간 박스 부재와 저설 피트와의 조인트부의 코킹재 및 라이닝재가 벗겨져 누수된 것으로, 조인트부에 에폭시수지로 코킹 및 라이닝을 실시해 보수되었다. 이밖에도 다수의 지역에서 방화물탱크의 피해가 보고되었다. 피해상황에 있어서는 특히 현장타설 콘크리트 방화물탱크의 피해가 심각하였다. 이러한 원인은 노후화가 많이 진행되었으며, 지진 시 콘크리트의 균열에 의한 누수가 그 원인으로 판단되었다.

표 4.1 니가타현 나카고에 지진 시 소방설비별 피해상황

피해를 입은 소방용 설비명	피해건수	피해 대상					
		수용인 300명 이상	연면적 1만㎡ 이상	여관 호텔	병원, 사회복지 시설	중/초등학교	설비업자
자동소화경보장치	38	17	8	1		7	5
스프링클러 소화설비	22	19	1		1		1
옥내소화전설비	15	2	4	1	1	6	1
유도등	8	7	1				
옥외소화전설비	1		1				
포소화설비	2	2					
방송설비	3	2	1				
분말소화설비	1	1					
배연설비	2	2					

 니가타현 나카고에 지진에서는 내진성능을 갖는 물탱크에 대한 피해 사례는 보고가 없었으며, 본체의 내진성에 대해서도 문제가 없었던 것으로 판단되었다. 이러한 피해 분석으로부터 내진성능을 갖는 물탱크의 경우는 집수 피트의 실재(Seal)가 높은 지수성을 갖는다고 볼 수 있다. 그러나 내진성능을 갖지 않는 방화물탱크는 많은 피해를 보았는데, 이는 진도 7을 기록한 본진에 의한 피해이후, 최대 진도가 6정도의 여진이 단기간에 4회나 발생하였던 것과 액상

화 등이 방화물탱크에 악영향을 미쳤기 때문으로 분석된다. 이러한 분석의 이유는 피해의 대부분이 액상화가 발생한 지역으로 나타났으며, 액상화에 수반하는 유동력이 의해 물탱크가 크게 흔들렸기 때문으로 판단되었다.

지반의 흔들림은 좌우 흔들림 뿐만이 아니라 상하에 대한 흔들림도 발생하였으며, 이로 인하여 저설 피트부가 기초와 접촉함에 따라 중간 박스 부재와의 접합부에서 엇갈림이 생겨 저설 피트와 본체를 긴결하는 연결 볼트가 변형 등의 파손을 입은 것으로 추정된다. 그러나 균열이나 인장에 의한 손상이 접합부에서 발생하지 않은 것을 확인할 수 있어 강도에 대해서는 문제가 없었던 것이라고 생각할 수 있다. 또한 라이닝 및 코킹의 파손은 상이한 흔들림에 의해 파손하여 누수된 것이라고 생각할 수 있다.

일반적으로 실재가 있기 때문에 누수는 생각하기 어렵지만, 이 지진은 큰 여진도 많이 발생하였기 때문에 실(Seal)재와의 계면에 점착력이 상실되고, 방화 물탱크에 어떠한 유해한 작용에 의해 손상이 발생하여 벗겨진 것으로 추정된다.

표 4.2 일본 각 지진에 의한 물탱크의 피해 현황

구분	미야기현 지진		쿠시로 지진		훗가이도 지진		산리쿠해 지진		효고현 남부지진	
일시	1978.6.12.		1993.1.15.		1994.10.4.		1994.12.28..		1995.1.17.	
규모	M 7.4		M 7.8		M 8.1		M 7.5		M 7.2	
피해부위	피해상황	건수	피해상황	건수	피해상황	건수	피해상황	건수	피해상황	건수
일반 물탱크	지하물탱크 균열 12건 기타물탱크 균열 3건	15	물탱크 전도 1건 물탱크 누수 1건	2	물탱크 균열 2건	2	물탱크 파손	4	지하물탱크 파손5건 FRP물탱크 파손3건 볼탭오작동 3건	11
고가 물탱크	본체이동 12건 본체파손 6건 본체균열 2건 볼탭파손 2건 설치대전도 1건 설치대파손 2건 기초파손 3건 전극봉 1건	29	고가물탱크 누수 1건	1			고가물탱크 파손	1	FRP물탱크 파손4건 기초파손 1건	5

4.3 국내외 내진기준 체계

4.3.1 일반 현황

물탱크를 포함하는 소방시설의 내진설계 기준을 새로이 작성하여 제도화하기 위해서는 우선 나라별 소방법 체계부터 조사하여 관련기준이 어디에 속하며 어떻게 적용되고 있는지를 파악해야 한다. 본 장에서는 선진 주요국가인 미국, 일본 등의 소방 관계 법령의 골격을 검토하여 그 특징을 서로 비교하고자 하였다. 또한 한국의 경우에는 소방설비에 대한 내진기준 및 지침이 아직까지 명확하게 마련되어 있지 않지만, 가스배관 또는 건축 비구조체 설비관련 법령을 분석하여 이의 응용 가능성을 평가하고자 하였다.

4.3.2 미국의 소방시설 관련 내진기준 체계

미국은 연방법으로서 산업안전규정과 위험물운송규정이 있고, 각 주 단위로 소방검사, 화재조사, 소방설비업 등에 관한 화재예방법을 두고 있으며, 시 또는 카운티 단위로 소방법 및 건축법을 제정하여 운용하고 있다. 그 운용방법은 건축법에 소방시설의 설치대상기준을 정하고 그에 따른 규정을 가지며 기준제정 기관에서 정한 소방 관련 기준으로 각 지방자치단체에서 채용하여 법으로 운용한다. 소방시설 등 관련기준은 전문기관 또는 협회(예, NFPA, National Fire Protection Association) 등에서 제정하고, 이를 각 주 또는 시의 행정당국에서 해당 지역에 적합한 기준으로서 선택적으로 적용하고 있다. 참고로 소방설비의 내진설계기준은 IBC, UBC, CBC 기준에서 제시하고 있는 내진 카테고리 별로 등급을 설정하여, 내진 카테고리 B~D의 경우 국가화재방호협회(NFPA)에서 작성한 기준을 참조하고, 내진 카테고리 E~F는 NFPA 및 비구조 설비의 내진지침을 규정한 ASCE 기준으로 보다 강화하여 설계를 하고 있다.

4.3.3 일본의 소방시설 관련 내진기준 체계

일본의 소방시설 관련 내진기준 체계는 소방 활동의 법적근거와 주요내용에 대하여 소방법, 동 시행령, 동 시행규칙을 적용하고 있으며, 세부지침과 기준에 대해서는 소방청 고시에 의하고 있다. 소방시설기준에 관한 사항으로서 설치에 관한 기술기준은 소방청장이 정하고 있으며, 일반적인 사항과 유지관리 기준은 시행규칙에서 정하고 있다. 소방시설의 내진설계 관련 요구사항은 소방법시행규칙에서 내진조치 사항을 언급하고 있으며, 소방용 설비 등의 운용기준에서 보다 구체적인 방법을 제시하고 있다. 특히 지상 60m 이하의 건축물에 있어서 소방시설의 안전성에 있어서는 1978년 미야기현(宮城縣)지진 시 설비에 대한 피해를 교훈으로 하여, 「건축설비 내진설계·시공지침(1982)」(일본건축센터 출간)이 제정된 이래로 건설성 주택국 지도과 감수에 의해 행정지도서로 간행되었다. 이후 건축설비를 포함한 도시 인프라시설에 많은 피해가 발생한 1995년 한신이와지(阪神淡路) 대지진 재해를 교훈으로 「건축설비 내진설계·시공지침(1997)이 개정되었고, 단위계 등의 소폭의 수정을 가하여 「동 2005년 판」을 준용하도록 하고 있다. 또한 지상 60m을 초과하는 구조물에 대해서는 별도의 위원회를 구성하여 소방시설의 내진조치에 대한 인증을 얻도록 하고 있다.

4.3.4 한국의 소방시설 관련 내진기준 체계

한국의 소방시설에 관한 기준은 1958년 3월 법률 485호로 소방법이 제정·공표된 이후, 20여 차례 이상의 개정과 신설을 거듭하면서 소방법, 시행령, 시행규칙, 화재예방조례, 고시 등으로 개선 및 추가되어 왔다. 또한 최근에는 국가화재안전기준(NFSC, National Fire Safety Codes)이 제정되어 병행 이용되고 있는 실정이다. 한국의 소방기준은 기본적으로 일본의 법체계와 유사하며 체계적이면서도 획일적인 법령을 제정·운용하고 있다고 할 수 있다.

그러나 소방시설의 내진조치를 위한 기준은 아직까지 체계화 되어 있지 않으며, 일부소방시설에 대한 내진조치를 제시하고 있는 실정이다. 즉, 소방기본법, 소방시설 설치유지 및 안전관리에 관한 법률, 소방시설 공사업법, 위험물 안전관리법 내에 위험물, 위험물 저장소, 옥외탱크저장소, 탱크의 내진 및 내풍압 구조 부분에는 지진에 의한 진동력을 고려하고, 그때의 응력이 집중되지 않도록 요구하는 항목을 제시하고 있다. 또한 실내 및 실외에 설치되는 방화수조 또는 물탱크에 대한 설계는 기본적으로 건축물로 상정하여 구조기술사 등에 의한 구조설계를 통하여 내진해석 및 설계가 이루어지고 있다고 볼 수 있다. 그러나 소방설비에 관한 내진 조치 기준을 적용할 수 있는 범위의 규정 및 시설의 대부분을 차지하고 있는 일반 배관이나 소화수조, 소화기 등에 관한 내진설계는 제시되지 않으며, 실무적으로 이러한 시설에 대한 내진조치는 설계자 또는 발주자가 원하는 특별한 경우에 이를 대상으로 외국 기준을 참고하여 시행하고 있는 실정이다.

제5장 내진기준 및 설계사례 분석

5.1 일반사항

내진설계(Seismic Design)란 향후 발생할 것으로 예상되는 지진에 대하여 구조물이 원하는 만큼 안전할 수 있도록 설계하는 것을 말한다. 여기서 원하는 만큼의 안전이라고 한 이유는 현실적으로 볼 때 어떠한 큰 지진에도 견딜 수 있는 설계라는 것은 불가능 하고, 지역에 따라 일정기간 동안 통계적으로 예측되는 최대 지진의 크기와 구조물의 중요도 등에 따라 원하는 피해수준이 다를 수 있기 때문이다. 이러한 여러 수준의 성능요구조건을 모두 만족시킬 수 있도록 구조물을 설계하고자 하는 것을 성능기반설계(PBD, Performance-Based Design)라 하는데 이는 세계적인 추세가 되고 있으며 진보된 내진설계 개념의 기초가 되고 있다. 소방시설의 내진설계도 이러한 성능기반설계의 관점에서 접근 하는 것이 하나의 방법이 될 수 있다. 이 경우 국내 타 산업시설의 내진설계 방향과 일치하는 장점이 있다.

미국 및 일본을 포함한 선진 외국에서는 소방시설에 대한 내진해석 및 설계에 대하여 각 국가의 독특한 지역적, 지진학적 특성에 적합하도록 기준을 제정하여 운용하고 있다. 미국의 경우 소방설비의 내진 설계기준은 IBC, UBC, CBC 기준에서 제시하고 있는 내진 범주 별로 등급을 설정하고, 내진 범주 B~D의 경우는 국가화재방호협회(NFPA)에서 작성한 기준을, 내진 범주 E~F는 NFPA 및 비구조 설비의 내진지침을 규정한 ASCE 기준 등으로 보다 강화하여 설계를 하고 있으며, 대부분의 주에서 시행하고 있는 실정이다. 일본의 경우에도 소방활동의 법적근거와 주요내용에 대하여 소방법, 동 시행령, 동 시행규칙을 적용하고 있다. 세부시행 지침에 있어서는 「건축설비 내진설계 · 시공지침(2005)」 준용하는 등 지진에 대비한 소방시설의 내진조치의 법적 근거를 완비하고 있다고 할 수 있다. 반면 국내의 경우는 일정규모 이상의 방화물탱크 또는 물탱크에 대한 설계에서 일부 내진지침이 규정되어 있을 뿐, 소방설비의 대부분을 차지하고 있는 일반 배관이나 소화물탱크, 소화기 등에 관한 내진설계는 제시되지 않았다. 또한 실무적으로 이러한 시설에 대한 내진조치에 대하여 설계자 또는 발주자가 원하는 특별한 경우에는 외국 기준을 참고 하여 내진설계를 시행하고 있는 실정이라 할 수 있다.

본 장에서는 미국 및 일본 등 선진외국의 소방시설 관련 내진기준 및 설계사례를 분석함으로써, 국내 소방설비기준 마련의 기초자료로 활용하고자 하였다. 이를 위하여 먼저 소방설비의 내진해석 및 설계 방법을 살펴보고, 미국 및 일본에 있어서의 적용 기준 및 사례를 분석하였다. 또한 국내 관련시설에 대한 내진기준을 찾아 이를 분석함으로써 소방설비에의 적용가능성을 평가하였다.

5.2 물 저장시설의 내진해석 및 설계 일반

5.2.1 내진해석 개요

본 절에서 소방시설을 포함한 물 저장시설의 내진해석 및 설계란 건축물 내 소방설비를 구성하고 있는 각종 기기의 내진성능 확보를 목적으로 수행되는 일련의 과정을 말한다. 여기서 내진해석은 건축물 부지에 발생 가능한 설계입력지진을 정의하고 구조물의 동적해석모델을 작성한 후 이를 입력 자료로 하여 동적응답해석을 수행하여 구조물 및 기기에 작용하는 지진하중을 산출하는 과정을 말한다. 한편 현실적으로 이러한 과정이 일반 실무자에게는 매우 어렵고 복잡하기 때문에 기준에서는 이러한 과정을 생략하여 간편 해석 방법을 제공하고 있다.

내진설계는 내진해석결과로 얻은 지진하중에 대하여 소방설비를 이루는 각각의 기기(배관을 포함)가 견디도록 설계하는 단계로써, 대부분의 설비기기는 기성제품이 설계지진하중에 견딜 수 있는지를 확인하는 내진검증 과정을 거치게 된다. 이러한 소방시설에 있어서 내진해석 및 설계 단계를 그림 5.1에 나타내었다.

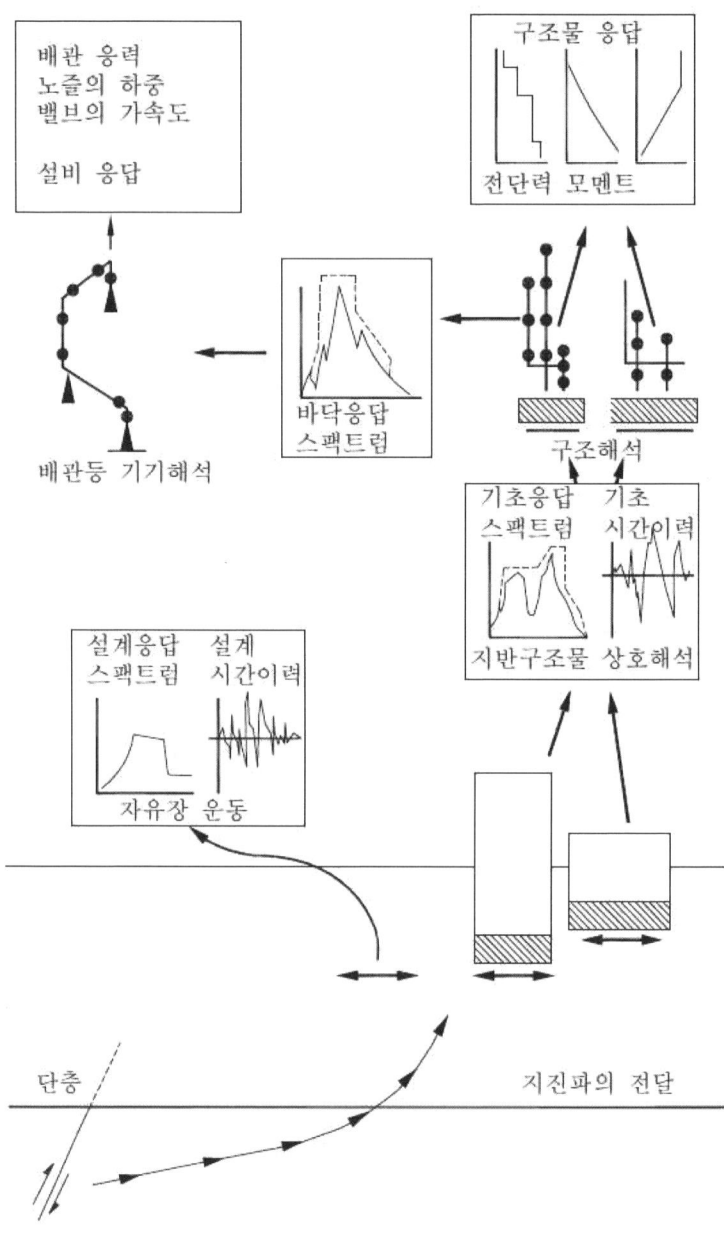

그림 5.1 내진해석의 개념과 내진해석 과정

5.2.2 설계 지진입력 운동

1) 지진입력운동의 작성

일반적인 내진해석의 첫 번째 작업은 먼저 일정기간 동안 발생가능성이 높은 수준의 지진을 기준으로 하여 설계지진을 작성하는 것이다. 실제로 국내에서는 지진기록이 부족하기 때문에 미국의 여러 가지 지진기록을 토대로 하여 작성된 인공지진을 기초로 하여 여기에 해당지역의 지반특성을 고려하여 작성하는 것이 보편적이다. 이때 설계지진은 지진시간기록의 형태로 주어지거나 지진시간기록을 주파수별 1자유도계에 적용시켰을 때의 최대 응답들을 표시한 지진응답스펙트럼의 형태로 주어지게 된다.

2) 설계지반응답스펙트럼

① 응답스펙트럼(Response Spectrum)

응답스펙트럼이란 서로 다른 고유진동수와 감쇠특성을 갖는 1자유도계 시스템들의 기초에 진동이 작용할 때, 그 1자유도계 시스템들의 최대응답을 그래프로 나타낸 것으로써 1자유도계의 운동방정식은 다음 식 (5.1)과 같다.

$$\ddot{x} + 2\beta w \dot{x} + w^2 x = -\ddot{u}(t) \tag{5.1}$$

여기서, $\ddot{x}, \dot{x}, x$: 상대가속도, 속도, 변위
β : 시스템의 감쇠값

$\ddot{u}(t)$: 입력가속도 시간이력

설계응답스펙트럼이란 다양한 지반조건에서 기록된 다수의 지진기록으로부터 통계적 처리를 통하여 결정된 응답스펙트럼으로 KBC 2005에서 규정하고 있는 설계응답스펙트럼은 그림 5.2와 같다.

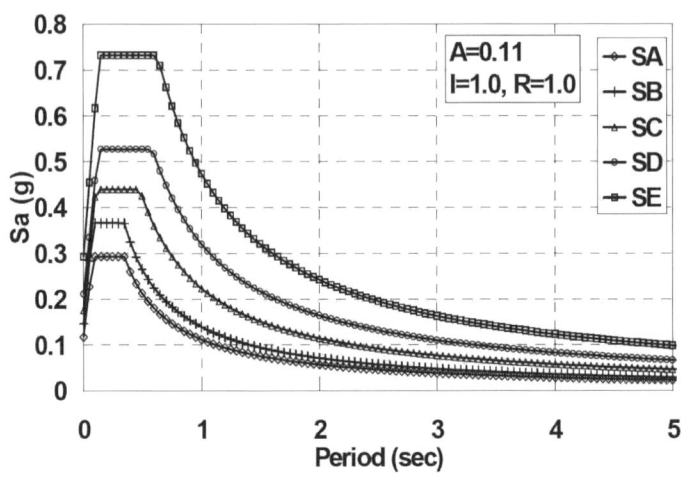

그림 5.2 지반조건별 설계응답스펙트럼의 예(KBC 2005)

② 가속도 시간이력

가속도 시간이력이란 실제 지진파와 유사한 형태로서, 기준의 요건을 만족하도록 인공적으로 작성한 지진파를 말하며, 그림 5.3에 하나의 예를 나타내었다.

가속도 시간이력은 두 수평방향과 수직방향의 3개 시간이력을 한 조로 작성하게 되며, 시간이력 해석 시 입력 자료로 사용한다. 가속도 시간이력을 작성하는 방법은 실제 기록된 지진파를 수정하여 작성하거나, 임의의 진동수를 갖는 정현파를 합성하여 작성하게 된다. 물론 이때 작성된 시간이력의 응답스펙트럼은 설계지반응답스펙트럼을 포괄해야 한다.

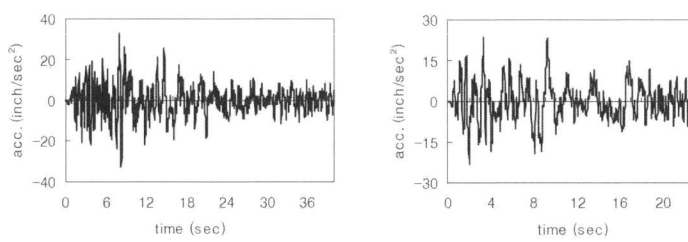

그림 5.3 인공지진 시간이력의 형태

5.2.3 내진해석 모델링 기법

모델링이란 복잡한 구조물을 수학적으로 이상화시키는 과정으로서, 내진해석에 있어 모델링의 기본은 구조물의 질량특성(M), 감쇠특성(C), 강성(K)을 정확하게 계산하여 실제 구조물과 유사한 동적 특성을 구현하는 것이라 할 수 있다. 다자유도계 시스템의 운동방정식은 다음 식 (5.2)와 같다.

$$[M]\ddot{x}+[C]\dot{x}+[K]x=-[M]\ddot{u}(t) \qquad (5.2)$$

여기서, $[M]$, $[C]$, $[K]$: 구조물의 질량, 감쇠, 강성행렬
   $\ddot{x}$, $\dot{x}$, x : 상대가속도, 속도, 변위
   $\ddot{u}(t)$: 지반 가속도 시간이력

1) 해석모델의 종류

① 유한요소 모델

　유한요소 모델은 지진운동의 크기를 나타내는 가장 간단한 방법으로서 일반적으로 중력가속도에 대한 계수로 표시한다. 유한요소 모델에서는 부재를 보요소, 판요소, 쉘요소, 솔리드 요소 등과 같은 유한요소를 사용하여 직접적으로 모델링하기 때문에 설비의 형상, 질량 및 강도특성을 정확하게 나타낼 수 있다. 이에 따라 정확한 지진응답 또는 국부적인 응답을 얻을 수 있어 해석결과를 그대로 설계에 사용할 수 있다는 장점이 있다.
　그러나 많은 자유도가 고려되므로 해석이 복잡하고, 해석시간이 길다. 특히 설비의 설계가 변경되거나 재료특성 또는 강성에 관련된 변화가 있는 경우 이를 모델에 반영하기 위해서는 많은 노력이 필요한 단점이 있다. 또한 실무에서 내진해석을 수행하게 될 구조기술자 또는 소방기술자가 이러한 유한요소모델을 기술적으로 이용하는데 한계가 있는 것도 현실적인 고려 대상이다.

② 집중질량-보요소 모델

　본 모델은 설비 등 부재의 동적특성을 단순한 보요소와 집중질량의 조합으로 모델링하는 것이다. 이때 구조물의 강성은 별도로 계산하여 등가의 보요소로 치환하며, 부재의 질량 특성도 별도로 계산하여 구조물의 층슬래브 위치에 집중시키게 된다. 또한 집중질량은 질량중심에 위치시키고 보요소는 전체 설비의 강성 중심에 위치시킴으로써 질량중심과 강성 중심간의 편심에 의해 발생하는 비틀림 효과도 고려할 수 있다.

본 모델의 장점은 해석모델의 크기가 상대적으로 작기 때문에 재료특성이나 설계변경을 고려한 다양한 변수해석을 쉽게 수행할 수 있다는 것이다. 그러나 각 층 위치에서의 응답가속도, 변위, 지진하중, 응답스펙트럼 등의 해석결과를 쉽게 얻을 수 있는 반면, 설계에 사용하기 위해서는 해석결과로부터 얻은 지진하중을 각각의 설비에 재분배시켜야 하는 불편함도 있다.

③ 모델링 방법

집중질량-보요소 모델을 중심으로 모델링 방법을 살펴보면 다음과 같다. 질량 특성값의 모델링에 있어서는 3 병진방향(두 수평방향 및 수직방향)과 3 회전방향(두 수평회전방향 및 비틀림 방향)의 관성질량으로 계산하여 해석 모델의 절점에 집중시킨다. 이때 계산된 집중질량은 기기의 자중, 기기 내의 물질 등 기기의 총 중량과 동일해야 한다. 또한 내진해석 시 구한 동적모드 형태가 실제 지진 시 기기의 변위거동을 잘 나타낼 수 있도록 해석모델에 충분한 수의 질량점을 고려해야 한다. 이를 위해서는 어떤 한 방향으로의 질량자유도수가 정확한 지진응답을 얻기 위해 필요한 방향으로의 모드수보다 적어도 2배 이상 되도록 해야 한다.

강성의 모델링에 있어서는 기기내의 모든 부재가 포함되어야 한다. 구조물의 재료특성은 그 재료의 최적 추정치를 사용하는 것이 좋으나 대체로 설계기준에서 제시된 값을 사용하게 된다.

감쇠 특성의 모델링에서 감쇠(Damping)는 반복하중이나 지진하중 작용 시 기기의 재료나 시스템의 비탄성거동에 의해 에너지가 소산되는 현상을 말한다. 이러한 감쇠값의 크기에 따라 기기의 지진응답은 달라지므로 정확한 구조물 감쇠값의 예측이 필수적이지만 현실적으로는 매우 어려우므로 규제 기준이나 산업기준에서 보수적으로 설정한 값을 이용하게 된다.

표 5.1은 원전구조물의 내진해석 시 적용되는 구조감쇠 값의 예를 나타낸다. 물론, 설비 또는 기기의 제품 사양서에 감쇠값이 제시되어 있는 경우에는 그 값을 이용해야한다.

표 5.1 구조 감쇠값 예(미국 원자력 규제위원회 규제지침 1.61)

구조물의 종류	운전기준 지진(%)	안전정지 지진(%)
기기, 직경 12in 이상 배관	2	3
직경 12in 이하 배관	1	2
용접된 강구조물	2	4
볼트 접합된 강구조물	4	7
프리스트레스트 콘크리트(PSC) 구조물	2	5
철근콘크리트(RC) 구조물	4	7

④ 기타 고려사항

소방설비 중 행거로 지지되는 배관 등과 같이 구조물에 지지된 부계통 비연계 설비는 구조물의 내진해석 시에는 단지 질량만을 고려한 다음, 구조물의 내진해석결과를 이용하여 별도의 설비 모델에 대한 2차 해석을 수행해야 한다. 또한 대부분의 설비기기나 부품과 같은 부계통은 구조물의 내진해석 시 연계시키지 않고 차후 별도의 해석을 수행해야 한다.

집중질량-보요소 모델에서는 층슬래브가 평면내 방향과 평면외 방향으로 모두 강체라고 가정하여 층슬래브 위치에 집중질량 형태로 모델링되기 때문에 구조물의 슬래브와 같이 수평방향으로 큰 강성을 갖는 구조물의 경우에는 합리적인 해석결과를 보인다고 할 수 있다. 그러나 수직방향으로는 기둥이나 일부의 벽만이 존재하기 때문에 유연한 경우가 많다. 이로 인하여 층슬래브 중앙에서는 수직방향으로의 지진응답이 상당히 증폭될 가능성이 있으므로 이러한 층슬래브의 수직방향으로의 유연성을 고려해야한다. 고려방법으로는 유연한 층슬래브의 유한요소모델이나 등가의 1자유도계 모델을 작성하여 내진해석결과 얻은 층슬래브 위치에서의 수직응답을 입력으로 한 2차 해석을 수행하여 최종 수직방향 응답을 구하거나, 유연한 층슬래브를 나타내는 수직방향 1자유도계 모델을 구조물이 내진해석 모델에 연계시켜 내진해석을 수행하여 최종 수직방향응답을 직접 구하는 방법을 들 수 있다.

 질량중심과 강성중심 간의 편심에 의해 발생하는 기하학적 비틀림 효과는 유한요소해석의 경우 실제 구조물과 유사하게 모델링하므로 자동적으로 고려되지만, 집중질량 보요소 모델의 경우에는 집중질량은 질량중심에 위치시키고 보요소는 전체 강성중심에 위치시킴으로써 이를 고려해야 한다.

 또한 설계와 시공과정의 차이나, 내진해석 모델 작성 시 포함될 수 있는 불확실성을 고려하기 위한 우발 비틀림 효과(Accidental Torsion)는 수평 두 방향에 대하여 각각 해석방향에 직각 평면치수의 최소한 5%에 해당하는 우발편심에 그 방향으로의 층전단력을 곱하여 산정한 후 SRSS법에 의해 조합하여 최종 우발 비틀림 모멘트를 구해야 한다. 최종 비틀림 모멘트는 기하하적 비틀림 모멘트와 우발 비틀림 모멘트를 합하여 계산한다.

5.2.4 내진해석 방법 및 해석결과의 활용

소방시설의 내진해석방법은 앞에서 언급하였듯이 크게 동적해석 방법과 정적해석방법으로 나눌 수 있다. 동적해석방법은 구조물을 계산이 편리한 형태로 간단하게 모델화하여 모드 해석을 수행한 다음, 지진 가진력의 동적 영향을 고려하여 지진응답을 구하는 방법이다. 정적해석법은 동적 해석을 생략하고 대신 보수적인 계수를 고려하여 간단하게 해석하는 방법이다. 동적해석법에는 응답스펙트럼해석법(Response Spectrum Analysis Method)과 시간이력해석법(Time History Analysis Method) 등이 있다. 동적해석법은 시설물의 동적 특성과 건물과의 상호관계 등을 고려하여 해석할 수 있으므로 해석의 정확성과 신뢰성이 높을 수 있다. 하지만 해석을 위하여 시간, 비용 및 전문성 등이 요구되는 단점이 있다. 정적해석법은 불확실성을 고려하기 위하여 때로 지나치게 보수적일 수 있다는 단점이 있다. 그러나 계산상의 간편함과 해석에 소요되는 시간과 비용이 적게 들기 때문에 상대적으로 다소 복잡한 동적해석법의 대용으로 많이 활용되고 있다.

이러한 정적해석법에는 등가정적해석법이나 지진하중계수법 등이 있다. 일반적으로 구조물의 내진해석을 위해서 두 가지 방법이 다 가능하다고 할 수 있는데 일예로서, 배관의 지진응답 계산방법은 동적해석법과 정적해석방법 모두 선택적으로 활용할 수 있도록 허용하고 있다.

1) 동적해석방법

① 모드해석(Modal Analysis)

모드해석은 구조물의 질량과 강성만을 갖는 비감쇠 시스템에 대한 하중이 작용하지 않는 자유진동문제(Free Vibration Problem)로서 고유치해석(Eigenvalue Analysis)이라고도 한다. 해석결과는 시스템의 고유진동수(Natural Frequency, f_n), 고유주기(Natural Period, T_n) 또는 각 진동수(Circular Frequency, w_n)를 얻게 되며, 1자유도계 시스템인 경우 이 들의 관계는 다음 식 (5.3)과 같다.

$$f_n = \frac{1}{T_n} = \frac{1}{2\pi} w_n = \frac{1}{2\pi} \sqrt{\frac{K}{M}} \qquad (5.3)$$

또한 각각의 진동수에 대한 시스템의 변위 패턴인 모드형태(Modal Shape)를 얻게 되며, 이러한 모드 형태의 정규화 된 모드행렬(Normalized Modal Matrix, ϕ)은 다음 식 (5.4a)~식 (5.4c)와 같은 특성이 있다.

$$\{\phi\}^T[M]\phi = 1 \qquad (5.4a)$$
$$\{\phi\}^T[M]\phi = 1 \qquad (5.4b)$$
$$\{\phi\}^T[M]\phi = 1 \qquad (5.4c)$$

모드해석의 장점은 내진해석 과정에서 풀어야 할 운동방정식 수를 줄일 수 있다는 것이다. 복잡하게 연계된 운동방정식을 단순한 형태로 분리하여 해를 구한 후 최종적으로 이들 결과를 조합하여 최종결과를 얻는다는 것이다. 또한 모드형태는 지진하중 작용 시 구조물의 변형을 이해할 수 있는 정보를 제공한다.

② 응답스펙트럼해석(Response Spectrum Analysis)
응답스펙트럼해석법은 지반의 입력운동으로 응답스펙트럼을 사용하여 해석하는 방법이다. 응답스펙트럼이란 과거의 역사지진기록이나 인공적으로 작성한 지진시간이력을 고유진동수 값이 서로 다른 여러 개의 1자유도계에 작용시켰을 때 나타나는 최대 응답들을 각각 구하여 주파수-응답 평면에 나타낸 선도이다. 이 방법에서는 구조물을 동적해석에 적합하도록 단순화 모델링 작업을 먼저 하여 모드 해석을 수행한다. 또한 그 결과를 이용하여 주어진 응답 스펙트럼에 대한 각 모드별 최대응답을 직접 계산하며 계산된 응답들을 모드별로 조합하여 한 방향의 최대응답을 계산하게 된다. 마지막으로 수평 두 방향과 수직방향 각각의 최대응답들을 또 다시 조합하게 되면 구조물에 작용되는 최대 응답을 결정하게 된다. 결국 여기서 계산된 최대응답으로부터 구조물에 작용하는 외력과 모멘트 등을 계산하게 된다.

이와 같이 응답스펙트럼해석은 입력응답스펙트럼에 대한 각 모드별 최대응답(변위)을 직접적으로 계산할 수 있으며 다음 식 (5.5), 식 (5.6)과 같다.

$$q_{j,\max} = \Gamma_j \frac{Sa_j}{w_j^2}, \; j = 1, 2, 3 \cdots, N \tag{5.5}$$

$$x_{ij,\max} = \phi_{ij} q_{j,\max} \tag{5.6}$$

여기서, $q_{j,\max}$: j번째 모드의 최대변위응답

Sa_j : 진동수 w_j와 감쇠값 β_j에 대한 스펙트럼가속도

Γ_j : 모드참여계수 $\left(\Gamma_j = \sum_{i=1}^{N} \phi_{ij} m_i \right)$

$x_{ij,\max}$: j번째 모드에 대한 절점 i의 최대변위

ϕ_{ij} : j번째 모드에 대한 절점 i의 모드변위

또한 계산된 최대변위 $x_{ij,\max}$로부터 구조물에 작용하는 축력, 전단력, 휨모멘트를 계산하게 된다.

앞에서 설명한 모드간 응답의 조합방법이나 서로 수직한 방향간의 응답 조합방법에는 주로 자승합의 제곱근(SRSS) 방식을 사용하고 있다. 과거에 사용하던 방식은 구조물이 두 개의 근접모드를 갖거나 또는 강체모드를 조합하는 경우 비보수적이거나 적지않게 오차를 가질 수도 있다는 점 때문에 이러한 점을 고려한 수정된 자승합의 제곱근(SRSS) 방식을 사용하고 있다. 그러나 아직도 구조물의 동적 특성에 따라 있을 수 있는 부정확성의 논의가 계속되고 있으며 이를 개선하기 위한 모드 조합방식들이 계속적으로 제안되고 있다. 실제 해석의 수행 시 스펙트럼법의 모드 조합방법이나 고차 모드의 고려 방법 등에 대해서 주로 원전에 적용하는 규제지침서(USNRCRG 1.92, SRP3.7.2) 등에 제시하는 지침을 참고로 활용하고 있다.

응답스펙트럼 법에 있어서의 또 한 가지 사항은 건물의 지진해석에 사용되는 응답스펙트럼이 지반-구조물 상호작용 해석을 거치지 않고 얻어진 경우 지반 특성의 영향에 대한 불확실성을 고려하기

위하여 최대응답에 해당하는 주파수 영역을 약 15% 정도 확장하여 사용하도록 권장하고 있다는 점이다.

응답스펙트럼법을 이용하여 소방 배관과 같은 내부구조물을 해석하기 위해서는 건물내 구조물이 놓여 있는 층의 층응답스펙트럼 입력 자료가 필요하다. 층응답스펙트럼의 작성은 일반적으로 건물을 층별 집중질량을 가지는 보요소로 작성하여 건물기초에 지진시간이력을 입력시켜 건물을 우선 해석하여 집중질량점이 있는 각 층의 지진시간응답을 산정한다. 이를 앞에서 설명한 응답스펙트럼 작성 방법과 같이 만들게 되면 층응답스펙트럼이 작성된다. 층응답스펙트럼은 건물의 거동에 미치는 내부구조물의 영향이 작다는 가정 하에 작성되기 때문에 앞에서 논의된 바와 같이 상대질량이 크거나 고유진동수 끼리의 근접된 경우에는 오차가 클 수 있음에 유의하여야 한다.

배관 설비의 경우에는 지진 시 동적 해석방법으로 응답스펙트럼해석법을 주로 활용하고 있다. 응답스펙트럼해석법은 구조물의 거동에 대한 시간이력은 알아낼 수 없지만 최대응답은 계산해 낼 수 있기 때이다. 이러한 이유로 내진설계 목적에 잘 맞고, 주로 선형거동을 보이는 구조물에서는 계산 오차가 아주 적기 때문에 배관설비 등과 같이 지진 시 주로 선형거동을 보이는 구조물의 지진 해석에 많이 사용되고 있다.

③ 시간이력해석(Time History Analysis)

시간이력해석법은 실제 지진과 가까운 조건을 적용하여 동적 해석을 수행하기 위하여 설계용 지진시간기록을 직접 입력하는 해석방법으로서 설계용 지진기록이 실제의 지진에 가깝게 만들어 졌다면 가장 정확한 해석결과를 얻을 수 있는 방법이다. 그러나 앞으로 발생할 지진을 정확히 예측하는 것은 불가능하기 때문에 국내와 같이 역사지진기록이 부족한 경우에는 주로 보수적인 관점에서 인공적으로 합성하여 작성되는 인공지진시간기록을 활용한다. 시간이력해석법에는 모드중첩법(Modal Superposition Method)과 직접적분법(Direct Integration Method) 등이 있다. 모드중첩법은 여러 개의 연계된 운동방정식을 모드해석결과를 이용하여 각각의 독립된 방정식으로 분리하여 적분한 다음, 이들 방정식의 해석결과를 중첩하여 응답을 계산하는 방법이다. 직접적분법은 여러 개의 연계된 운동방정식을 직접 적분하여 응답을 구하는 방법으로 중앙차분법, Houbolt법, Wilson-θ법, Newmark-β법 등이 이용된다.

시간이력해석에 있어 입력시간이력의 시간구간 Δt는 시간구간을 1/2로 줄이더라도 10%이상의 변화가 없으면 사용할 수 있다. 일반적으로 해석 시 고려하는 구조물의 최대고유주기에 대한 1/10정도를 설정하게 된다.

모드중첩법은 N개의 연계된 운동방정식(미분방정식)을 모드해석결과를 이용하여 다음 식 (5.7)과 같은 N개의 독립된 방정식으로 분리하여 해석한 후, 이들 방정식의 각 해석결과를 중첩하여 최종 응답을 계산하는 방법이다.

$$\ddot{q}_j + 2\beta_j w_j \dot{q}_j + w_j^2 q_j = -\Gamma_j \ddot{u}_g, \ j = 1, 2, 3, \cdots, N \quad (5.7)$$

$$x_{ij} = \phi_{ij} q_{ij} \quad (5.8a)$$
$$\dot{x}_{ij} = \phi_{ij} \dot{q}_j \quad (5.8b)$$

$$\ddot{x}_{ij} = \phi_{ij}\ddot{q}_j \tag{5.8c}$$

직접적분법은 N개의 연계된 운동방정식(미분방정식)을 직접 적분하여 최종응답을 구하는 방법으로 충격하중과 같이 고진동수 성분을 갖는 동적하중이나 고감쇠시스템의 해석 및 비선형 해석에 효과적으로 사용될 수 있다.

시간이력해석법은 모델이 크기에 따라 해석이 다소 복잡해질 수 있고 시간과 비용이 많이 소요될 수 있는 단점이 있다. 그러므로 기울어짐 해석, 미끄러짐 해석, 탄소성 해석 등의 비선형 해석이나 층응답스펙트럼의 작성 등의 꼭 필요한 경우를 제외하고는 주로 동적해석법 중에서 선형해석 방법인 응답스펙트럼해석법을 사용하고 있다.

④ 복소진동수 응답해석(Complex Frequency Response Analysis)

복소진동수 응답해석은 입력시간이력을 푸리에(Fourier) 변환을 통하여 단일진동수를 갖는 조화진동의 조합으로 변화시켜 진동수영역해석을 수행하는 방법을 말한다. 이 방법은 수천 개의 점으로 표시되는 시간이력을 단일진동수의 조화진동으로 입력운동을 단순화시킴으로써 지반-구조물 상호작용 시스템과 같이 대규모 해석모델의 동적해석에 효과적으로 적용될 수 있는 장점이 있다. 그러나 정확한 응답을 얻기 위해서는 시스템 고유진동수에서 전달함수의 진동수 구간을 적절하게 선택해야 함에 유의해야 한다.

2) 정적해석방법

① 등가정적해석법(Quasi-Static Analysis Method)

동적 해석방법과는 다르게 구조물의 지진응답을 정적으로 계산하는 방법으로서 등가정적해석법이 있다. 등가정적해석법은 구조물에 대한 지진의 영향을 등가의 정적하중으로 환산한 다음 이를 이용하여 정적해석을 수행하는 방법이다. 이 방법에서는 기초에서의 전단력을 계산하기 위하여 계의 고유진동수를 잘 모르거나 다자유도계 모델의 경우 입력응답스펙트럼 최대가속도 값의 1.5배를 계의 질량에 곱하여 구하게 된다. 또한 기본진동수가 33Hz 이상인 계의 경우는 입력응답스펙트럼의 영주기 가속도 값을 사용할 수 있다.

② 지진하중계수법(Seismic Load Coefficient Method)

최근에는 주로 정적해석법으로서 과거에 사용하던 등가정적해석법 대신에 지진하중계수법(Seismic Load Coefficient Method)이 소개되어 배관 설계자들이 이를 많이 선호하고 있는 편이다. 지진하중계산법은 이전에 사용하던 등가정적해석법이 지나치게 보수적이라는 단점을 보완한 방법이다. 등가정적해석의 경우 지진에 의한 배관의 관성력은 자중에 층응답스펙트럼 최대가속도의 1.5배 값을 배관계통 자중에 곱하여 구했었다.

그러나 동적해석법에 의하여 구해진 결과 값과 비교할 때 이 계수에 의한 설계 값이 지나치게 보수적이라는 점이 지적되어 이를 보안하기 위하여 지진하중계산법이 등장하였다. 이 방법은 지진 시 배관계의 응답을 계산할 때 층응답스펙트럼의 최댓값에 0.4~1.0의 계수를 곱한 값을 활용한다. 이 때 계수들은 배관 지지 점의 간격에 의해 결정되며 일반적으로 간격이 클수록 배관계의 주파수는 낮아진다. 따라서 그 때의 계수 값도 작아진다. 또한 직선형 배관의 경우에는 수평방향 층응답스펙트럼 최댓값에 1.2를 곱하여 사용한다.

이 방법은 배관의 수평지지 간격에 따라 바뀔 수 있는 배관의 분포된 집중질량 값들에 적절한 가속도계수를 곱하여 관성력을 계산하는 방법으로서 항상 등가정적해석방법의 장점으로는 배관 지지부의 강성도나 처짐을 조정할 필요가 없기 때문에 지지부의 크기와 비용을 크게 줄일 수 있다는 점을 들 수 있다.

3) 구조응답의 조합

① 모드응답의 조합

응답스펙트럼해석을 수행할 경우 해석결과로서 각 모드에 대한 최대응답이 계산되며, 최종응답은 이들 모드응답을 다음 식 (5.9)와 같은 SRSS법에 의해 조합하여 구할 수 있다.

$$R = \sqrt{\sum_{k=1}^{N} R_k^2} \qquad (5.9)$$

만일 어떤 인접한 모드가 근접한 경우, 즉 인접 모드의 진동수의 변화가 10% 이내인 경우에는 다음의 방법에 따라 모드응답을 조합한다.

- 그룹법(Grouping Method)

$$R = \sqrt{\sum_{k=1}^{N} R_k^2 + \sum_{q=1}^{p} \sum_{l=i}^{j} \sum_{m=1}^{j} |R_{lq} R_{mq}|}, \; l \neq m \quad (5.10)$$

- 10%법(Ten-Percent Method)

$$R = \sqrt{\sum_{k=1}^{N} R_k^2 + 2\sum |R_i R_j|}, \; i \neq j, \; \frac{w_j - w_i}{w_i} \leq 0.1 \quad (5.11)$$

- 이중합산법(Double-Sum Method)

$$R = \sqrt{\sum_{k=1}^{N} \sum_{s=1}^{N} |R_k R_s| \mathfrak{J}_{ks}} \quad (5.12)$$

여기서, $\mathfrak{J}_{ks} = \left(1 - \dfrac{\acute{w}_k - \acute{w}_s}{\acute{\beta}_k w_k + \acute{\beta}_s w_s}\right)^{-1}$ \quad (5.12a)

$\acute{w}_k = w_k \sqrt{1 - \beta_k^2}, \; \acute{\beta}_k = \beta_k + \dfrac{2}{t_a w_k}$ \quad (5.12b)

② 방향성분의 조합

세 방향 지진분력을 받는 구조 부재의 설계를 위한 구조응답(응력, 변형, 모멘트, 전단력, 변위 등)은 각 방향별 응답을 다음과 같은 SRSS법으로 조합하여 구할 수 있다.

$$R = \sqrt{\sum_i R_j^2} \quad (5.13)$$

다른 조합방법으로는 Newmark에 의해 제안된 방향성분계수법(또는 100-40-40법)을 사용할 수 있다.

$$R = \pm 1.0 R_x \pm 0.4 R_y \pm 0.4 R_z \quad (5.14a)$$

$$R = \pm 0.4 R_x \pm 1.0 R_y \pm 0.4 R_z \quad (5.14b)$$

$$R = \pm 0.4 R_x \pm 0.4 R_y \pm 1.0 R_z \quad (5.14c)$$

또한 모드중첩법에 의한 시간이력해석 결과는 각 시간에서 산술적으로 합하여 구하게 되며 다음과 같다.

$$R(t) = \sqrt{\sum_i R_i(t)} \quad (5.14)$$

4) 해석결과의 활용

① 동적해석결과

동적 내진해석으로 부재력, 변위, 층응답스펙트럼(FRS, Floor Response Spectrum)등과 같은 구조물에서의 지진응답을 얻을 수 있다. 이때 구한 부재력은 축력, 전단력, 휨모멘트, 비틀림 모멘트 등으로서 구조물의 내진설계 시 사용하게 된다. 변위는 인접구조물 간의 간섭사항 검토, 구조물간에 연결된 부계통의 안전성 검토 등에 이용된다.

층응답스펙트럼은 건물의 특정 위치(층)에 놓인 부계통의 최대지진응답을 나타내며, 주구조물에 지지 또는 부착된 부계통의 내진해석 또는 내진 검증 시 입력운동으로 사용하게 된다.

② 층응답스펙트럼 작성방법

층응답스펙트럼은 일반적으로 다음과 같은 두 가지 방법으로 얻을 수 있다. 첫 번째, 시간이력해석 결과 얻어진 구조물의 특정 위치(층)에서의 응답시간이력으로부터 작성(그림 5.4 참조)한다. 두 번째, 구조물의 동적특성(고유진동수, 모드형태)과 설계지반응답스펙트럼을 입력하여 구조물 특정위치에서의 층응답스펙트럼을 직접 계산한다.

층응답스펙트럼의 계산 시 적용되는 진동수 간격은 표 5.2에 보인 바와 같으며(미국원자력규제위원회 규제지침 1.122에 제시), 표에 제시된 진동수 외에 구조물의 고유진동수가 반드시 포함되어야 한다. 감쇠값은 임계감쇠값의 1%~5%의 범위가 사용된다.

설계층응답스펙트럼은 설계와 건설과정의 차이, 구조물의 모델링 시 포함된 불확실성 등을 고려하기 위하여 응답스펙트럼의 첨두값을 나타내는 진동수를 최소한 ±15%범위까지 응답스펙트럼 값을 광폭화하여 작성한다(그림 5.5 참조). 이상과 같은 층응답스펙트럼에는 적용할 감쇠값, 구조물에서의 위치 및 방향, 지진준위 등의 정보가 표시되어야 한다.

또한 특수 층응답스펙트럼이 있는데 예를 들어, 포괄응답스펙트럼은 구조물의 여러 곳에 동시에 놓이는 부계통의 내진해석을 위하여 관련된 여러 개의 층응답스펙트럼을 포괄한 응답스펙트럼이다. PVRC 응답스펙트럼은 ASME Code Case N-411-1에 제시된 진동수 구간에 따라 다른 감쇠값을 적용한 응답스펙트럼으로서 배관계통의 내진해석에 사용된다(그림 5.6 참조).

표 5.2 층응답스펙트럼에 적용되는 진동수 간격
(미국원자력규제위원회 지침 1.122)

진동수 구간(Hz)	증분(Hz)	비고
0.2~3.0	0.1	대안으로 좌측의 진동수구간에 따른 진동수 증분을 적용하는 대신 바로 전 진동수의 10%씩을 증가시켜 나갈 수 있음
3.0~3.6	0.15	
3.6~5.0	0.2	
5.0~8.0	0.3	
8.0~15.0	0.5	
15.0~18.0	1.0	
18.0~22.0	2.0	
22.0~34.0	3.0	

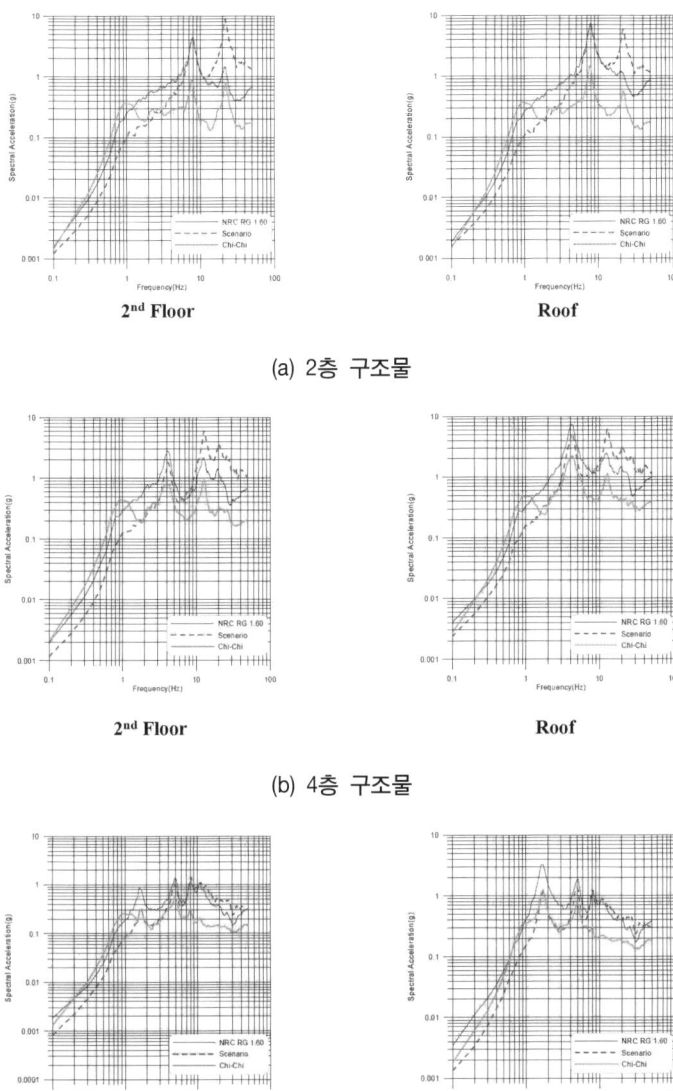

(a) 2층 구조물

(b) 4층 구조물

(c) 6층 구조물

그림 5.4 층응답스펙트럼의 예

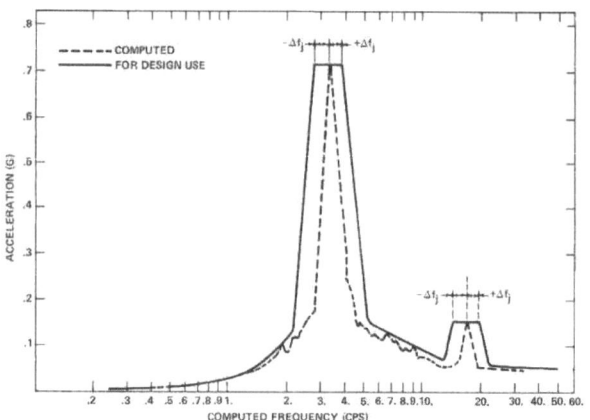

그림 5.5 설계 응답스펙트럼의 예

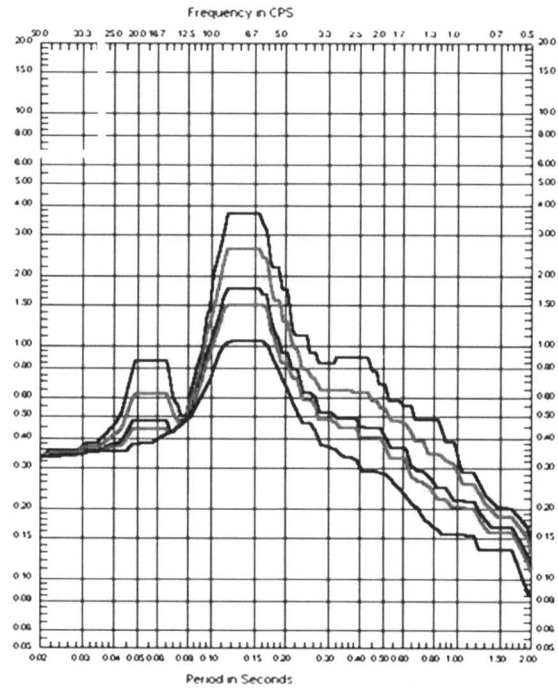

그림 5.6 PVRC 층응답스펙트럼의 예

③ 구조물의 내진설계

내진해석결과에서 얻은 설계 지진하중을 사용하여 구조물의 내진설계를 수행하게 되는데, 설계 지진하중은 사하중, 활하중, 온도하중, 풍하중 등 여타 하중과 조합되게 되며, 구조물은 이렇게 조합된 하중에 견디도록 설계해야 한다. 일반적으로 지진하중을 제외한 하중은 수직으로 작용 하는 경우가 많고 수평방향 하중이라도 그 크기가 지진하중에 비해 매우 작기 때문에 지진하중이 구조물 설계를 지배하는 경우가 대부분이라 할 수 있다. 단 초고층 구조물의 경우에는 풍하중이 지배하는 경우도 있다.

④ 소방설비의 지진에 대한 안정성 검토

설비 등을 포함한 구조물의 지진에 대한 안정성은 크게 전도(Overturning), 활동(Sliding), 침하(Settlement)등으로 살펴볼 수 있다.
- 구조물의 전도에 대한 안정성 여부는 구조물의 전도저항모멘트와 전도모멘트의 비로 정의되는 안전계수로 나타내는데, 이때 수평지진하중이 구조물의 전도를 유발하는 주된 하중이 된다.
- 구조물의 활동에 대한 안정성 여부는 일반적으로 구조물의 활동저항력과 활동력의 비로 정의되는 안전계수로 나타낸다. 여기서 활동저항력은 주로 구조물 기초 바닥과 지반사이의 마찰력과 구조물 측면토질에 의한 수동토압이며, 활동력은 수평지진하중과 구조물 측면토질의 동적주동토압이 된다.
- 지반의 지지력에 대한 안전성여부는 지반의 동적 극한지지력과 구조물 자중, 수직지진하중 등과 같은 구조물에서 전달되는 상부하중에 의한 지반반력의 비로 정의되는 안전계수로 나타낼 수 있다.

- 기초 침하에 대한 안정성 여부는 지반의 최대 침하량과 허용 침하량을 비교하여 검토하는데, 지반하중 작용 시 발생가능성이 있는 구조물 자체 또는 건물간의 부등침하가 주관심사가 된다.
- 구조물의 기울어짐은 기초의 부등침하와 지진 시 기초의 부분적인 들림에 의해 발생하는데, 이 때 구조물 안에 설치된 안전 관련 기기들의 기능이나 작동성에 문제가 발생하지 않도록 기기제작자가 제시한 허용한계를 검토하여야 한다.
- 지진 시 인접한 구조물이 서로 반대로 거동하는 경우 구조물 상부의 수평변위가 구조물 간격을 초과하여 부딪칠 가능성(간섭)이 있는 지를 검토하야야 한다.

5.2.5 검증시험 또는 조치에 의한 방법

해석에 의한 방법 이외의 내진설계 방법으로는 시험에 의한 방법이나 내진효과를 높일 수 있는 적절한 조치를 취하는 방법 등이 있다.

1) 내진 3검증 시험에 의한 방법

시험에 의한 방법은 설계지진의 조건과 동일한 시뮬레이션을 통하여 설계 대상 구조물의 건전성 여부를 시험하는 것이다. 여기에는 일반적으로 3축 진동시험대가 사용되며 목적에 따라 2축 진동대도 사용될 수 있다. 이 방법은 해석이 곤란하거나 안전성과 관련되어 직접시험이 요구되는 장치, 또는 동일제품이 다량 사용되는 전기기기 등의 내진성능 검증을 위하여 주로 활용된다. 시험에 의한 방법은 실제에 가장 가까운 조건을 적용하기 때문에 검증의 신뢰도가 높으나 비용이 많이 드는 단점이 있다.

2) 면진장치 등과 같은 조치에 의한 방법

최근 들어 건물과 그 내부구조물의 내진성능 향상에 각광을 받고 있는 방법 중 하나는 건물기초의 면진 기술로서 많은 연구와 실험을 통하여 그 장점이 입증된 바 있다. 예로서 건물 기초에 적층고무받침(Laminated Rubber Bearing)을 적용 및 설치하게 되면 지진이 발생하였을 때 건물뿐만 아니라 그 내부 구조물들의 지진응답도 현저히 줄어든다는 점이 밝혀졌다. 외국의 경우 실제로 지진 다발지역에 이러한 면진기술이 실용화되어 사용되고 있으며, 국내에서도 여러 차례의 실험과 연구를 통하여 개발하여 현재 상용화를 추진하고 있다.

이러한 방법이 건물에 적용되는 경우에는 그 내부의 소방배관은 추가적인 내진설계가 필요치 않은 장점이 있다. 그러나 아직까지는 초기 설치비용이 매우 크고 유지보수가 필요하며 특히 지진 발생 시 에너지를 흡수하기 위하여 기초부분에서 지반과의 상대변위가 커질 수 있다. 이 경우 소방배관과 같이 외부로부터 에너지나 물 등을 공급받아야 하는 연결구조물의 경우 지반과 건물과의 사이를 연결하는 연결부에서 예상되는 과도한 상대변위를 흡수하기 위한 조치가 필요한데 보통 벨로우즈 관 또는 가요성(Flexible) 지진분리배관을 사용하고 있다.

그림 5.7 적층고무받침   그림 5.8 벨로우즈 신축관

3) 기기 자체의 가요성을 부여하는 조치에 의한 방법

　내진조치 방법 중의 하나는 지진 시 배관이 건물의 층간변위를 흡수 할 수 있는 조치를 취하는 것이다. 이것은 내진성능을 높이기 위한 조치방법으로서 예를 들면 배관구조물에 발생하는 지진에 의한 과도한 응력을 줄이기 위하여 배관의 이음부에 홈 조인트 등과 같은 가요성 이음을 사용하는 것이다.

　배관의 연결방식은 용접, 플랜지, 나사식, 조인트 등 조건과 목적에 따라 여러 가지방법이 사용되고 있다. 가장 내진에 적합한 방식은 가요성 이음 방식으로서 그 중에서도 지진을 견디기 위해서는 상대적인 유연도를 많이 가지는 이음일수록 유리하다. 가요성 이음의 일반적인 특징은 지진 시 두 마주하는 배관 사이에 발생할 수 있는 일정한 양의 상대 변위, 굽힘, 편심, 회전 등을 흡수해주는 역할을 함으로써 파손을 방지하는 기능을 가지고 있다.

　일본과 미국의 소방기준을 살펴보면 지진 시 소방배관의 파손을 방지하기 위하여 가요성 이음의 사용을 의무화하고 있다. 이 때 가요성 이음의 허용변위는 지진 시 예상되는 건물의 층간변위 보다 커서 상대변위를 흡수 할 수 있도록 하는 것이다. 그러나 과도한 변위를 방지하기 위하여 배관의 한 쪽 끝은 건물구조물에 지지하도록 하여야 한다. 이 때 지지물의 위치와 개수, 강성도 등을 적절히 제시하여 가급적 지진 시 감쇠효과가 크도록 유도하는 것이 좋다. 배관이 건물을 관통하는 경우 배관과 건물 사이에 적당한 틈새를 두거나 연성물질로 채워 건물이 직접적인 거동영향을 흡수할 수 있도록 하여야 한다.

앞에서 살펴본 바와 같이 미국이나 일본의 경우 소방시설의 내진기준 특징은 전체 소방시설에 대한 내진해석 방법의 제시 보다는 지진에 대비하여 주로 배관의 보호에 초점을 맞춘 내진조치 방법을 제시하고 있다. 이는 일반적으로 영세한 소방설비 관련 업체들의 경우 현실적으로 해석에 의한 방법의 활용이 쉽지 않고, 건물들 중에서 내진설계 요건의 적용을 받지 않는 건물에 대해서도 소방시설의 내진성능을 높임으로서 지진 시 화재에 의한 피해의 감소를 유도할 수 있는 방안이 되기 때문인 것으로 해석된다. 또한 지진 시 우선 건물의 붕괴 방지를 위한 설계와 함께 일차적으로 화재 발생 요인을 제공하는 가스 또는 전기시설의 내진설계 또는 조치가 중요하다. 소방시설의 내진성능은 이론적으로 볼 때 앞의 시설물들에 비하여 2차적인 요구대상이기 때문이기도 하다. 이러한 여건을 감안할 때 결국, 국내에서는 외국과 유사하게 주로 내진조치의 일환으로 간단한 배관보호 기준을 설정하여 시행하는 방법과 최근에 내진기준의 정립과 내진설계의 요건화 추세에 있는 타 산업시설물들의 경우와 조화가 맞도록 소방시설의 내진기준을 성능기준과 기술기준으로 체계화하여 상세하게 작성하는 방안 등이 선택적일 수 있다.

5.3 내진설계 및 적용

5.3.1 일반사항

본 장에서는 전장에서 살펴보았던 내진해석 및 설계기법, 내진설계 기준을 적용한 예를 나타내었다. 이를 위하여 해석에 있어서는 동적해석 및 등가정해석의 방법을 제시하고, 설계에 있어서는 소방설비 중 방화물탱크를 대상으로 하였다.

5.3.2 물탱크의 내진설계 기준

물탱크를 포함하는 수원에 대한 내진설계는 '소방시설의 내진설계 기준'에 따라 설치하여야 한다.

1) 공통 적용사항

① 소방시설의 내진설계에서 내진등급, 성능수준, 지진위험도, 지진구역 및 지진구역계수는 건축구조기준(KDS 41 17 00 건축물 내진설계기준)을 따르고 중요도계수(Ip)는 1.5로 한다. 소화수조는 비구조요소 중요도계수(Ip) 1.5인 필수 내진설계대상이다. 국토교통부의 해석에 따르면 물탱크(저수조)는 건물 외 구조물로 분류하고, 건축물의 중요도계수(IE) 1.0, 1.2, 1.5에 맞추어 내진설계 해야 한다.

② 지진하중은 다음과 같이 계산한다. 물탱크의 지진하중은 "건축물 내진설계기준" 수평설계지진력에 따라 산정한다.

③ 앵커볼트는 다음과 같이 설치한다. 물탱크, 가압송수장치, 함, 제어반등, 비상전원, 가스계 및 분말소화설비의 저장용기 등은 "건축구조기준" 비구조요소의 정착부의 기준에 따라 앵커볼트

를 설치하여야 한다. 앵커볼트의 건축물 정착부는 두께, 볼트 설치 간격, 모서리까지 거리, 콘크리트의 강도, 콘크리트 균열 여부 등을 확인하여 허용응력 값을 결정하여야 한다.

④ 물탱크, 가압송수장치, 제어반 및 비상전원 등을 바닥에 고정하는 경우 기초(패드 포함)부분의 구조안전성을 확인하여야 한다. 기초부(패드)는 습식 RC줄패드 또는 건식 내진패드를 적용하며, 물탱크 본체와 연결부분의 구조안전성을 확인한다. 또한 물탱크의 내진성능 확보를 위해 기초부(패드), 본체 및 연결부분의 설계 및 시공은 단일공정으로 진행한다. 습식 RC줄패드의 경우 앵커설치기준을 만족하기 위해 선설치 앵커방식으로 설계한다. 후설치 앵커방식을 적용하는 경우에는 연단거리(모서리거리)를 확보하여 앵커그룹의 강도 저하가 발생하지 않도록 해야 한다.

2) 물탱크(수조)의 설치 기준

① 수조는 지진에 의하여 손상되거나 과도한 변위가 발생하지 않도록 기초(패드 포함), 본체 및 연결부분의 구조안전성을 확인하여야 한다. 지진 시 수조 본체에 작용하는 동수압 및 수면동요를 고려하여 설계한다. 수조의 설계지진하중은 건축물 내진설계기준의 비구조요소 등가정적하중으로 산정하며, 동수압(ASCE 7 또는 수조구조설계계산법)을 고려하여 구조안전성을 갖도록 설계한다.

② 수조는 건축물의 구조부재나 구조부재와 연결된 수조 기초부(패드)에 고정하여 지진 시 파손(손상), 변형, 이동, 전도 등이 발생하지 않아야 한다. 기초부(패드)는 본체에 작용하는 지진

하중과 무게중심을 고려하여 설계하며, 전달되는 수평지진하중 및 수직지진하중에 대해 구조안전성을 갖도록 설계해야 한다. 특히 연결부분은 역학적 고정구조인 경우에 한하여 구조검토에 의한 내진성능 증명이 가능하다.
③ 수조와 연결되는 소화배관에는 지진 시 상대변위를 고려하여 가요성이음장치를 설치하여야 한다.

3) 물탱크(수조) 설치시 이격거리 확보
① 수도법에서는 저수조 설치기준에 따르면, 저수조는 건축물과 최소 60cm 이상 떨어뜨려서 설치하여야 한다.
② 법령해석(13-0200)에 따르면, 저수조 설치기준에서 이격거리를 유지하는 목적은 첫째, 저수조의 안전과 위생을 확보하기 위한 것과 둘째, 건축물의 벽, 기둥, 바닥 등에 대한 점검·관리를 가능하게 함으로써 저수조의 설치가 건축물의 안전성에 영향을 주는 것을 방지하려는 취지인 것으로 판단된다.
③ 소화수조의 경우에도 건축물과 수조의 안전 및 유지관리 점검을 목적으로 건축물과 일정한 이격공간을 두고 설치하는 것을 권장한다. 다만, 저수조와 달리 이격거리를 명시하고 있지 않고 있어 접근 가능한 최소공간을 유지하여 설치한다.
④ 동일한 취지로 소화수조를 콘크리트수조로 설계 및 시공하는 것은 중단하여야 한다.
⑤ 20년 전에 퇴출된 콘크리트수조가 다시 등장한 이유는 소방시설 내진설계기준 해설서(2016.1)에서 '콘크리트재료로 설치된 소화수조는 일반적으로 건축구조물의 일부로 내진해석 및 설계가 이루어지고 있기 때문에 내진조치 대상에서는 제외'라는 문구

에서 기인하였다.
⑥ 이후 2016년 12월 발간된 해설서부터는 해당 문구가 삭제되었으나, 방파판 설치 문제 등과 함께 개선되지 않은 채 설계 및 시공이 진행되었다.
⑦ 소방시설 내진설계기준 개정(안) 및 국가건설기준(KDS) 완성된 지금은, 내진성능을 갖춘 일체형 내진물탱크를 설계 및 시공함으로써 내진성능 및 안전 확보를 정착시켜야 한다.

4) 방파판 설치

2016년에 개정된 "소방시설의 내진설계 기준"에서는 물탱크는 슬로싱 현상을 방지하기 위해 다음과 같은 사항을 고려하도록 하고 있다. 그러나 2021년에 개정예고된 기준에 따르면 슬로싱 방지를 위해 설치하는 방파판에 대한 기준이 삭제되었다.

개정 전 내진설계기준에서는 수원에 대한 내진설계는 다음에 따라 설치하도록 하고 있다. 소화수조 및 저수조는 슬로싱(Sloshing) 현상을 방지하기 위하여 수조내부에는 방파판을 설치하여야 한다. 방파판의 두께는 1.6mm 이상의 강철판 또는 이와 동등이상의 강도·내열성 및 내식성이 있는 금속성의 것으로 해야한다. 물탱크와 같은 수조 내부의 구획부분에 2개 이상의 방파판을 설치하는 경우 수직방향의 움직임을 방지할 수 있는 버팀대를 설치해야 한다. 건축물과 일체로 타설되지 아니한 소화수조 및 저수조는 지진에 의하여 손상되거나 과도한 변위가 발생하지 않도록 하여야 한다.

지진시 물탱크 또는 수조의 파손은 두 가지 원인에 의해 발생한다. 하나는 물탱크 내부에 담겨있는 용수의 슬로싱 현상으로 기준 이상의 과도한 하중이 작용하여 물탱크가 파손되는 것이며, 또 하나는 물탱크의 설치가 견고하지 못하여 물탱크가 이탈하여 손상되는 것이다. 특히 물탱크내에 저장된 용수가 슬로싱 현상으로 물이 출렁거릴 때 그 하중이 물탱크 면에 작용하여 물탱크가 이탈되는 현상이 발생한다. 그러므로 이러한 슬로싱 현상을 방지하기 위해 물탱크 내부에 방파판을 설치하여 슬로싱 현상을 감소시켜야 하며 이러한 방파판은 충분한 강도와 내식성이 있는 금속으로 설치하여야 한다.

2016년에 제정된 "소방시설 내진설계기준"에서는 방파판의 두께를 1.6mm 이상으로 규정하여 견고하게 설치할 것을 규정하고 있다. 또한 건물과 일체로 타설되지 않는 물탱크에 대해서는 충분한 강도를 갖는 고정 장치를 이용하여 견고하게 고정하도록 하고 있다. 방파판의 재질은 물탱크의 재질에 따라 달라질 수 있고, 방파판은 물탱크의 중앙을 기준으로 동서남북 4방향으로 각 방향 길이의 1/2이상, 높이는 바닥을 기준으로 수조 높이의 1/2이상으로 설치해야 한다. 콘크리트재료로 설치된 소화수조는 일반적으로 건축구조물의 일부로 내진해석 및 설계가 이루어지고 있기 때문에 내진조치 대상에서는 제외된다.

건축물과 일체로 타설되지 아니한 소화수조 및 저수조는 지진에 의하여 손상되거나 과도한 변위가 발생하지 않도록 고정하여야 한다. 이때 하부만 고정함으로서 고정부가 파손되거나 고정부에 의해 수조가 파손되지 않도록 해야 한다.

다음 그림 5.9, 그림 5.10은 국민안전처 중앙소방본부에서 2016년에 발간한 '소방시설의 내진설계 화재안전기준 해설서'에서 발최한 것이다.

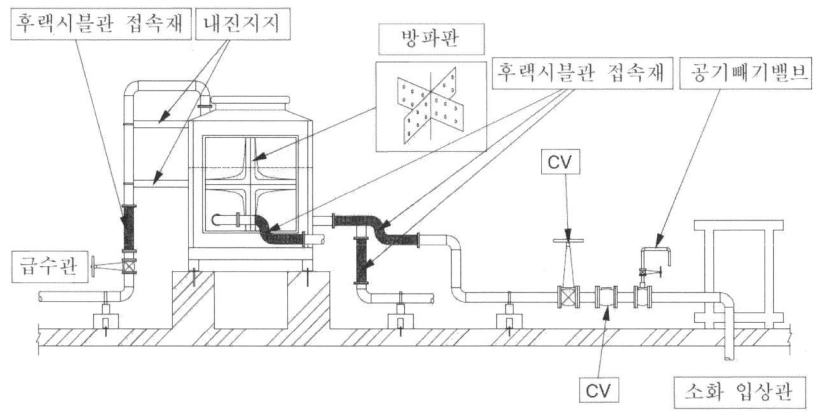

그림 5.9 소화용 수조에 대한 내진조치 예

그림 5.10 물탱크 이동방지용 고정대 설치 일예

제5장 내진기준 및 설계사례 분석 167

5.3.3 사각형 물탱크의 내진설계 예

1) 제원

물탱크의 제원은 그림 5.11과 같다. 설계 예제 있어서 설치대상이 명확하지 않기 때문에 설계 수평진도 K_H는 0.4, 0.6, 1.0, 1.5, 2.0으로 하였으며, 정착은 앵커볼트를 사용하는 것으로 가정 하였다. 또한 콘크리트 설계기준 압축강도 18MPa, 강재는 SS400 또는 스테인리스강으로 하는 것으로 하였다.

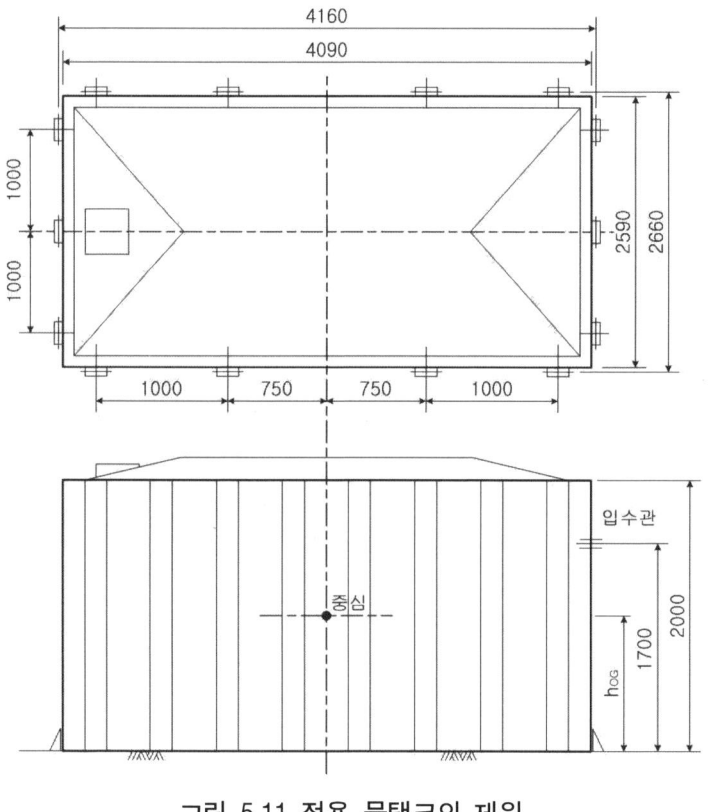

그림 5.11 적용 물탱크의 제원

2) 부착볼트

구분		K_H=0.6	K_H=1.0	K_H=1.5	K_H=2.0
부착볼트	총개수	28	28	28	28
	직경	M8	M8	M10	M12
	공법	중볼트	중볼트	중볼트	중볼트
비고		평가대	평가대	고가대 H=2.0m	고가대 H=2.0m

① 부착볼트의 계산 예(K_H=1.0의 경우)

설계용 수평진동 K_H=1.0, 실중량 W=17,000kg

                                      긴 변   짧은 변

기기의 중량(유효) W_0=7,990kg, α_T=0.47 W_0=11,600kg, α_T=0.68

설계용 수평지진하중 $F_H = K_H \times W_0 = 7,990\text{kg}$ $F_H = 11,600\text{kg}$

설계용 수직지진하중 $F_V = \dfrac{F_H}{2} = 4,000\text{kg}$ $F_V = 5,800\text{kg}$

중심 높이 h_{OG}=162cm, β_T=0.95 h_{OG}=104cm, β_T=0.61

중심 위치 l_G=208cm l_G=133cm

부착 볼트 총개수 $n=28$개

구분	긴 변 방향	짧은 변 방향
한쪽 개수(n_t)	6개	8개
볼트 스팬(l)	416cm	266cm
인장력(R_b)	0	0
전단력(Q)	285kg/개	415kg/개

$$R_b = \frac{F_H \times h_{OG} - (W - F_v) \times t_G}{t \times n_t} \qquad (5.15)$$

$$Q = \frac{F_H}{n} \qquad (5.16)$$

② 부착 볼트 선정
중볼트, 그림 5.11에서 볼트의 총 개수는 28개, 직경은 M8로 한다.

3) 앵커볼트

구분		$K_H=0.6$	$K_H=1.0$	$K_H=1.5$	$K_H=2.0$
앵커 볼트	총개수	14	14	24	24
	직경	M8	M12	M16	M20
	공법	매입식 J형	매입식 J형	매입식 J형	매입식 J형
비고		평가대	평가대 콘크리트 두께 12cm 매입길이 9cm	고가대 H=2.0m	고가대 H=2.0m

① 앵커볼트의 계산 예(K_H=1.0의 경우)

설계용 수평진동 K_H=1.0, 실중량 W=17,000kg

	긴 변	짧은 변
기기의 중량(유효)	W_0=7,990kg, α_T=0.47	W_0=11,600kg, α_T=0.68
설계용 수평지진하중	$F_H = K_H \times W_0 = 7,990$kg	$F_H = 11,600$kg
설계용 수직지진하중	$F_V = \dfrac{F_H}{2} = 3,995$kg	$F_V = 5,800$kg
중심 높이	h_{OG}=162cm, β_T=0.95	h_{OG}=104cm, β_T=0.61
중심 위치	l_G=200cm	l_G=115cm

부착 볼트 총 개수 n=14개

구분	긴 변 방향	짧은 변 방향
한쪽 개수(n_t)	6개	5개
볼트 스팬(l)	400cm	230cm
인장력(R_b)	0	0
전단력(Q)	571kg/개	830kg/개

$$R_b = \frac{F_H \times h_{OG} - (W - F_v) \times l_G}{l \times n_t} \tag{5.17}$$

$$Q = \frac{F_H}{n} \tag{5.18}$$

4) 앵커볼트의 선정

① 설치공법
매입식 J형(M16), 콘크리트 두께 12cm, 매입길이 9cm
허용인발력 $T_a = 1,200$kg/개 $\rangle R_b$

② 그림 5.11에서 총 개수 및 직경은 14개, M12로 한다.

5) 기초(K_H=1.0의 경우)
전도에 불리한 짧은 변 방향을 검토한다.

① 기초형상 B-a 타입(보형기초-부착바탕처리를 한 러프콘크리트가 없는 경우)
기초높이 h'_F=45cm, 기초 폭 B_F=30cm, $h'_F/B_F = 1.5 < 2.0$

$$\frac{h_G}{t} = \frac{104}{230} = 0.45 \tag{5.19a}$$

$$\frac{1}{2K_H}\frac{1}{4} = \frac{1}{2\times 10} = 0.25 \tag{5.19b}$$

∴(a)>(b) N.G

② 기초형상 B-b 타입(보형기초-부착바탕처리를 한 러프콘크리트가 없는 경우)
기초높이 h'_F=45cm, 기초 폭 B_F=30cm, $h'_F/B_F = 1.5 < 2.0$
W_F=290cm×60cm×30cm×3×2.3×10-3=3,600kg

$$(1-K_V) \times (W-W_F) \times l_F/2$$
$$= (1-0.5) \times (17,000+3,600) \times 290/2 = 1,490,000 kg \cdot cm$$
(5.20a)

$$K_H\{(h'_F+H_{OG})W+(1/2)h'_F \times W_F\}$$
$$= 1.0(45+104) \times 17,000+(1/2) \times 45 \times 3,600 = 2,610,000 kg \cdot cm$$
(5.20b)

따라서 구조체와 일체로 하고, 구조계산에 따른다.

6) 고가대(K_H=1.5의 경우)

전도모멘트에 불리한 짧은 변 방향을 검토 한다.

실중량 W=17,000kg

① 지진입력

설계용 수평진도 K_H=1.5

설계용 수직진동 K_V=0.75

설계용 수평지진하중 F_H=17,400kg

설계용 수 지진하중 F_V=8,700kg

전도모멘트

$M = F_H \times h_G = 17,400 \times 104 = 1,810,000 kg \cdot cm$ (물탱크 저부)

$MB = M + F_H \times H = 1,810,000 + 17,400 \times 200 = 5,290,000 kg \cdot cm$

(가대저부)

7) 부재산정

① 기둥재

압축력

$$N_c = \frac{M_B}{\alpha_1 \times L} + \frac{W}{\alpha_2}(1+K_v)$$
$$= \frac{5,290,000}{2 \times 250} + \frac{17,000}{6}(1+0.75) = 15,600\,kg \quad \therefore O.K$$

여기서, α_1는 그 방향의 구면수, α_2는 전체 기둥 개수 이다.

기둥재 L-100×100×7 단면적   A=13.62cm²

단면2차 반경 i_{min}=1.97cm

기둥재 좌굴 길이 l_K=200cm

세장비 $\lambda = l_K/i_{min} = 102$

허용압축력

$$N'_A = A \times f'_c$$
$$= 13.6 \times (1.5 \times 0.861) \times 1,000 = 17,600\,kg > 11,300\,kg \quad \therefore O.K$$

② 브레이스재

인장력

$$N_B = \frac{F_H}{\alpha_3 \cos\theta} = \frac{17,400}{2 \times \cos 38.7} = 11,100\,kg$$

여기서, α_3는 그 방향의 브레이스재 수 이다.

8) 브레이스재

브레이스재 L-75×75×6 단면적　　　A=8.73㎠

유효단면적　　$A_e = A - 1/2l \cdot t - d \cdot t$

　　　　　　　=5.46㎠

$l \cdot t$: 앵글길이 · 판두께

d : 볼트직경(M16 … 1.7cm)

허용인장력

$$N'_A = A_e \times f'_t \\ = 5.46 \times (1.5 \times 1,600) = 13,100\,kg > 11,500\,kg \quad \therefore O.K$$

9) 앵커볼트(기둥 당)

인장력

$$N'_t = \frac{M_B}{\alpha_1 \times L} + \frac{W}{\alpha_2}(1 - K_v) \\ = \frac{5,290,000}{2 \times 250} + \frac{1,700}{6}(1 - 0.75) = 9,892\,kg \quad \therefore O.K$$

전단력

$$F'_H = \frac{F_c}{\alpha_2} = \frac{17,400}{6} = 2,900\,\text{kg}$$

① 설치공법

매입식 J형(M16), 견고한 기초, 매입길이 15cm, c=15cm, h=30cm

② 그림 5.11에서 총 개수 24개, 직경은 M16으로 한다.

10) 기초 인발력이 크기 때문에 구조체와 일체로 하고 구조계산에 따른다.

5.4 물탱크에 작용하는 수압

5.4.1 슬로싱에 의해 측벽에 작용하는 수압

1) 내진실험 결과의 측벽 슬로싱 수압

그림 5.12에서 슬로싱 현상이 발생한 입력파(관공파, 정현파)에 있어서 측벽의 높이 방향의 측정 수압치를 나타낸다. 각 입력파의 측벽에 작용하는 최대 수압치는 천정에 작용하는 수압치보다 작으며, 저면 부근에 있어서도 최대값의 약 40~50%였다. 따라서 내진설계 기준 표에서는 천정 및 측벽 상부에 작용하는 수압식으로서 정의했으나, 측벽에 단순히 적용하는 것은 적절하지 않다.

2) 측벽의 수압 분포식

하우스너(Housner) 식의 변위 응답에 의한 측벽 수압식의 A_1(최대응답변위)를 S_v/ω_s로 변경하여 다음 식 (5.21)에 의해 측벽 수압을 산출할 수 있다.

$$p_{rw} = \frac{5}{6} \times \rho \times l \times \frac{\cos(\sqrt{2.5}\, y/l)}{\cos(\sqrt{2.5}\, h/l)} \times \omega_s \times S_v \qquad (5.21)$$

여기서, p_{rw} : 측벽에 작용하는 슬로싱 수압
ρ : 단위 체적 질량
l : 수조 길이의 1/2
y : 저판에서의 거리
ω_s : 고유 원진동수
S_v : 속도 응답 스펙트럼 값

Housner 식의 수압 분포의 유효성을 확인하기 위해 내진실험의 최대값을 일치시키는 S_v값(관공파에서 $330\,kine$, 정현파에서 $200\,kine$)을 구하여 Housner 식에 대입했다. 그 결과는 그림 5.12에서 실선과 일점 사선으로 나타내었다. 그 결과 이론값 분포는 실험값 분포와 거의 일치하여 슬로싱에 의한 측벽에의 수압분포는 Housner 식에 적용하는 것이 적절한 것으로 나타났다. 또한 하우스너 식에 대입한 S_v도 설정값 $150 \sim 375\,kine$ 이내에 있으므로 타당하다.

3) 측벽 수압의 근사법

물탱크 설계에 있어서 위에 기술한 Housner 식의 적분에 의한 수압 분포를 산출하는 방법 (그림 5.13 참조) 및 상부와 하부의 하중을 대형 분포에 근사시키는 방법(그림 5.14 참조)에 의해 측벽에 작용하는 슬로싱 수압을 구할 수 있다.

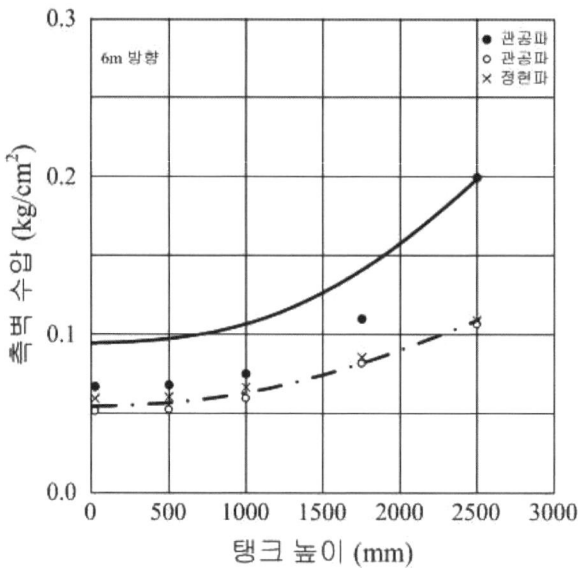

그림 5.12 측벽 슬로싱 수압의 내진 실험 결과

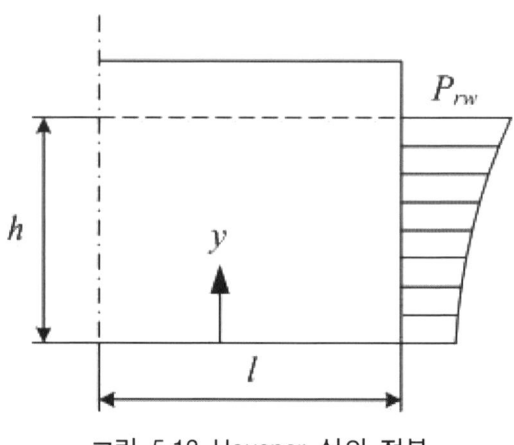

그림 5.13 Housner 식의 적분

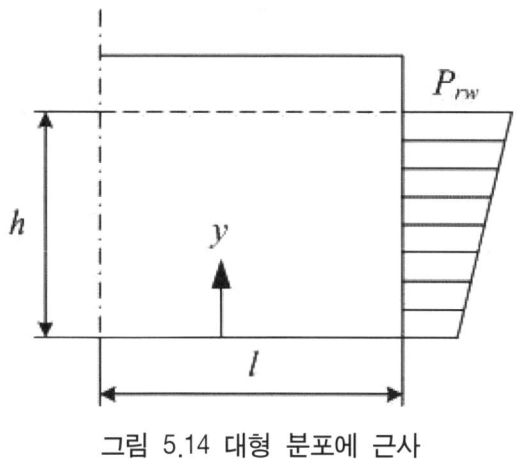

그림 5.14 대형 분포에 근사

5.4.2 측벽에 작용하는 전단하중 분담률 산정

지진시 발생하는 변동 수압이 측벽과 같은 수압면에 작용하여 측벽면의 부위에 따라서 천정면, 측벽, 플랜지 부분(외부보강재) 및 저면에 그 하중이 전달된다. 그리고 최종적으로는 저면과 수압면에 직교하는 측벽벽에서 부담한다. 이를 바탕으로 측벽에 작용하는 전단하중 분담률은 수조의 측벽면에 일정 하중이 작용했을 때의 변위량과 동일한 변위량을 단위 패널에 작용할 때의 실험 하중을 구하고, 그 비를 구하여 산정한다. 예를 들어 표 5.3에서 회색 음영부분은 실험값과의 비교를 통해 $3 \times 4 \times 2H$에서 수압면 4m일 때의 하중 분담률은 44%인 것이다.

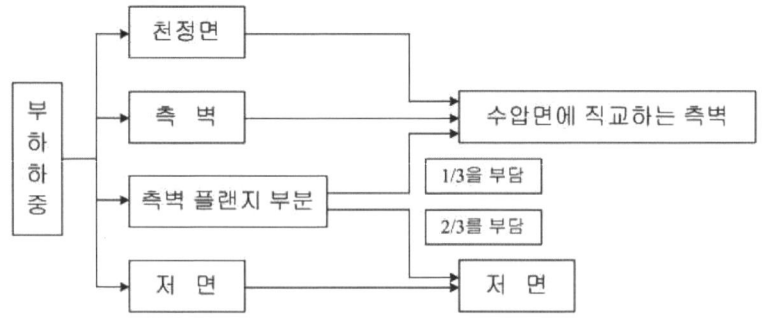

그림 5.15 각 부위에의 하중 부담의 사고방식

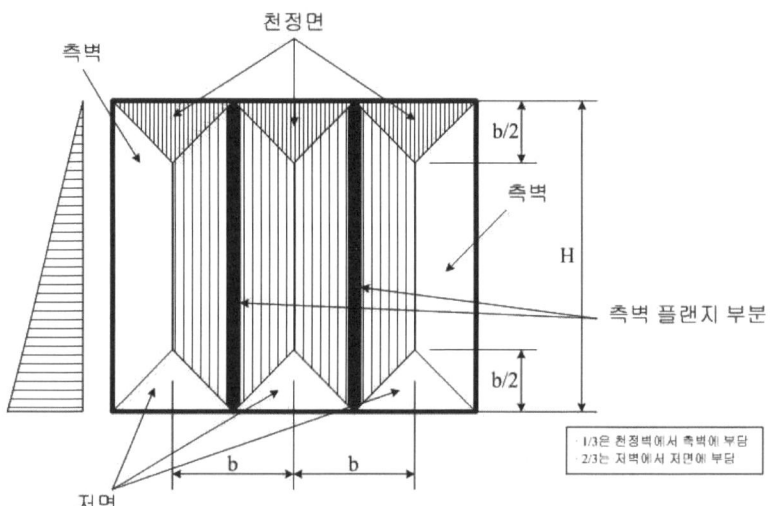

그림 5.16 수압면의 하중 분담

표 5.3 측벽의 하중 분담률

물탱크 길이 (m)	물탱크 높이(m)				
	1.0H	1.5H	2.0H	2.5H	3.0H
2	42%	48%	52%	55%	56%
3	39%	42%	44%	46%	48%
4	38%	39%	41%	42%	43%
5	37%	37%	38%	39%	40%
6	36%	36%	37%	38%	39%
7	36%	35%	36%	37%	37%
8	35%	34%	35%	36%	36%
9	35%	34%	34%	35%	36%
10	35%	33%	34%	34%	35%

5.4.3 슬로싱에 의한 천정면의 수압 분포

Ansys와 같은 유한요소 해석 프로그램을 통해 물탱크의 내진실험 ($4 \times 4 \times 2.5mH$)에 따른 정현파(81.7gal, 0.32Hz)에 있어서 슬로싱에 따른 공진을 시뮬레이션 한 결과, 표 5.4에 나타낸 바와 같이 입력파 수가 증가함에 따라 파고 및 파고 속도, 가속도가 증가하나 충돌 폭은 반대로 작아졌다. 슬로싱 충격압 식에 각각의 파고, 파고 속도 및 가속도를 입력하여 수압을 구하면 제1파, 2파, 3파에서 각각 $0.044kg/cm^2$, $0.11kg/cm^2$, $0.18kg/cm^2$이 되었다.

실험 결과를 살펴보면 천정에 작용하는 수압은 제2파일 경우 최대값($0.12kg/cm^2$)을 나타내고 있으며, 제2파의 결과와 거의 일치한다. 이 제2파의 X_0은 약 $1.4m$이고, 물탱크 길이(L)에 대한 비율은 약

19%이다.

표 5.4 슬로싱 유한요소 해석 결과

구분	1파	2파	3파
$w(m)$	0.49	1.08	1.55
$\dot{w}(m/\sec)$	0.93	2.12	3.08
$\ddot{w}(m/\sec^2)$	2.50	4.53	6.21
$l_s(m)$	1.9	1.4	1.0
$l_s/L(\%)$	26	19	14
$pr(kgf/cm^2)$	0.044	0.11	0.18

또한, 내진설계 기준에서 슬로싱 수압식은 Lamb의 Hydrodynamics와 선형 슬로싱 식에서 추정한 충격압 식을 단순화한 것이고, 단순화에 따라 안전측의 수압 결과가 되도록 정하고 있다. 여기서 원래의 충격압 식에서 수압 분포를 물탱크 길이의 19%로 한 경우의 총 하중이 동등하게 되는 단순식에서의 수압 분포를 산출했다. 그 결과, 단순식에서 수압 분포를 물탱크 길이의 약 17%($L/6$)로 한 경우의 총 하중 값이 원래의 충격압 식에서 수압 분포를 19%로 한 경우와 거의 일치했다. 따라서 천정에 작용하는 슬로싱의 수압 분포를 물탱크 길이의 1/6으로 하고 설계하는 것으로 하였다.

제6장 구조설계 기본사항

6.1 개요

6.1.1 패널 조립식 물탱크의 구조

 많은 양의 물을 저장할 수 있는 조립식 패널형 물탱크의 구조 형태는 그림 6.1과 같다. 물탱크가 설치되는 장소의 콘크리트 바닥 또는 지반 위에 형성되어 물탱크 구조체와 기초를 이격 분리하고 기초 역할을 하는 콘크리트 기초와 콘크리트 기초 위에 ㄷ형 강재로 이루어진 베이스 프레임(Base Frame)과 같은 받침대(Pedestal)가 결합되어 물탱크 구조체를 설치하는 하부 지지대 역할을 한다. 패널 조립식 물탱크는 복수의 단위 패널이 결합되어 물탱크 구조체의 상판 및 측면판, 바닥판을 형성하고, 일정 크기의 패널은 용접방식 또는 볼트 조립방식으로 접합하여 사각형 또는 원통형, 구형 등 다양한 형태의 물탱크로 조립 형성된다. 여기서 패널(Panel)이란 패널형 물탱크를 제작하기 위하여 스테인리스 강판 또는 PE 등 복합재료를 절단, 절곡, 프레싱 등의 방법으로 가공한 최소단위체를 의미한다.

 조립 설치된 물탱크 내부에는 물탱크의 구조적 변형을 방지하고, 강성을 보강하기 위해 물탱크 패널 내부 접합부분에 수평보강재 및 수직보강재가 설치된다. 그리고 소화용 물탱크 및 소화용수가 포함된 물탱크 설치 시 지진에 의하여 손상되거나 과도한 변위가 발생하지 않도록 방지하는 물탱크 고정 장치(Device for Fixing Tank)를 설치한다. 소화용 물탱크 및 소화용수가 포함된 물탱크의 내부에는 지진과 같은 과도한 진동에 의해 물탱크 내부에 저장된 물이 과도하게 출렁이는 현상(슬로싱, Sloshing)을 방지하기 위해 방파판(Swash Partition)이 설치한다.

물탱크 구조체가 조립 완료된 후 물탱크에는 물탱크 내부로 물이 들어가는 입구인 입수구(Inlet) 및 물탱크 내부에 저장된 물이 외부로 나오는 출구인 출수구(Outlet)를 설치하고, 물탱크의 청소 및 유지관리를 위해 사람의 출입이 가능하도록 맨홀(Manhole)을 설치한다.

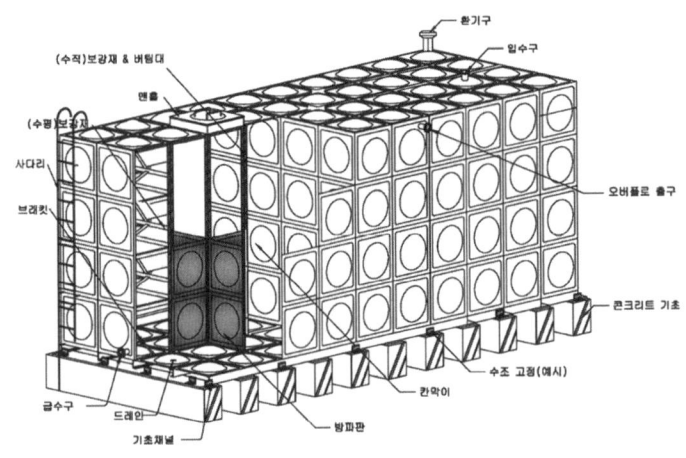

그림 6.1 대용량 패널형 물탱크의 구조 형태

6.1.2 물탱크 재료

물탱크 패널 및 방파판 패널(Swash Partition Panel)에 사용하는 재료는 다음과 같다.

1) 측판 및 바닥판, 방파판

KS D 3698(냉간 압연 스테인리스 강판 및 강대) 및 KS D 3705(열간 압연 스테인리스 강판 및 강대)에서 규정한 STS304 또는 이와 동등 이상의 품질을 가진 것으로 인체에 해롭지 않고 녹이 발생하지 않는 것으로 한다.

2) 천장(상단부)

KS D 3698(냉간 압연 스테인리스 강판 및 강대) 및 KS D 3705(열간 압연 스테인리스 강판 및 강대)의 STS444 또는 이와 동등 이상의 품질을 가진 것으로 인체에 해롭지 않고 녹이 발생하지 않는 것으로 한다. 다만, STS304 재질을 사용할 경우 에폭시 코팅 또는 이와 동등 이상의 품질을 가진 것으로 천장(상단부) 상판 및 최고층 패널부에 코팅 처리를 하여야 한다.

6.1.3 패널 및 방파판 패널의 치수

패널의 가로, 세로 길이는 0.5m의 배수가 되어야 한다. 다만, 인수 및 인도 당사자 사이의 협의에 따라 ±10% 이내에서 조절할 수 있다. 또한, 성형 가공부의 보강모형은 패널 중심으로부터 패널 지름의 80% 이하의 반지름 내에서 그 크기를 조절할 수 있다.

a) 패널 치수의 허용차는 호칭 치수의 ±0.2% 이내로 한다.
b) 두께에 대한 허용 압력 및 높이는 표 6.1과 같다.
c) 방파판 패널은 탱크의 외벽으로 사용되는 패널과 동등 이상의 재료로 시공하여야 하며, 두께는 1.6㎜ 이상, 물탱크 평면의 중앙을 기준으로 동서남북 4 방향으로 각 방향 길이의 1/2 이상, 높이는 바닥을 기준으로 수조 높이의 1/2 이상으로 설치하여야 한다.

표 6.1 두께에 대한 패널의 허용 압력 및 높이

두께 (mm)	스테인리스강(STS)	
	허용압력(KPa)	허용높이(m)
1.5	9.810 이하	1.5 이하
2.0	14.715 이하	2.5 이하
2.5	24.525 이하	3.5 이하
3.0	34.335 이하	4.5 이하
4.0	58.860 이하	7.0 이하
5.0	95.100 이하	9.0 이하

6.1.4 보온재

우레탄 폼 또는 이와 동등 이상의 품질을 가진 것으로, 몸통 표면의 패널과 같은 모양으로 성형한 것으로 두께 50mm 이상의 것으로 한다.

6.1.5 마감재

KS D 6701(알루미늄 및 알루미늄 합금의 판 및 띠)에 규정한 A1050P(H12), KS D 3520(도장 용융 아연 도금 강판 및 강대) 또는 이와 동등 이상의 품질을 가진 것으로 한다. 외부에 도장을 하는 경우 도장 재료는 보온재 및 스테인리스 강판을 부식시키거나 유해한 결함을 발생시키지 않아야 한다. 마감재의 두께는 알루미늄의 경우 0.6mm, 강판의 경우 0.4mm 이상으로 한다.

6.1.6 볼트

보온재 및 마감재를 고정하기 위한 볼트의 재료는 스테인리스강 STS304 또는 이와 동등 이상의 품질을 가진 것으로 한다.

6.1.7 기초 채널

KS D 3503(일반 구조용 압연 강재)에서 규정한 SS275 또는 이와 동등 이상의 품질을 가진 채널 및 앵글을 방청 처리하여 사용하며, 기초 패널의 사용표준은 표 6.2와 같다. 또한, 스테인리스 바닥 패널과 기초 채널간의 이종 금속 접촉 부식(Galvanic Corrosion)의 방지를 위하여 4.5mm 이상의 고무 또는 이와 동등 이상의 절연성을 가진 재료를 삽입한다.

표 6.2 기초 채널의 사용 표준

탱크높이	ㄷ형강(기초 패널)	ㄱ형강(기초 패널)
4000 이하	100×50×5t×7.5t	25×25×5t
4000 초과	125×65×6t×8.0t	25×25×5t

6.1.8 사다리

외부 및 내부 사다리는 KS D 3536(기계 구조용 스테인리스 강관)에서 규정한 STS304 또는 이와 동등 이상의 품질을 가진 구조 강관으로 제작하여야 한다. 탱크 몸통에 견고하게 부착될 수 있는 구조이어야 하며, 내부 사다리는 사용상 인체에 해롭지 않고, 내부 점검이 쉽게 설계되어야 한다.

6.1.9 통기구(Vent)

물탱크 내부의 통기를 위한 장치로 KS D 3698(냉간 압연 스테인리스 강판 및 강대)에서 규정한 STS304 또는 이와 동등 이상의 내식성을 갖는 재료를 사용하여야 한다. 물탱크내 잔류염소 감소 최소화를 위한 시설을 하여야 하고 먼지 또는 해충 등 이물질이 들어가지 않는 구조이어야 한다.

6.1.10 배관 접속구

KS D 3576(배관용 스테인리스 강관)에서 규정한 STS304 또는 이와 동등 이상의 품질을 가진 강관을 사용하여야 한다.

6.1.11 보강재

패널 물탱크 내부를 지지하는 보강재는 KS D 3690(냉간 성형 스테인리스강 등변 ㄱ형강)에서 규정한 STS304 재질 또는 이와 동등 이상의 품질을 가진 것을 사용하여야 한다.

1) 주보강재

대용량 패널 물탱크의 상단부 패널과 하부 패널을 지지하는 수직보강재와 측면 패널을 지지하는 수평보강재로 30×30×3(㎜) 이상의 ㄱ형강을 사용한다. 수직보강재와 수평보강재가 만나는 부분은 용접 또는 볼트접합으로 지지점을 보강해준다.

2) 브래킷

패널과 주보강재가 접촉하는 면을 고정시키기 위한 보강재로 KS D 3705(열간 압연 스테인리스 강판 및 강대) 또는 이와 동등 이상의 품질을 가진 것으로 탱크에 작용하는 내력과 외력을 충분히 견딜 수 있는 크기로 견고한 것이어야 한다.

6.1.12 입수구(Inlet)

물탱크내에 수돗물 입수 시 증발에 의한 잔류염소 감소량을 최소화시키기 위한 내식성을 갖는 유입장치를 이용하여 설치하여야 한다.

6.1.13 수위계

탱크 바깥쪽에는 수위계를 설치한다. 다만, 탱크의 맨홀 등을 통하여 탱크 내부에 저장된 물의 양을 쉽게 알 수 있도록 탱크 안쪽에 표시하였을 때는 수위계를 설치하지 않아도 된다.

6.1.14 방파판 버팀대

버팀대(Strut)는 별도의 설치 없이 패널형 물탱크의 내부 수직 보강재를 함께 사용한다.

6.1.15 물탱크 고정

물탱크의 고정 방법은 다음과 같다.

a) 물탱크에 따라 표 6.3의 방법 중 구조적으로 안전한 방법을 선택한다.
b) 물탱크의 고정 방식은 구조기술사 또는 소방설계업자가 검토하여야 하며, 구조계산서, 도면, 앵커볼트의 지지력 및 사용 수량, 설치위치 등에 이상이 없어야 한다.

표 6.3 물탱크 고정 방법(예시)

구분		부재 개요
앵커볼트	물탱크	건축물에 기기를 고정하기 위한 부재 혹은 기기를 정착용 받침에 체결하는 부재로서 매립형 혹은 후시공형이 있음
기　　초	물탱크	기기 중량을 지지하는 구조체 혹은 옥상 등의 바닥 방수재와 실내 바닥의 콘크리트 슬래브와의 결합을 위해 설치하는 부재
상단지지 배면지지	물탱크	자립형 기기에서 기기 하단부의 정착에 추가하여 내진성을 증가시키고자 할 때 이용되는 정착방법 및 부재
스 토 퍼	물탱크	방진고무 등으로 기기 본체에 전달되는 진동을 저감하는 장치를 설치한 경우로 건축물에 직접 앵커볼트로 연결할 수 없는 경우에 이용되는 정착방법
받 침 대	물탱크	진동방지 등의 물리적인 여건에 의해서 앵커볼트로 바닥과 벽에 직접 연결할 수 없는 경우에 기기와 건축물의 사이에 설치하는 정착방법 및 부재

6.2 구조설계 기준

　물탱크의 구조설계에 있어서 물탱크가 설치되는 장소를 감안하여 외부하중을 산정하고, 외부 하중 상태에서 응력 등을 구하여 안전율, 허용응력 상태에서 안정성 및 신뢰성을 확인해야 한다. 이번 장에서 설계되는 물탱크는 지상 높이 45m 이하의 건축물의 내부 및 옥상에 설치되는 것으로 가정하였다. 물 저장 용량은 50㎥ 이내, 수심은 4m 이내의 사각형 조립식 물탱크로 한정하였다.

6.3 설계용 외력

물탱크 구조설계에 적용되는 외부하중은 표 6.4에 나타나있는 바와 같이 외부하중에 의해 물탱크 내부에서 발생하는 여러 하중의 조합을 고려하여 설계해야한다.

6.4 지진하중(K)

물탱크는 바닥면 응답진동의 가속도 성분에 의해 가속도 응답을 산정한다. 바닥면 응답의 변위성분의 주기와 물탱크의 슬로싱(Sloshing) 주기가 유사한 경우에는 슬로싱 응답을 나타낸다. 이번 물탱크 구조설계에서는 양 하중을 별개로 구분하여 작성하기로 한다.

표 6.4 설계용 하중의 조합

응력 종류	조합 형태	내용물 하중 F	고정하중 G	적설하중 S	적재하중 P	지진하중 K	풍하중 W	비고
장기	상시	O	O	주2)				
단기	적재시	O	O	주2)	O			
	폭풍시	O	O				O	주1)
	지진시	O	O	주2)		O		
	적설시	O	O	O				

주1) 폭풍에 의한 외압 좌굴, 전도 및 부착부의 검토를 행할 때에는 물탱크 내부에 물이 없는 것으로 한다.
주2) 다설지역에 설치할 경우 적설하중을 장기하중으로 간주하여 조합하고, 단기하중으로서도 적재 시, 지진 시에는 합산하여 설치지역에 따른 적설하중을 고려해야 한다.

6.4.1 설치층에 의한 계수(K_1)

물탱크가 설치되는 건물의 바닥 진도 응답이 층수에 따라 달라지는 것을 고려하기 위한 계수이고, 그 계수 값은 다음 그림 6.2에 따라 구해진다.

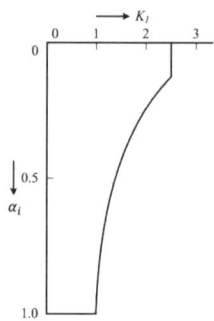

그림 6.2 물탱크의 설치층에 의한 계수(K_1)

지하층 및 1층 K_1 = 1.0   (6.1)

옥상층 K_1 = 2.5   (6.2)

중간층 $K_1 = \dfrac{1}{\sqrt{\alpha_i}} \leq 2.5$ (6.3)

여기서, $\alpha_i = \dfrac{N+2-i}{N+1}$

N : 건물지상층수

$N+1$: 실내바닥, 옥상 층

i : 물탱크의 설치 층

6.4.2 물탱크의 가속도응답비(β)

본 장에서는 변동수압의 계산은 Housner식에 준거하고 있다. Housner식의 적용에 있어서 물탱크 본체는 재질 등을 고려하여 실험결과와 비교하여 변동수압의 응답계수에 따라서 입력가속도를 할증할 필요가 있다. 이 할증계수를 β로 한다. 물탱크가 견고한 기초 위에 설치되고, 충분히 강성이 높은 철골 받침대 위에 설치된다고 가정하여 설계한다.

지하 층 및 지상 층에서는 β = 2.0   (6.4)

옥상 층에서는 β = 1.5   (6.5)

으로 하고, 중간층은 직선 보간법으로 산정한다.

6.4.3 용도계수(I)

용도계수(I)는 건물의 종류 및 용도, 물탱크의 용도에 따라 내진성을 중시하는 정도에 따라 적용되는 계수이고, 다음의 3가지로 구분가능하다.

I = 1.5 (내진성을 특히 중시하는 경우) (6.6)

I = 1.0 (내진성을 중시하는 경우) (6.7)

I = 0.7 (그 외의 경우) (6.8)

6.4.4 지역구역계수(Z)

지진구역계수(Z)는 지진활동 지역에 따른 차를 고려하기 위한 계수로써, 지진구역계수(Z)는 각각 KDS 17 10 00의 표 4.2-1과 표 4.2-2를 따른다.

6.4.5 1층 바닥에 작용하는 수평진도

$$k_{OH} = 0.4 \tag{6.9}$$

6.4.6 물탱크 설계용 수평진도(k_H)

물탱크 및 건축물의 동특성을 고려하여 지역계수 및 용도계수 0.7, 1.0, 1.5의 경우를 생각해보면 설계용 수평진도(k_H)는 표 6.5와 같다. 표 6.5에서 설계용 수평진도 k_H는 2/3, 1.0, 1.5, 2.0의 4 수준으로 수치를 반올림하여 표시하였다. 중간층은 10층의 건물에서 물탱크 설치층을 5층으로 한 경우의 설계기준을 나타낸 것으로서 중간층의 설계기준 설정에 있어서는 건물의 높이, 물탱크 설치층을 고려하여 별도로 계산할 필요가 있다. 상부계는 6층 건물 이하의 경우에는 최상층, 7~9층 건물의 경우는 위 2개 층, 10~12층 건물의 경우에는 위 3개 층, 13층 이상의 건물의 경우는 위 4개 층으로 간주하여 설계하였다.

6.4.7 설계용 속도응답 스펙트럼 값(S_V)

물탱크의 설계용 속도응답 스펙트럼 값 S_V는 식 (6.10)에 의해 구할 수 있다. 식 (6.10)에서 $I \times K_1 \leq 2.5$이고, I는 용도계수, K_1은 물탱크설치 층에 의한 계수, Z는 지역계수, S_{VO}는 기준속도응답스펙트럼 값(cm/sec)을 의미하는 것으로서 식 (6.10)를 기준으로 산출하면 설계용 속도응답스펙트럼 값 S_V는 표 6.6과 같이 나타낼 수 있다.

$$S_V = I \times K_1 \times Z \times S_{VO} \qquad (6.10)$$

표 6.5 물탱크 내진설계기준

구 분	I = 0.7	I = 1.0	I = 1.5
상부계 옥상 및 탑옥	k_H = 1.0 S_V = 263	k_H = 1.5 S_V = 375	k_H = 2.0 S_V = 375
중간계	k_H = 2/3 S_V = 135	k_H = 1.0 S_V = 190	k_H = 1.5 S_V = 285
하부계 1층 및 지상	k_H = 2/3 S_V = 105	k_H = 1.0 S_V = 150	k_H = 1.5 S_V = 225

여기서, I : 용도계수
 k_H : 설계용 수평진도
 S_V : 설계용 속도응답스펙트럼 값(cm/sec)

6.5 가속도응답하중

6.5.1 수평하중

설계용 수평지진하중은 단기하중으로 취급하여 다음과 같은 식 (6.11)으로 계산된다. 여기서 F_H는 설계용 수평지진하중(kgf)이고, W는 물탱크의 유효중량(kgf), k_H는 수평진도를 의미하는 것이다.

$$F_H = k_H \times W \tag{6.11}$$

6.5.2 물탱크 내부에 작용하는 변동압력

자유표면을 갖는 그림 6.3, 그림 6.4와 같은 사각형 물탱크와 그림 6.5와 같은 원통형 물탱크에서는 속도응답에 의한 변동수압은 표 6.6에 개시하고 있는 여러 식들에 의해 얻을 수 있다. 여기서 내부 칸막이벽이란 단수하지 않고 정기적인 청소를 실시할 수 있도록 설치된 벽을 의미한다.

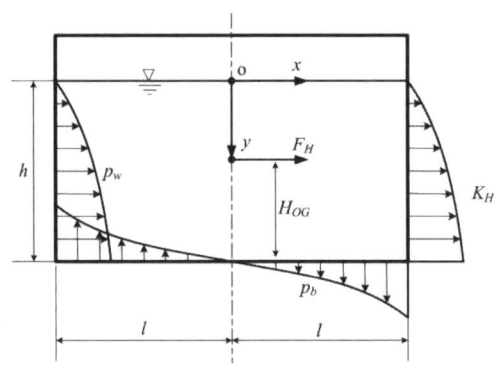

그림 6.3 사각형 물탱크의 가속도응답에 의한 변동수압분포

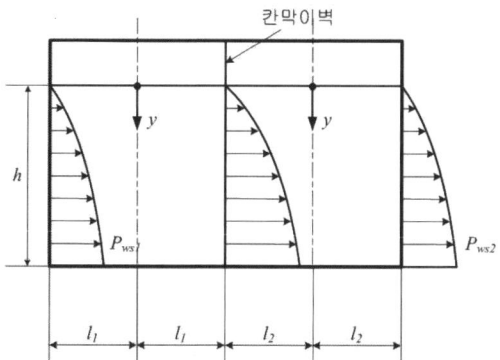

그림 6.4 사각형 물탱크 내부 칸막이벽의 가속도응답에 의한 변동수압분포

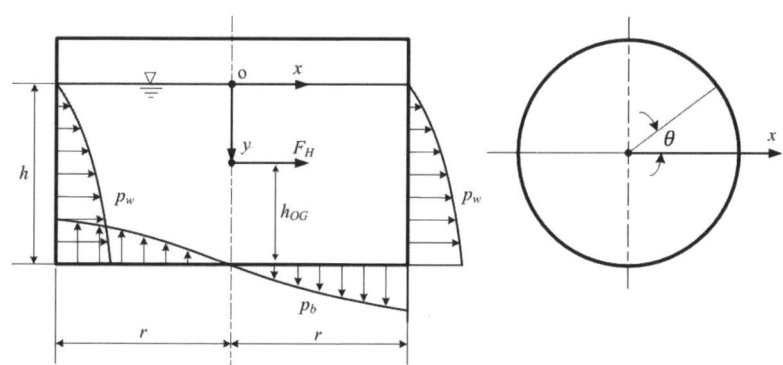

그림 6.5 원통형 물탱크의 가속도응답에 의한 변동수압분포

표 6.6 물탱크 내부에 작용하는 변동수압

구분	측벽에 작용하는 변동수압	바닥에 작용하는 변동수압
사각형 물탱크	$h \leq 1.5l$ 인 경우, $p_w = \sqrt{3}\,\gamma\,k_H h \left\{ \dfrac{y}{h} - \dfrac{1}{3}\left(\dfrac{y}{h}\right)^2 \right\}$ $\times \tan\left(\sqrt{3}\,\dfrac{l}{h}\right)$ (6.12) $h > 1.5l$ 인 경우 $0 \leq y \leq 1.5l$ 의 경우 상기 식에서 $h = 1.5l$ 로 계산하고, $1.5l \leq y \leq h$ 의 경우 다음 식에 따른다. $p_w = \gamma k_H l$ (6.13)	$p_b = \dfrac{\sqrt{3}}{2}\gamma k_H h \dfrac{\sin\left(\sqrt{3}\,\dfrac{x}{h}\right)}{\cos\left(\sqrt{3}\,\dfrac{l}{h}\right)}$ (6.14) 여기에서, $1.5l < h$ 의 경우 $h = 1.5l$ 로 계산한다.
	내부 칸막이벽에 작용하는 변동수압	
	$h \leq 1.5l_n$ 의 경우 $P'_{wsn} = \sqrt{3}\,\gamma\,k_H h \left\{ \dfrac{y}{h} - \dfrac{1}{3}\left(\dfrac{y}{h}\right)^2 \right\} \times \tan\left(\sqrt{3}\,\dfrac{l_n}{h}\right)$ (6.15) $P_{wsn} = P'_{wsn} \times D_s$ (6.16) $h > 1.5l_n$ 의 경우 $0 \leq y \leq 1.5l_n$ 의 부분은 위 식으로, $h = 1.5l_n$ 으로 해서 계산하고, $1.5l_n \leq y \leq h$ 의 부분은 다음 식에 따른다. $P'_{wsn} = \gamma \times k_H \times l_n$ (6.17) $P_{wsn} = P'_{wsn} \times D_s$ (6.18) 또한, 양 물탱크를 동시에 사용하는 경우의 변동수압은 아래 식에 따른다. $P_{ws} = P_{wsn} + P_{ws(n+1)}$ (6.19)	

	측벽에 작용하는 변동수압	바닥에 작용하는 변동수압
원통형 물탱크	$h \leq 1.5r$의 경우 $p_w = \sqrt{3}\,\gamma k_H h \left\{ \dfrac{y}{h} - \dfrac{1}{2}\left(\dfrac{y}{h}\right)^2 \right\}$ $\times \tan h\left(\sqrt{3}\,\dfrac{r}{h} \cdot \cos\phi\right)$ (6.20) $h > 1.5r$의 경우 $0 \leq y \leq 1.5r$의 부분은 위 식으로, $h = 1.5r$로 해서 계산하고, $1.5r \leq y \leq h$의 경우 다음 식에 따른다. $p_w = \gamma k_H r \cos\phi$ (6.21)	$p_b = \dfrac{\sqrt{3}}{2}\gamma k_H h \dfrac{\sin\left(\sqrt{3}\,\dfrac{x}{h}\right)}{\cos\left(\sqrt{3}\,\dfrac{r}{h}\right)}$ (6.22) 단, 물탱크가 $1.5r < h$인 경우 $h = 1.5r$로 계산한다.
구형 물탱크	원통형 물탱크의 식을 준용한다.	

여기서, p_w : 물탱크 측벽에 작용하는 변동수압(kgf/㎠)

p_b : 물탱크 바닥에 작용하는 변동수압(kgf/㎠)

γ : 물의 비중량(kgf/㎠)

k_H : 물탱크 바닥에 작용하는 수평진도

h : 수위(cm)

y : 수면으로부터의 깊이(cm)

l : 물탱크 길이의 1/2(cm)

x : 물탱크 중심에서 수평방향의 거리(cm)

ϕ : 지진 방향에서의 주방향각도

r : 원통형 및 구형 물탱크의 반경(cm)

P'_{ws} : 내부 칸막이벽에 작용하는 기준 변동수압(kgf/㎠)

P_{ws}: 내부 칸막이벽에 작용하는 설계용 변동수압(kgf/cm²)

l_n : 측벽-내부 칸막이벽 길이의 1/2(cm), n = 1, 2

D_s: 구조특성계수에 해당하는 계수 0.5

6.5.3 물탱크에 수용되는 물의 유효중량

자유표면을 갖는 물탱크에서는 그 안의 물의 유효중량은 다음 식 (6.23)에서 얻을 수 있다. 여기서 W는 물탱크 내부에 수용되는 물의 유효중량(kgf)이고, W_0는 물탱크 내부에 수용된 물의 전체중량(kgf), α_T는 물탱크 내부에 수용된 물의 유효중량비(= W/W_0)이며, α_T는 물탱크의 형상에 따라 표 6.7에 의해 산출될 수 있다.

$$W = \alpha_T \times W_0 \tag{6.23}$$

표 6.7 물탱크의 유효중량비

구분	물탱크의 유효중량비	
사각형 물탱크	$h/2l \leq 0.75$인 경우 $$\alpha_T = \frac{\tan\left(0.866/\dfrac{h}{2l}\right)}{\left(0.866/\dfrac{h}{2l}\right)}$$ $h/2l > 0.75$인 경우 $$\alpha_T = 1 - \frac{0.218}{\left(\dfrac{h}{2l}\right)}$$	(6.24) (6.25)
원통형 물탱크	$h/2r \leq 0.75$인 경우 $$\alpha_T = \frac{\tan\left(0.866/\dfrac{h}{2r}\right)}{\left(0.866/\dfrac{h}{2r}\right)}$$ $h/2r > 0.75$인 경우 $$\alpha_T = 1 - \frac{0.218}{\left(\dfrac{h}{2r}\right)}$$	(6.26) (6.27)
구형 물탱크	$\alpha_T = 0.8$	(6.28)

사각형 및 원통형 물탱크의 α_T는 표 6.6에 나타낸 수압분포에 기반하여 구한 것이다. 구형 물탱크의 α_T는 실험적으로 구한 물탱크 내의 물의 양과 고정수율의 관계(그림 6.6 참조)에서 수량을 약 95%의 경우를 표준으로 하여 그 경우의 고정수율 η에서 유효중량 $W(\eta W_0)$을 구하여 도출한 것이다. 물탱크의 유효중량비 α_T와 물탱크의 $h/2l$, $h/2r$과의 관계는 그림 6.7과 같이 나타낼 수 있다.

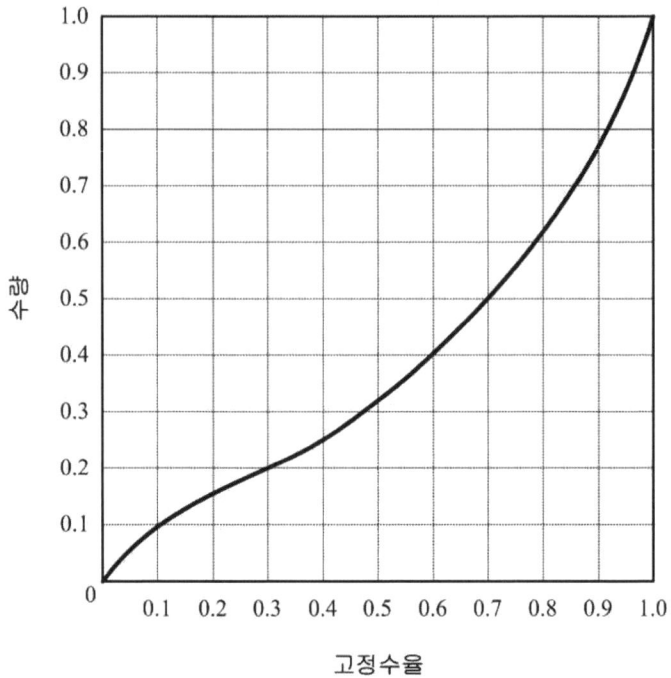

그림 6.6 수량과 고정수율의 관계

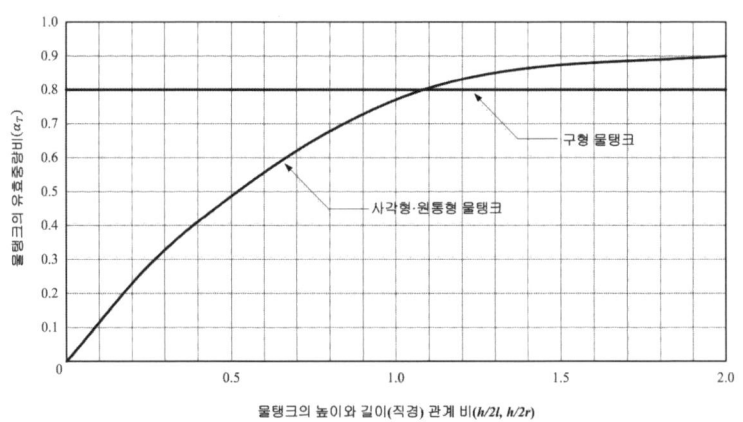

그림 6.7 물탱크의 유효중량비

6.5.4 수평하중의 작용점 높이

물탱크의 전도 모멘트 등을 구하는 데 필요한 수평하중의 작용점 높이 h_{OG}는 다음 식 (6.29)에 따라 구할 수 있다. 여기서, β_T는 작용점 높이와 물탱크 수위의 비($=h_{OG}/h$)이고, h는 물탱크의 수위(cm), h_{OG}는 수평력의 작용점 높이(cm)이며, 각종 형상 물탱크의 β_T를 표 6.8에 나타낸다.

$$h_{OG} = \beta_T \times h \tag{6.29}$$

표 6.8 수평하중의 작용점 높이 비

구분	수평하중 작용점 높이 비	
사각형 물탱크	$h/2l \leq 0.75$인 경우 $$\beta_T = \frac{\left(0.866/\dfrac{h}{2l}\right)}{2 \cdot \tan\left(0.866/\dfrac{h}{2l}\right)} - 0.125$$ $h/2l > 0.75$인 경우 $$\beta_T = \frac{\dfrac{0.75}{(h/2l)}\left\{\dfrac{0.151}{(h/2l)} - 0.29\right\} + 0.5}{1 - \dfrac{0.218}{(h/2l)}}$$	(6.30) (6.31)
원통형 물탱크	$h/2r \leq 0.75$인 경우 $$\beta_T = \frac{\left(0.866/\dfrac{h}{2r}\right)}{2 \cdot \tan\left(0.866/\dfrac{h}{2r}\right)} - 0.125$$ $h/2r > 0.75$인 경우 $$\beta_T = \frac{\dfrac{0.75}{(h/2r)}\left\{\dfrac{0.151}{(h/2r)} - 0.29\right\} + 0.5}{1 - \dfrac{0.218}{(h/2r)}}$$	(6.32) (6.33)
구형 물탱크	$\beta_T = 0.5(2r/h)$	(6.34)

장방형 및 원통형 물탱크의 β_T는 표 6.6에 나타낸 측벽에 작용하는 변동수압과 바닥에 작용하는 변동수압 모두를 고려하여 구한 것이다. 구형 물탱크의 β_T는 기본적인 연구가 없으므로 안전하게 고려하여 설정해야 한다. 물탱크의 수평하중 작용점 높이 비와 물탱크의 $h/2l$, $h/2r$과의 관계를 그림 6.8과 같다.

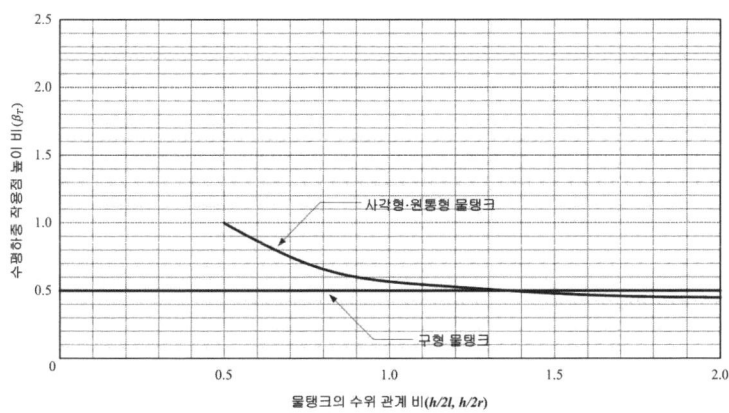

그림 6.8 물탱크의 작용점 높이와 수위와의 관계

6.5.5 연직하중

설계 연직 지진하중 F_V를 고려할 필요가 있는 경우에는 물탱크가 기초, 바닥 등에 앵커볼트 등에 의해 고정되어 있다고 가정하고, 식 (6.35)에 따라 계산한다. 여기서, k_V는 연직진도를 의미한다.

$$F_V = k_V W_0 = \frac{1}{2} k_H W_0 \tag{6.35}$$

6.6 슬로싱 응답하중

6.6.1 1차 슬로싱 고유주기

사각형 물탱크와 원통형 물탱크의 1차 슬로싱 고유주기의 값은 표 6.9에 나타내는 식으로 구할 수 있다. 여기서, T_s는 1차 슬로싱 고유주기(sec), π는 원주율, g는 중력가속도(cm/sec2)이고, l은 물탱크 길이의 1/2(cm), h는 수위(cm), r은 원통형 물탱크의 반경(cm)을 의미한다.

표 6.9 1차 슬로싱 고유주기

구분	1차 슬로싱 고유주기	
사각형 물탱크	$T_s = \dfrac{2\pi}{\sqrt{1.58g/l\tan(1.58h/l)}}$	(6.36)
원통형 물탱크	$T_s = \dfrac{2\pi}{\sqrt{1.84g/r\tan(1.58h/r)}}$	(6.37)

6.6.2 물탱크 천정판에 작용하는 변동수압

슬로싱 응답에 의해 천정판에 작용하는 변동수압은 식 (6.38)~식 (6.40)의 계산방법에 따라 구할 수 있다. 파고 및 기준변동수압은 표 6.8에 따라 산정하고, p_{ro}는 물탱크 천정판에 작용하는 기준 변동수압(kgf/㎠), p_r은 물탱크 천정판에 작용하는 설계용 변동수압(kgf/㎠), D_s는 구조 특성계수(0.5), W는 파고(cm), $\dot{W}$는 파고속도(cm/sec), $\ddot{W}$는 파고가속도(cm/sec2), ω_s는 1차 슬로싱 고유진동수(rad/sec)이고, $\omega_s = 2\pi/T_s$ 로 한다.

표 6.10에서 l은 물탱크 길이의 1/2(cm)이고, 원통형의 경우에는 r은 물탱크 반경으로 한다. h는 수위(cm), h_s는 물탱크 상부공극(cm), ρ는 물의 단위체적질량(kgf · sec2/cm4), S_V는 속도응답스펙트럼 값(cm/sec)을 의미한다.

$$p_r = D_s \times p_{ro} \tag{6.38}$$

$$\dot{W} = \omega_s \times W \tag{6.39}$$

$$\ddot{W} = \omega_s \times \dot{W} \tag{6.40}$$

표 6.10 슬로싱에 대응하는 파고 및 기준변동수압

구분	슬로싱에 대응하는 파고 및 기준변동수압
사각형 물탱크	$W = 0.84 \dfrac{l \times \omega_s \times S_V}{g}$ (6.41) $0 < h/2l < 0.62$ $\quad p_{ro} = (1.6h/\pi + h_s)\rho \ddot{W} + \rho \dot{W}^2$ (6.42) $h/2l \geq 0.62$ $\quad p_{ro} = (2l/\pi + h_s)\rho \ddot{W} + \rho \dot{W}^2$ (6.43)
원통형 물탱크	$W = 0.84 \dfrac{r \times \omega_s \times S_V}{g}$ (6.44) $0 < h/2r < 0.62$ $\quad p_{ro} = (1.6h/\pi + h_s)\rho \ddot{W} + \rho \dot{W}^2$ (6.45) $h/2r \geq 0.62$ $\quad p_{ro} = (2r/\pi + h_s)\rho \ddot{W} + \rho \dot{W}^2$ (6.46)

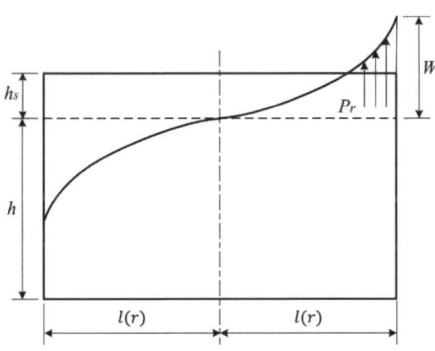

그림 6.9 슬로싱 응답에 의한 변동수압

6.6.3 물탱크 측벽, 중간 칸막이벽에 작용하는 변동수압

슬로싱 응답에 의해 물탱크의 측벽 및 내부 칸막이벽에 작용하는 변동수압은 그림 6.10, 그림 6.11과 같이 거동하고, 표 6.11에 따라 산정할 수 있다.

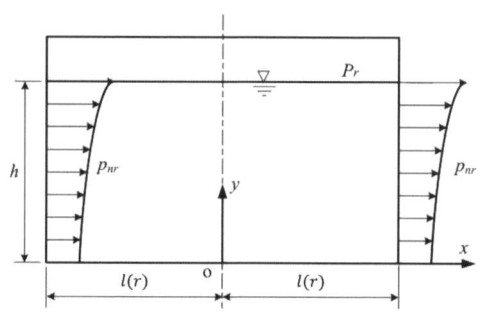

그림 6.10 슬로싱 응답에 의한 측벽 변동수압분포

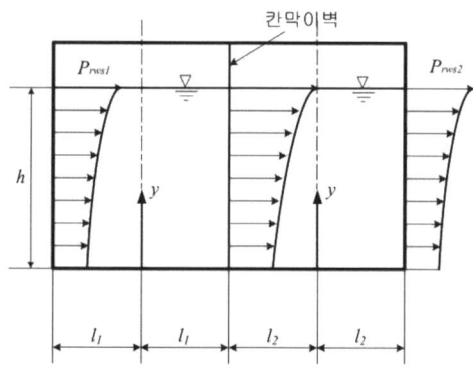

그림 6.11 슬로싱 응답에 의한 내부 칸막이벽 변동수압분포

표 6.11 슬로싱 응답에 의한 측벽 및 내부 칸막이벽에 작용하는 변동수압

구분		슬로싱 응답에 따른 변동수압
사각형 물탱크	측벽	$p_{rw} = \dfrac{5}{6} \rho l \dfrac{\cos(\sqrt{5/2}\,y/l)}{\cos(\sqrt{5/2}\,h/l)} \times w_s \times S_V$ (6.47)
	내부 칸막이벽	$p'_{rwsn} = \dfrac{5}{6} \rho l_n \dfrac{\cos(\sqrt{5/2}\,y/l_n)}{\cos(\sqrt{5/2}\,h/l_n)} \times w_s \times S_V$ (6.48) $p_{rwsn} = p'_{rwsn} \times D_S$ (6.49) 단, 양 물탱크를 동시에 사용하는 경우의 변동수압은 아래 식에 따른다. $P_{rws} = P_{rwsn} + P_{rws(n+1)}$ (6.50)
원통형 물탱크	측벽	$p_{rw} = 0.9375 \rho r \dfrac{\cos(\sqrt{28/8}\,y/r)}{\cos(\sqrt{27/8}\,h/r)}$ $\times \left(1 - \dfrac{1}{3}\cos^2\phi - \dfrac{1}{2}\sin^2\phi\right)\cos\phi \cdot w_s \cdot S_V$ (6.51)

여기서,

p_{rw} : 슬로싱에 의해 측벽에 작용하는 변동수압(kgf/㎠)

y : 바닥판으로부터의 거리(cm)

ω_s : 고유원진동수 $2\pi/T_s$(rad/sec)

S_V : 속도응답스펙트럼 값(cm/sec)

ρ : 단위체적중량(kgf · sec2/cm4)

D_s : 구조특성계수에 해당하는 계수 0.5

p'_{rws} : 슬로싱에 의해 내부 칸막이벽에 작용하는 기준변동수압(kgf/㎠)

p_{rws} : 슬로싱에 의해 내부 칸막이벽에 작용하는 설계변동수압(kgf/㎠)

l_n : 측벽-내부 칸막이 벽 간 길이의 1/2(cm, n=1, 2)

r : 반경(cm)

ϕ : x 좌표축으로 하는 각도(rad)

6.7 내용물 하중(F)

내용물에 의한 정수압은 장기하중으로 취급한다. 정수압은 식 (6.52)에 따라 산정한다. 여기서, p_s는 정수압(kgf/㎠), y는 수면에서의 깊이(m)로서, 내용물의 최고수위는 물탱크 바닥에서 넘치는 수위까지의 높이로 한다.

$$p_s = 0.1 \times y \tag{6.52}$$

6.8 적설하중(S)

물탱크 옥상 위의 적설하중 S는 단기 하중으로 취급한다.

6.8.1 일반적 적설하중
적설하중은 일반적으로 다음 식 (6.53)에 의한 구할 수 있다.

$$S = p_s \times Z_S \times E \times R \times I_K \times I_S \tag{6.53}$$

1) 평균단위중량 p_s

눈의 평균단위중량 p_s 은 지상적설깊이 Z_S(cm)에 따라 표 6.12로 구할 수 있다. Z_S는 물탱크 시공 지점에 있어서의 눈의 관측자료에 따라 구하는 것을 원칙으로 한다.

표 6.12 눈의 평균 단위중량

지상적설 깊이 Z_S (cm)	전국 평균 적설하중 p_s (kgf/m2/cm)
50 이하	1.0
100	1.5
200	2.2
400	3.5
700 이상	4.5

2) 환경계수 E

환경계수 E는 통상 1.0이나 바람으로 낙엽 등이 쌓인 곳에서는 1.0 이상으로 한다. 바람 및 일사광선이 강한 곳, 제설장치를 설치한 경우에는 0.5를 하한으로 환경계수 E를 줄일 수 있다.

3) 옥상구배계수 R

물탱크 옥상구배가 25° 이하일 때는 $R=0.9$, 옥상구배가 60° 이상인 경우에는 $R=0$, 옥상구배가 중간일 경우에는 직선보간법으로 구해진다.

4) 중요도계수 I_K, I_S

설치될 건축물과 물탱크의 용도에 따른 중요도에 따라 결정된다. I_K는 건축물의 용도에 따른 중요도계수(표 6.13 참조)이고, I_S는 지진 외의 하중을 고려할 때 물탱크의 용도에 따른 중요도계수(표 6.14 참조)를 의미한다. 표 6.13에서 극히 중요한 건축물 혹은 그 부분이란, 재해 시 다수의 인명에 손상을 줄 위험이 있는 건물, 긴급피난의 거점이 되는 병원, 학교 등인 건물, 그 파손이 주위에 피해를 미칠 위험물을 수장하고 있는 건물, 공공의 목적을 위해 기능 유지가 필요한 건물, 고층건축물을 의미하는 것이다.

표 6.13 건축물의 용도에 따른 중요도계수 I_K

건축물의 용도	I_K	재현기간
극히 중요한 건축물 혹은 그 부분	1.00	300년
일반 건축물	0.85	100년
가설건축물(공장현장사무소, 박람회건축물, 가설점포 등)	0.75	25년

표 6.14 물탱크의 용도에 따른 중요도계수 I_S

중요도계수	물탱크의 용도
1.0	(1) 방화, 방재용수 　　건축기준법, 소방법에 따라 설치된 소화용수, 발전기 냉각수 등 (2) 음료용수 (3) 긴급의료용수
$\sqrt{0.5}$	상기 이외의 용수 (단, 저감계수를 곱하지 않아도 됨) (예) 청소용수, 공조용수

5) 그 외의 유의사항
① 제설을 확실히 실행하는 경우에는 S를 200(kgf/m²)까지 낮출 수 있다.
② 하중계산에 있어서 풍하중, 지진하중과의 조합을 고려하는 경우에는 적설기간이 1개월 미만의 경우에는 계수 0, 3개월 이

상의 경우에는 0.5, 그 중간의 경우에는 직선보간법에 의해 눈 하중을 줄일 수 있다.
③ 물탱크의 측벽에 접해서 다량의 적설(바람에 의해 쌓인)이 예상되는 경우에는 적설에 의한 측압의 영향을 고려할 필요가 있다.

6.8.2 표준설계용 적설하중

다설 지역을 제외한 일반지역에 설치하는 물탱크의 표준설계용 적설하중은 단기하중으로서 취급하여 식 (6.54)에 따라 산정할 수 있다. 다만 다설지역에 설치하는 경우에는 상기 6.7.1절에 의해 계산하고, 적설하중을 장기하중으로 보아 합산하여 단기하중으로 적재할 경우 및 지진 시에는 합산하여 설치지역에 따른 적설하중을 고려해야 한다.

$$S = 60 \, (kgf/m^2) \tag{6.54}$$

6.9 적재하중 P

적재하중 P는 천정에 재하되는 사람의 중량으로 하고, 이것이 천정부에 집중하중으로서 작용하는 것으로 하여 단기하중으로 취급하며, 표 6.15와 같다.

표 6.15 적재하중

물탱크 구조	적재하중 P (kgf)		
일체형	천정투영면적	$4㎡$ 이하	80
		$4㎡$ 초과	160
조립형	단위패널 1장당		80

6.10 고정하중 G

고정하중 G는 물탱크 본체 하중으로 하여 장기하중으로서 취급한다.

6.11 풍하중 W

옥외에 설치되는 물탱크에서는 풍하중을 고려해야하고, 단기하중으로 취급한다.

6.11.1 일반적 풍하중
물탱크 설계를 위한 풍하중은 다음 두 가지 관점에서 검토해야 한다.

1) 풍압력 분포(p)
물탱크 주위의 벽, 옥상 등의 각 부위를 박판구조로서 해석할 때에는 다음의 풍압력을 고려하여 해석한다.

$$p = C_p \times q \ (kgf/m^2) \qquad (6.54)$$

여기서, C_p : 풍압계수

q : 설계용 속도압(kgf/m) = $1/2 \rho U^2$ (ρ : 공기밀도, U : 풍속)

2) 풍하중(D)

물탱크 전체를 한 구조체로 보고 휨모멘트를 고려할 때, 혹은 부착용 기초, 받침대의 응력 계산을 할 때에는 바람 방향의 풍하중 D를 다음 식 (6.55)에 따라 산정한다.

$$D = C_D \times q \times A \ (kgf) \qquad (6.55)$$

여기서, C_D : 물탱크 전체의 항력계수

q : 설계용 속도압(kgf/㎡)

A : 수압면적(㎡)

C_p, C_D의 값은 물탱크 모형에 의한 풍동실험에 의해 구하는 것을 원칙으로 하지만, 실험에 의하지 않는 경우에는 다음의 값을 이용해도 좋다. 다만 물탱크 설비의 전면에 루퍼 등의 유효한 차단물이 있는 경우에는 해당 값에서 1/4을 넘지 않는 값을 감한 값으로 할 수 있다.

3) 속도압(q)

속도압 q는 설치장소, 수치, 용도에 따라 다음 식 (6.56)으로 구할 수 있다.

$$q = q_o \times Z_w \times L \times I_K \times I_S \, (kgf/m^2) \qquad (6.56)$$

① 기준 속도압(q_o)

높이에 따라 표 6.16에 나타낸 값을 취한다. 표 6.16의 E는 환경계수로 해안 부근, 철벽 위 등 바람이 강해지는 곳에서 1.0 이상, 특히 해안에 직면하는 곳에서 1.2 이상, 시가지나 삼림 등에서는 0.5를 하한으로 줄일 수 있다.

표 6.16 기준 속도압 q_o

높이 h(m)	q_o(kgf/m²)
0~10	$120E$
10~30	$120E + 8(h-10)$
30~230	$120E + 160 + (h-30)(340 - 120E)/200$
230 이상	500

2) 수압면 계수(L)

수압면 계수 L은 표 6.17에 나타낸 값을 사용한다.

표 6.17 수압면 계수

수압면의 최대 길이(m)	5 이하	10	20	50 이상
수압면 계수 L	1.2	1.0	0.9	0.8

3) 중요도계수 I_K, I_S

설치되는 건축물의 중요도에 따라 표 6.13 및 표 6.14를 참고하여 산출한다.

[산출예]

시가지의 고층 병원(h=25m)의 옥상에 설치될 10m의 사각형 물탱크인 경우

$q_o = 120E + 8(h-10)$ = 120×0.8+8(25-10) = 216(kgf/㎡)

Z_w = 0.85

L = 1.0

$I_K \cdot I_S$ = 1.0 × 1.0 = 1.0

∴ q = 216 × 0.85 × 1.0 × 1.0 = 184 (kgf/㎡)

4) 풍압계수(C_p)

풍압계수 C_p는 물탱크의 주방향, 높이 방향, 장소에 따라 다른 것이 일반적이나 원통형 물탱크와 사각형 물탱크는 높이 방향에 일정하다고 가정하여 산정한다.

① 원통형 물탱크 주위의 풍압분포

원통형 물탱크 주위의 풍동 실험치는 그림 6.12와 같다. 난류 박리

상태를 고려한 경우는 그림 6.12의 쇄선으로 나타낸 바와 같고, 쉘 (Shell) 해석을 위해 풍압계수 C_p는 식 (6.57)에 의해 산정할 수 있다.

$$C_p = 1/16(-14 + 5\cos\theta + 18\cos2\theta + 7\cos3\theta) \qquad (6.57)$$

공기 흐름에 직각 방향으로 편평화를 일으켜 굽힘 응력이 클 것으로 예상되는 A, C 점의 응력을 검토할 때에는 비점성 완전유체를 고려한 이론값 즉, 그림 6.12의 실선으로 하여 식 (6.58)을 사용해도 무방하다.

$$C_p = 1/16(-14 + 5\cos\theta + 18\cos2\theta + 7\cos3\theta) \qquad (6.58)$$

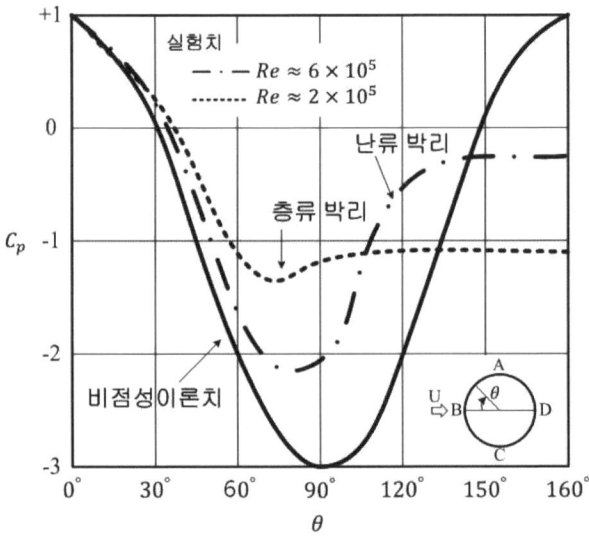

그림 6.12 풍압분포도

② 사각형 물탱크 주변의 풍압분포

사각형 물탱크의 각 면에 작용하는 풍압은 그림 6.13에 나타낸 것처럼 각 면에서 일정하다고 판단하고 설계한다.

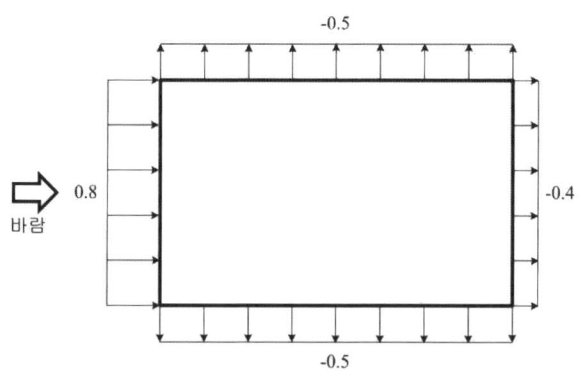

그림 6.13 사각형 물탱크 주위의 풍압 분포

③ 구형 물탱크 주위의 풍압분포

구형 물탱크 주위의 풍압은 그림 6.14에 나타낸 바와 같다.

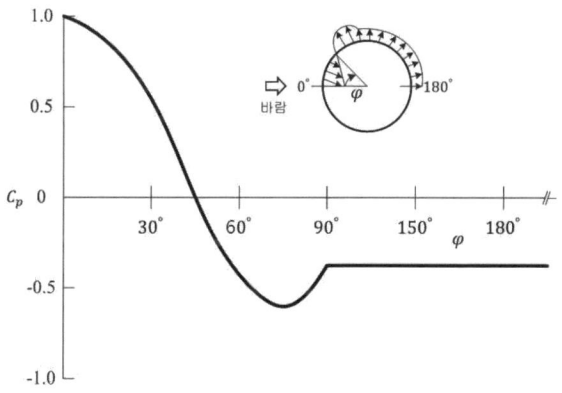

그림 6.14 구형 물탱크 주위의 풍압 분포

④ 물탱크 옥상에서의 풍압계수(C_p)

원통형 물탱크, 사각형 물탱크가 건축물 옥상에 설치되는 경우 지붕에 작용하는 풍압과 동일하게 위로 작용하는 풍압은 그림 6.15에 나타낸 바와 같고, 이는 식 (6.59)에 따라 구할 수 있다.

$$C_p = -0.8 \tag{6.59}$$

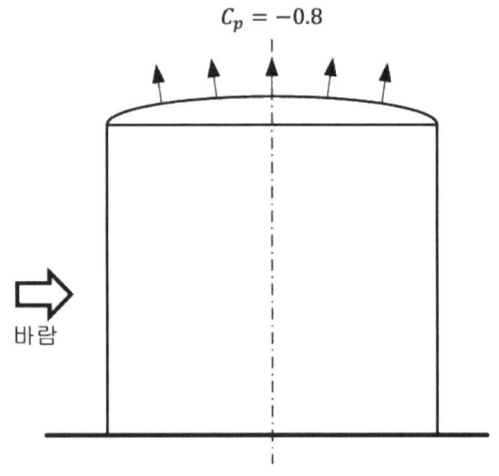

그림 6.15 지붕에 작용하는 위쪽 방향의 풍압

5) 저항계수 C_D

물탱크 전체를 일체로 보았을 때 공기방향의 저항계수 C_D는 물탱크 형상에 따라 다음의 계수 값으로 한다.

$$\text{원통형 물탱크: } C_D = 0.7 \tag{6.60}$$
$$\text{사각형 물탱크: } C_D = 1.2 \tag{6.61}$$
$$\text{구형 물탱크: } C_D = 0.5 \tag{6.62}$$

6.11.2 표준 설계용 풍하중

표준적인 물탱크 설계를 위한 구조계산기준으로서의 풍압력(w)과 풍하중(W)은 물탱크의 형상별로 6.10.1절에 기술한 일반적 풍하중 계산법에 기반하며, 표 6.18에 나타낸 것처럼 정하고 있다.

표 6.18은 물탱크를 설치장소별로 지상설치의 물탱크의 경우, 건물 옥상 등에 설치한 물탱크 경우로 구분하여 지반면에서의 높이 H=65m로 해서 풍하중을 산정한 것이다. 따라서 실제의 물탱크 설치 장소에 있어서의 풍압력 및 풍하중이 표 6.18과 다른 경우에는 6.10.1절의 일반적 풍하중에서 기술한 계산법에 기반하여 검토하여 물탱크의 설계를 실시해야 한다. 표 6.18에서 A는 수압견부면적(㎡)을 의미한다.

표 6.18 표준설계용 하중

물탱크 형상	물탱크 부위	풍압력 p (kgf/㎡)		풍하중 D (kgf)	
		설치 장소		설치 장소	
		지상	옥상	지상	옥상
구형	물탱크 주변	120	320	60 x A	160 x A
원통형	물탱크 주변	120	320	84 x A	225 x A
	천 정	-96	-255		
사각형	물탱크 주변	96	255	144 x A	385 x A
	천 정	-96	-255		

제7장 물탱크의 구조계산법

7.1 일반사항

7.1.1 물탱크 구조의 개요

패널 조립식 사각형 물탱크는 미리 성형된 단체수치(2m×1m, 1.5m×1m, 1m×1m 등)의 단위패널에 패킹 또는 게스켓 등의 실링재를 사이에 두고 볼트 또는 용접 방식으로 접합하여 측면, 바닥면, 천정면으로 구성하는 물탱크이다(그림 7.1 참조). 패널의 평면부분은 스팬(Span)이 크므로 평판 상에서는 수압을 굽힘만으로 부담하는 것은 불충분하기 때문에 면내력에도 충분하도록 강도를 지닌 얇은 쉘(Shell) 혹은 비드(Bead)를 가진 면형상이 쓰이고 있지만 이것은 각 제조사에 따라 다르다. 패널의 접합은 패널 주위에 설치된 플랜지들을 볼트 또는 용접으로 결합하여 실시한다. 각 패널의 십자모양 접합부에는 그림 7.2에 나타낸 것처럼 결합부품을 사용하여 패널플랜지 보강부의 굽힘 강성이 증강되도록 한다.

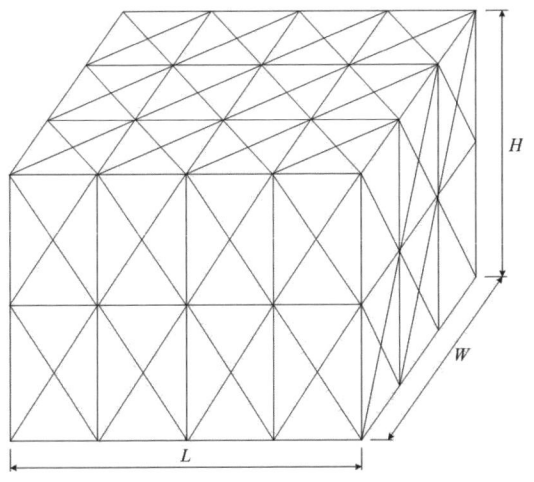

그림 7.1 사각형 물탱크의 외관

  패널 접합부의 플랜지 보강에는 그림 7.2와 같이 강재가 많이 사용된다. 그림 7.2(a)는 내부 보강방식의 예이고, 그림 7.3에 나타낸 것처럼 물탱크의 내부에 측면과 저면의 사이에 브레이스(Brace)라고 불리는 대각선재, 측면과 측면 사이에는 스테이 혹은 타이로드(Tie Rod)라고 불리는 수평재가 보강재로써 사용된다. 그림 7.2(b)는 외부 보강방식의 예이며, 물탱크의 바깥쪽에 저부에서 천장에 이르기까지 패널플랜지에 맞춰서 보강재가 결합된다.

  통기구는 지진시에 슬로싱에 의해 발생하는 부압방지를 위해 천정 가장자리 근처에 배치한다. 또한 맨홀의 뚜껑은 지진시에 슬로싱에 의해 발생하는 충격압력에 의해 파손되더라도 천정판의 강도에는 영향을 미치지 않는 구조로 하는 것이 바람직하다.

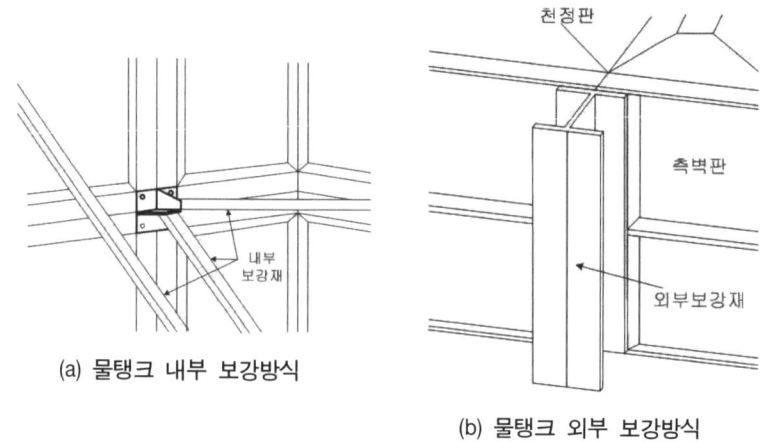

(a) 물탱크 내부 보강방식

(b) 물탱크 외부 보강방식

그림 7.2 물탱크 보강방식의 형태

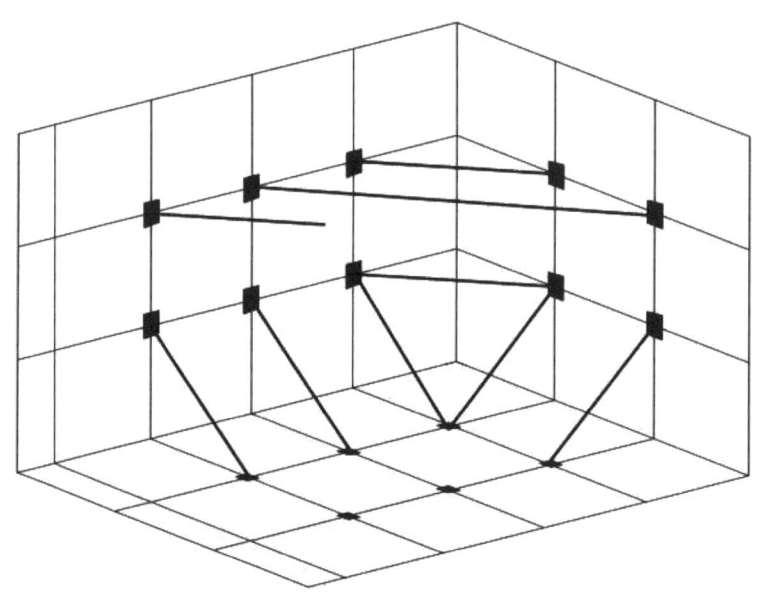

그림 7.3 물탱크 내부의 측벽면 보강 예

7.1.2 구조의 모델화

1) 구조전체에 대한 고찰 방법

내부 보강방식의 패널조립식 사각형 물탱크는 패널플랜지의 접합부를 일종의 선재로 보고 내부의 보강재, 브레이스, 타이로드로 구성된 골조 구조로서 모델화할 수 있다. 같은 방식의 외부 보강방식의 물탱크는 외부의 보강재와 가대 및 천정부분에 부착된 보강재로 구성된 골조구조로서 모델화할 수 있다. 작용하는 외력에 대해서 전체로서 저항하는 것은 주로 골조구조이며, 패널은 수압 등의 면외 하중을 이 골조구조에 전달하는 기능을 가진다.

2) 보강재에 대한 고찰 방법

지진하중 등에 의한 비대칭 하중이 작용한 경우의 측벽에서의 면전단하중에 대해서는 패널면 및 물탱크 내부에 설치된 브레이스 혹은 물탱크 외부에 설치된 보강재가 받는 것으로 한다. 이 경우 브레이스 혹은 외부보강재가 저면 가대에 접합되어 있어야 저판의 들림 방지 혹은 강성의 향상 및 수평력 분담 등이 가능하다.

3) 패널플랜지 접합부에 있어서의 고찰 방법

측벽 패널의 플랜지 접합부는 축력, 굽힘을 분담하는 주요한 구조요소이다. 플랜지 부분, 패널면의 유효 폭 부분 및 보강강재가 일체가 되어 거동하는 일종의 합성보로서 고려한다. 또한 저면 패널은 저면 가대에 힘을 전달하는 기능을 하고, 내압강도만을 고려하며 플랜지 부분의 굽힘 강성은 고려하지 않는다. 저면 가대에 대해서는 지점을 갖는 연속보로서 본다.

4) 천정면 패널의 보강에 대한 고찰 방법

그림 7.4에 천정면 보강의 일례로서 천정보와 기둥의 조합구조를 나타낸다. 이외에도 천정보강의 구조로서 천정보강 로드와 브레이스의 조합이나 우각부 보강 등이 있다. 이것들은 측벽면의 보강재와 동일하게 골조구조로서 모델화할 수 있다. 천정 보강의 목적은 천정면에 작용하는 적설하중 및 적재하중 이외에도 지진시의 슬로싱에 의한 변동수압에도 견디는 구조로서 고려한다.

5) 패널 십자모양 접합부에 대한 고찰 방법

구조의 모델화에 있어서는 패널 십자모양 접합부의 상대적 회전에 대한 강성을 어떻게 평가할 지에 따라 계산방법이 달라진다. 그림 7.5(a), 그림 7.5(b)는 강성이 기대되는 경우이며, 그림 7.5(c)는 강성이 기대되지 않는 경우이다. 그림 7.5(a)는 패널의 내외에 판을 덧붙여서 굽힘이 전달되도록 한 접합형식이며, 그림 7.5(b)는 패널플랜지의 바깥쪽에 플랜지부와 일체가 되도록 보강재가 덧붙여져 합성보로서 작용하도록 하는 형식이다. 그림 7.5(c)는 덧붙임 판이 바깥쪽에만 설치되어 굽힘의 전달이 충분히 되지 않는 형식이다. 그래서 다음의 두 가지 경우에 따라 계산방법을 나누는 것이 타당하다.

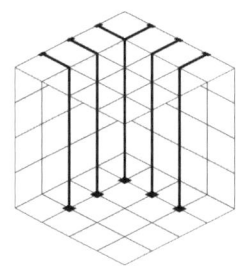

그림 7.4 물탱크 천정면 보강 예

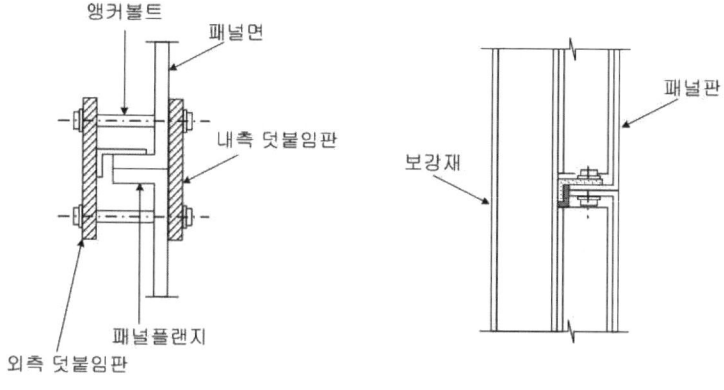

(a) 강성이 기대되는 경우   (b) 강성이 기대되는 경우

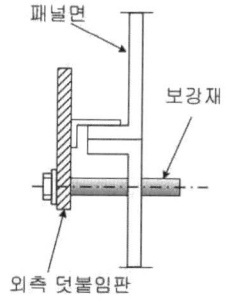

(c) 강성이 기대되지 않는 경우

그림 7.5 패널 십자모양 접합부의 사례

패널 십자모양 접합부의 회전강성이 기대되는 경우에는 패널플랜지 부분을 연속보로 보고 그것과 브레이스 및 타이로드에 의해 구성된 골조구조로 해도 무방하다(그림 7.5(a) 및 그림 7.5(b) 참조).

패널 십자모양 접합부의 회전강성이 기대되지 않는 경우에는 패널 플랜지 부분을 각 끝단에서 지지된 단순보로 간주하고 그 끝 부분에 브레이스를 접합하여 구조상 불안정하지 않도록 한다. 특히 이 형식에서 타이로드만을 보강재로 사용하는 것은 바람직하지 않다(그림 7.5(c) 참조). 여기서 십자모양 접합부의 강성에 대해 모델을 사용하여 설명했지만, 회전강성에 대해서는 실험적 검증이 필요하다.

7.1.3 제원기호의 설명

1) 물탱크 수치

　W : 물탱크의 폭(내수치)

　L : 물탱크의 길이(내수치)

　H : 물탱크의 높이(측벽외수치)

　L_B : 부착 볼트의 중심간 거리

　h : 수위

　l : 수평진도 입력 방향의 물탱크 길이의 반(l_w=W/2, l_L=L/2)

　W : 폭 방향

　L : 길이 방향

　l_p : 패널의 외형수치

2) 하중

　p_s : 정수압

　p_w : 측면에 걸리는 변동수압

　p_b : 저면에 걸리는 변동수압

　p_B : 내압시험시의 파괴압력

$p_{s,w,b}$: 보에 작용하는 분포하중

F, T, V : 부재에 작용하는 축력 혹은 전단력

Q : 수평력(FH)

M : 전도모멘트 혹은 굽힘모멘트

b : 해당부재가 부담하는 하중의 폭

3) 부재단면

A : 단면적

b_m : 판 요소의 유효 폭

I : 단면2차모멘트

Z : 단면계수

7.2 하중의 산정

7.2.1 가속도응답하중

1) 설계용 수평지진하중을 구한다.
2) 수평진도(k_H) 및 속도응답스펙트럼 값(S_V)은 물탱크의 중요도 및 설치장소에 따라 표 6.2에 의한다.
3) 측벽 및 저면에 작용하는 변동수압(p_w, p_b)은 표 6.6의 식 (6.12)~식 (6.14)에 의해 계산한다.
4) 중간 칸막이벽에 작용하는 변동수압(p_{ws})은 표 6.6의 식 (6.15)~식 (6.19)에 의해 계산한다.
5) 내용물의 유효중량(W)는 식 (6.23)으로 구한다. 여기서 계수

α_T는 표 6.7의 식 (6.24), 식(6.25)로 계산한다.

6) 작용점 높이(h_{OG})는 식 (6.29)로 구한다. 여기서 계수 β_T는 표 6.8의 식 (6.30), 식(6.31)으로 계산한다.

7) 연직지진하중(F_V)는 식 (6.35)로 구한다.

7.2.2 슬로싱 응답하중

1) 1차 슬로싱 고유주기(T_S)는 식 (6.36)에 의해 구한다.
2) 설계용 속도응답스펙트럼 값(S_V)은 표 6.5의 기준에 의해 구한다.
3) 천정벽에 작용하는 변동수압(p_r)은 식 (6.38)에 의해 계산한다. 파고 및 기준변동수압은 표 6.7의 식 (6.41)~식 (6.43)에 의해 계산한다.
4) 측벽 및 중간 칸막이벽에 작용하는 변동수압(p_{rw}, p_{rws})은 표 6.11의 식 (6.47)~식 (6.50)에 의해 계산한다.

7.2.3 기타 하중

1) 정수압은 식 (6.52)에 의한다.
2) 적설하중(S)는 일반지역에서는 식 (6.54)에 의하고, 다설지역에서는 식 (6.53)에 의하여 계산한다.
3) 풍압력 및 풍하중은 표 6.18의 사각형 물탱크의 값을 사용한다.

7.3 내부 보강방식의 응력, 변형 등의 산정

7.3.1 응력, 변형 등의 산정

1) 패널의 내압에 대한 강도

패널의 형상은 다양하고 복잡하여 간단한 계산으로 응력, 변형을 구하는 것은 쉽지 않다. 따라서 패널의 강도는 내압부하시험에 의해 확인하는 것이 바람직하다. 단, 유한요소법 등 충분히 정밀도가 좋은 계산이 가능한 경우에는 계산에 따라 구해도 무방하다.

2) 패널 플랜지 접합부의 단면계수

① 유효 폭의 산정

벽면을 골조구조체로 보는 경우에는 패널플랜지 접합부를 다음에 기술하는 유효 폭을 사용하여 선재화한다.

$$\frac{b_m}{2} = \frac{0.317}{(3-\nu)(1+\nu)-0.0235(1+\nu)^2} l_p \tag{7.1}$$

여기서, l_p : 패널의 폭 수치(cm)
ν : 패널 재료의 포아송 비율

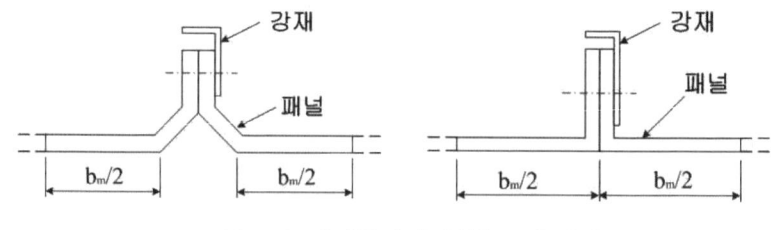

그림 7.6 패널플랜지 부분 유효단면

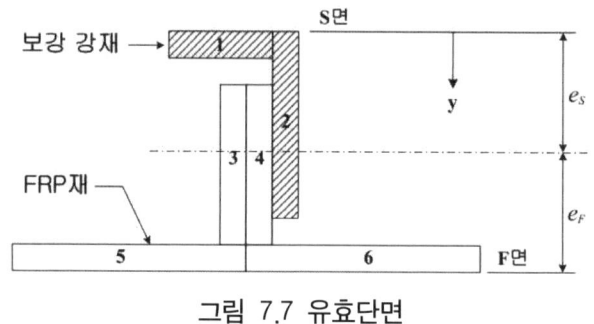

그림 7.7 유효단면

2) 플랜지 부분 단면성능의 산출

패널플랜지 부분은 패널 재료와 보강강재의 사이에 미끄럼이 없다고 가정하고, 일종의 합성보로서 단면성능을 산출한다. 그림 7.7과 같이 유효단면을 몇 개의 단형부분으로 분할하여 각각의 폭을 b_i, 높이를 h_i, 탄성율은 E_i로 한다.

중립축(그림 7.7의 점선)의 위치는

$$e_s = \frac{\sum E_i A_i y_i}{\sum E_i A_i} \tag{7.2}$$

여기서, y_i : S 면에서 각 단면의 중심까지의 거리(cm)

A_i: 각 단면적 $A_i = b_i h_i$(cm²)

중립축에 관한 단면2차모멘트

$$I_i = A_i(e_s - y_i)^2 + I_{oi} \tag{7.3}$$

여기서, I_{oi}: 각 단면의 중심에 관한 단면2차모멘트 $\left(I_{oi} = \dfrac{b_i h_i^3}{12}\right)$(cm⁴)

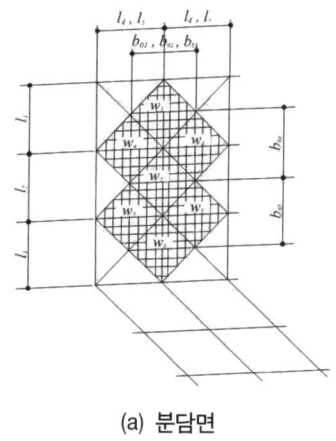

(a) 분담면

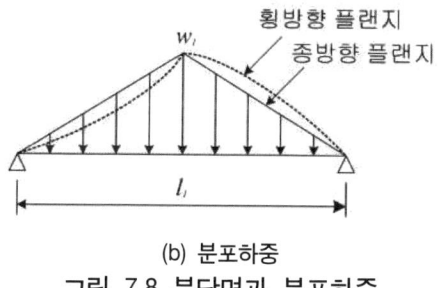

(b) 분포하중

그림 7.8 분담면과 분포하중

모든 단면의 굽힘 강성

$$(EI) = \sum E_i I_i \tag{7.4}$$

S 면에 있어서의 단면계수(보강강재)

$$Z_s = \frac{\sum E_i I_i}{E_1 e_s} = \frac{\sum E_i I_i}{E_s e_s} \tag{7.5}$$

F 면에 있어서의 단면계수

$$Z_F = \frac{\sum E_i I_i}{E_{5,6} e_F} = \frac{\sum E_i I_i}{E_F e_F} \tag{7.6}$$

3) 패널플랜지 부분, 브레이스 등의 주요 골조에 작용하는 하중

① 패널플랜지 부분에 작용하는 분포하중

측벽의 패널플랜지 부분은 종·횡으로 격자형태의 보(Beam)로서 고려되기 때문에 그림 7.8에 나타낸 것처럼 각각 마름모 모양의 하중을 분담하는 것으로 한다. 각각 패널플랜지 부분의 분포하중은 삼각형 분포에 근접하고 있다.

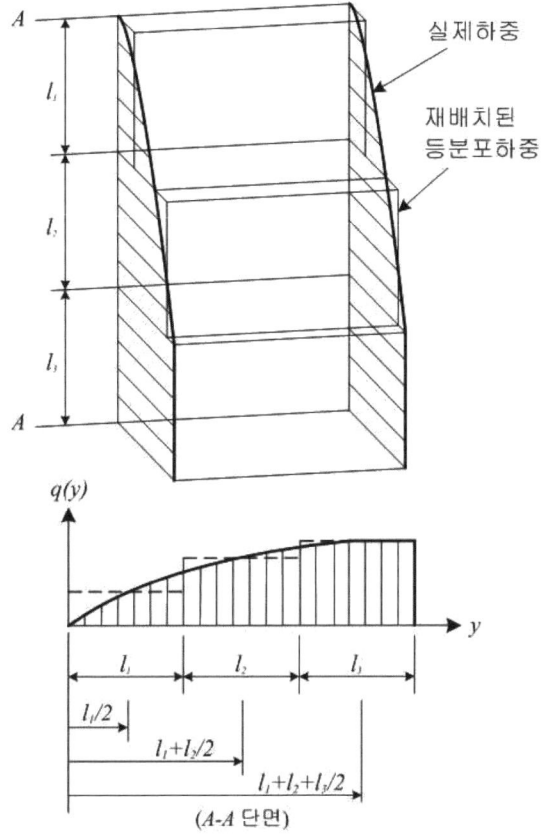

그림 7.9 실제의 분포하중의 재배치

w_j는 플랜지 중앙의 단위하중으로 다음 식 (7.7)으로 산출한다.

$$w_j = p_j \times b_{oj} \tag{7.7}$$

여기서, p_j : 플랜지 중앙에 있어서의 수압(kgf/cm²)

b_{oj} : 하중분담 폭(cm)

또한, 위에 기술한 간단한 방법 이외에 다음의 해석적인 방법으로 분포하중을 구해도 좋다.

② 해석적 방법에 의한 분포하중의 구하는 법

이 방법은 패널을 단순지지평판으로 간주하고, 주어진 분포하중에 의해 발생하는 지지반력을 보에 작용하는 분포하중으로 하는 것이다. 여기서 패널에 주어지는 하중은 그림 7.9와 같이 정수압, 변동수압을 각 패널 마다 동일 분포하중으로 본다. 그림 7.9를 참고로 실제의 분포하중이 $q(y)$으로 주어진 경우, 각각의 패널에 걸리는 분포하중 q_j를 다음 식 (7.8)로 구한다.

$$q_j = q\left(\sum_{k=1}^{j-1} l_k + l_j/2\right) \tag{7.8}$$

여기서, l_k: 각 패널 수치(cm)

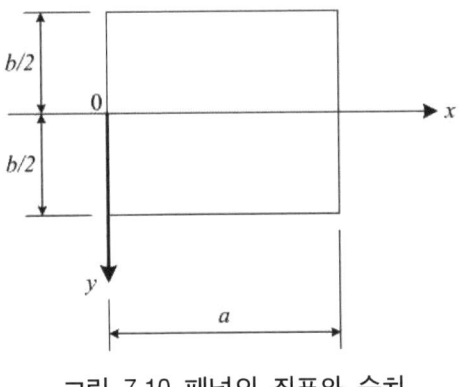

그림 7.10 패널의 좌표와 수치

패널 주변의 반력은 패널의 좌표계를 그림 7.10과 같이 취하면 다음 식으로 구할 수 있다.

$x=0$에 따른 반력:

$$(V_x)_{x=0} = \frac{q_j a}{2} - \frac{4q_j a}{\pi^2} \sum_{m=1,3,5}^{\infty} \frac{\cos\frac{m\pi y}{a}}{m^2 \cos\alpha_m}$$

$$+ \frac{2(1-\nu)q_j a}{\pi^2} \sum_{m=1,3,5}^{\infty} \frac{1}{m^2 \cosh^2\alpha_m}$$

$$\times (\alpha_m \sin\alpha_m \cos\frac{m\pi y}{a} - \frac{m\pi y}{a} \times \cos\alpha_m \sin\frac{m\pi y}{a}) \quad (7.9)$$

4 모퉁이의 집중반력:

$$R = \frac{4(1-\nu)q_j a^2}{\pi^3} \sum_{m=1,3,5}^{\infty} \frac{1}{m^3 \cos\alpha_m}$$

$$\times [(1+\alpha_m \tan\alpha_m) - \sin\alpha_m - \alpha_m \cos\alpha_m] \quad (7.10)$$

여기서, $\alpha_m = \dfrac{m\pi b}{2a}$

모퉁이의 집중반력(R)은 뒤에 기술하는 보의 지점반력에 가산할 필요가 있다. 또한, $y = \pm b/2$에 따른 반력은 x축, y축으로 치환함으로써 얻을 수 있다. 이로부터 보에 부여되는 분포하중은 접합되어 있는 근처의 패널로 부터 오는 것도 가산하여 다음 식 (7.11)로 나타낼 수 있다.

$$w_j = \sum_p [\frac{q_j a}{2} - \frac{4q_j a}{\pi^2} \sum_{m=1,3,5}^{\infty} \frac{\cos\frac{m\pi}{a}\left(y - \frac{l_{pj}}{2}\right)}{m^2 \cos\beta_m}$$

$$+ \frac{2(1-\nu)q_j a}{\pi^2} \sum_{m=1,3,5}^{\infty} \frac{1}{m^2 \cos^2\beta_m}$$

$$\times (\beta_m \sin\beta_m \cos\frac{m\pi}{a}\left(y - \frac{l_{pj}}{2}\right)$$

$$- \frac{m\pi}{a}\left(y - \frac{l_{pj}}{2}\right)\cos\beta_m \sin\frac{m\pi}{a}\left(y - \frac{l_{pj}}{2}\right))] \tag{7.11}$$

여기서, l_{pj} : 보의 스팬

a : l_{pj} 이외의 패널의 길이

$\beta_m = \dfrac{m\pi l_{pj}}{2a}$

$\sum_p$: 인근의 패널로부터 전달되는 하중을 가산한 것을 의미한다.

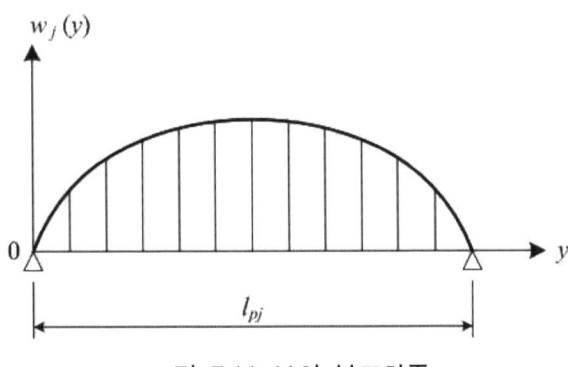

그림 7.11 보의 분포하중

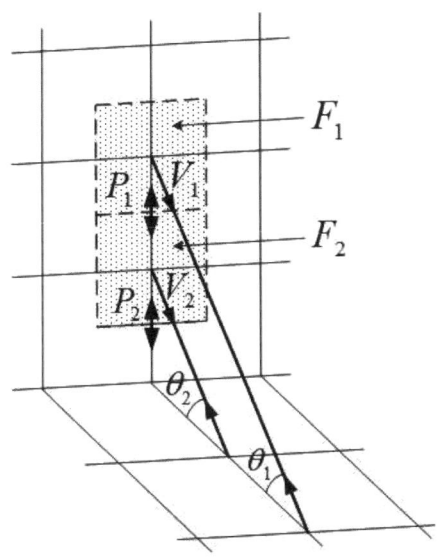

그림 7.12 브레이스에 작용하는 축력

③ 보강부재에 작용하는 축력

연속보로서 계산하는 경우에는 보강부재에 작용하는 축력은 지점반력에 해당하며, 그것은 굽힘모멘트에 따른 것이므로 나중에 기술하겠다. 본 절에서는 단순보로서 계산하는 경우이며 동시에 가장 간편한 식이다. 즉, 분포하중의 지점반력의 총계를 주어도 된다.

a) 브레이스에 작용하는 축력

그림 7.12의 사선 부분에 걸리는 하중 F_1, F_2가 브레이스에 작용하는 것으로 생각해도 무방하다.

$$\begin{cases} V_1 = \dfrac{F_1}{\cos\theta_1} \\ V_2 = \dfrac{F_2}{\cos\theta_2} \end{cases} \tag{7.12}$$

b) 플랜지 부분에 작용하는 축력

$$\begin{cases} P_1 = V_1 \sin\theta_1 \\ P_2 = P_1 + V_2 \sin\theta_2 \end{cases} \tag{7.13}$$

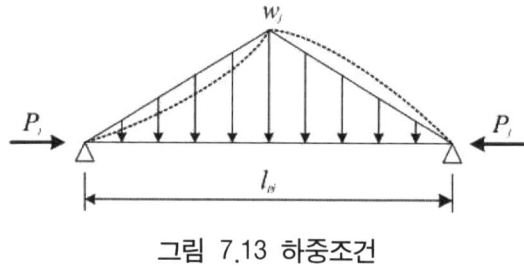

그림 7.13 하중조건

4) 주요 골조의 응력, 변형의 산정

① 패널 십자상 접합부에 회전강성이 기대되지 않는 경우

이 경우 그림 7.13과 같은 하중조건으로 최대 굽힘모멘트, 변위는 다음 식 (7.14), 식 (7.15)에 따라 구한다.

최대 굽힘모멘트:

$$M_j = \frac{w_j l_{pj}^2}{12} + P_j \delta_j \tag{7.14}$$

최대 변위:

$$\delta_j = \frac{1}{120} \frac{w_j l_{pj}^4}{(EI)_j} f(u_j) \tag{7.15}$$

$$\begin{cases} f(u_j) = \dfrac{7.5(\tan u_j - u_j)}{u_j^5} - \dfrac{2.5}{u_j^2} \\ u_j = \dfrac{l_{pj}}{2} \sqrt{\dfrac{P_j}{(EI)_j}} \end{cases} \tag{7.16}$$

또한, P_j 는 브레이스재로부터 오는 축력이고, 이것이 없는 경우에는 위 식 (7.16)에서 $P_j = 0$, $f(0) \rightarrow 1$로 한다. 함수 $f(u_i)$의 그래프는 그림 7.14와 같고, P_j는 좌굴하중 $P_{cr} = \pi^2 (EI)_j / l_{pj}^2$ 보다 작으므로 $f(u_i) = 1$이 된다.

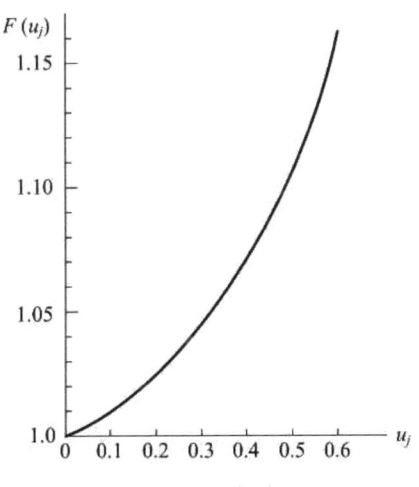

그림 7.14 함수 $f(u_j)$의 그래프

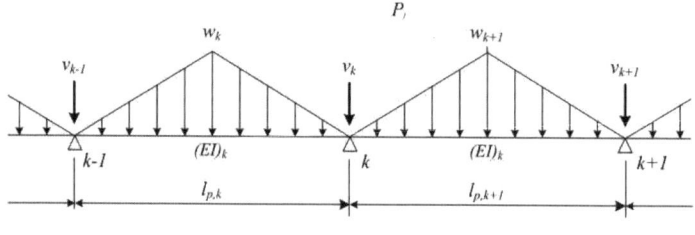

그림 7.15 하중조건

② 패널 십자형태 접합부에 회전강성이 기대되는 경우

이 경우 그림 7.15와 같은 하중조건으로 연속보로 간주한다. 그림 7.15에서 V_k는 대상으로 하는 보에 직교하는 보에서 오는 집중력이고, $(EI)_k$는 각 보요소(Beam Element)의 굽힘강성(kgf·cm^2), $l_{p,k}$ 각 보요소의 지지간격(cm)으로 한다. 그리고 각 지점 모멘트는 다음 식을 풀어서 얻을 수 있다.

$$M_{k-1}\frac{l_{p,k}}{(EI)_k} + 2M_k\left(\frac{l_{p,k}}{(EI)_k} + \frac{l_{p,k+1}}{(EI)_{k+1}}\right) + M_{k+1}\frac{l_{p,k+1}}{(EI)_{k+1}}$$
$$= -0.156\left(\frac{w_{k+1}l_{p,k+1}^3}{(EI)_{k+1}}\right) + \frac{w_k l_{p,k}^3}{(EI)_k} + \frac{w_k l_{p,k}^3}{(EI)_k} \quad (7.17)$$

여기서, 각 지점반력, 각 요소간의 굽힘모멘트는 다음 식과 같이 된다.

$$R_k = V_k + \frac{1}{4}(w_k l_{p,k} + w_{k+1} l_{p,k+1}) + \frac{M_{k-1} - M_k}{l_k} - \frac{M_k - M_{k+1}}{l_{k+1}}$$
$$(7.18)$$

$$(M_x)_k = (M_{x0})_k + M_{k-1}\left(\frac{1}{x/l_{p,k}}\right) + M_k(x/l_{p,k}) \quad (7.19)$$

여기서, $(M_{x0})_k$는 k 스팬에 주어진 분포하중에 의한 굽힘모멘트로 다음 식에 의한다.

$$(M_{x0})_k = \frac{w_k l_{p,k}^2}{12}\left[3\left(\frac{x}{l_{p,k}}\right) - 4\left(\frac{x}{l_{p,k}}\right)^3\right] \quad \left(0 \le x \le \frac{l_{p,k}}{2}\right)$$

$$(M_{x0})_k = \frac{w_k l_{p,k}^2}{12}\left[-1 + 9\left(\frac{x}{l_{p,k}}\right) - 12\left(\frac{x}{l_{p,k}}\right)^2 + 4\left(\frac{x}{l_{p,k}}\right)^3\right]$$

$$\left(\frac{l_{p,k}}{2} \le x \le l_{p,k}\right) \quad (7.20)$$

이 경우 식 (7.19)에서 구한 R_k에 의해 보강재의 응력산정을 할 수 있다.

③ 응력산정

상기 ① 혹은 ②에서 구한 굽힘모멘트와 단면계수를 사용하여 굽힘에 의한 발생응력을 다음 식으로 구한다. 이들의 값이 허용인장응력 및 허용압축응력 이하인 것을 확인한다.

$$\text{FRP} : (\sigma^F_b)_j = M_j / (Z_F)_j \quad (7.21)$$

$$\text{강재} : (\sigma^S_b)_j = M_j / (Z_S)_j \quad (7.22)$$

5) 측면의 전단응력의 산정

지진에 의해 발생하는 변동수압은 수압면을 사이에 두고 부분적으로 브레이스 및 저면, 이외에는 측면에서 하중을 받는다. 하지만, 타이로드의 경우는 저면과 측면에서 하중을 받는다고 생각한다. 여기서 저면에서 부담하는 하중은 보강방식에 의해 달라지므로 실험으로 확인하는 것이 바람직하다. 불명확한 경우에는 모두 측면에서 하중을 부담한다고 생각하지 않으면 안 된다. 이런 경우의 측면에 발생하는 전단응력을 다음과 같이 고려하여 산정한다.

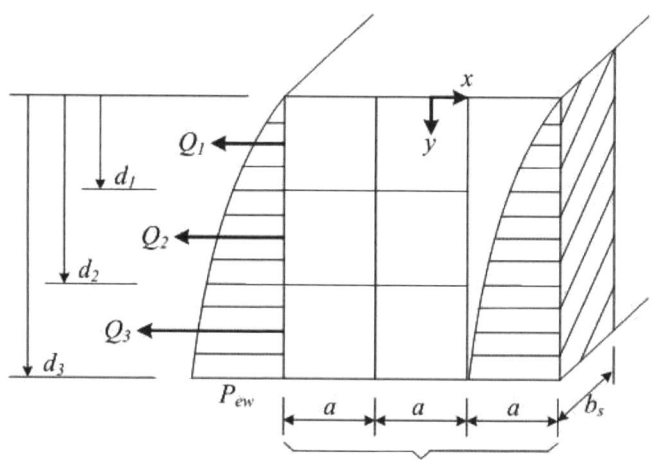

그림 7.16 변동수압에 의한 측면의 전단력(타이로드의 경우)

측면의 각 단에 Q_j의 전단력이 작용하는 것이라 고려하는 경우 이것은 다음 식 (7.23)으로 표현할 수 있다.

$$Q_j = 2b_s \int_0^{dj} p_{ew}(y)\,dy \qquad (7.23)$$

여기서, b_s는 수압면에 작용하는 변동수압으로서 측면에 작용하는 하중을 표현한 이른바 분담 폭(cm, 그림 7.16 참조)이고, d_j는 물탱크 상부에서의 제j층 마다의 거리(cm)이다.

브레이스 및 저면이 하중을 부담하는데 기여하는 경우에는 b_s는 필히 그림 7.16 처럼 되지 않는다. 이런 경우의 구체적 사례에 대해서는 그림 7.32를 참조하여 산정해야 한다. 측면 각 패널의 주위는 플랜지가 보강재로서의 역할을 하며, 패널 판은 전단응력을 부담하는 것이라고 생각하면 전단이론에 의해 각 패널의 전단응력은 다음 식 (7.24)로 구할 수 있다.

$$\tau_j = \frac{Q_j}{nat_j} \tag{7.24}$$

여기서, n : 측면 패널의 수평방향 장수
       a : 측면 패널의 1장의 수치
       t_j : 측면 각 층의 패널 판 두께

7.3.2 좌굴값의 산정

1) 주요골조의 좌굴

① 패널플랜지 부분의 좌굴
패널플랜지 부분에 작용하는 압축력(p_j)이 크게 된 경우에는 좌굴

발생 가능성에 대하여 검토해야 한다. 좌굴하중은 Euler 공식인 식 (7.25)에 의해 산정한다.

$$P_{cr} = \frac{\pi^2 (EI)_j}{l_{pj}^{\,2}} \tag{7.25}$$

여기서, $(EI)_j$: 플랜지 부분의 굽힘강성(kgf·cm^2)

l_{pj} : 플랜지 길이(cm)

또한, 식 (7.25)에 의해 산정된 좌굴하중 P_{cr}은

$$\frac{P_{cr}}{P_j\,[(식\ 7.13)]} \geq 안전율(F_2)에\ 따른다.$$

② 보강부재(브레이스)의 좌굴

브레이스에 작용하는 축력 V가 변동수압 등으로 압축력이 된 경우에는 좌굴의 검토를 필요로 한다. 좌굴하중은 Euler의 식에 의해 산정한다.

$$V_{cr} = \frac{\pi^2 EI}{l_b^{\,2}} \tag{7.26}$$

여기서, E : 부재의 종탄성계수(kgf/cm^2)

I : 부재의 단면2차모멘트(cm^4)

l_b : 브레이스의 길이 (cm)

또한, 식 (7.26)에 의해 산정된 좌굴하중 V_{cr}은

$$\frac{V_{cr}}{V_j\,[(\text{식 }7.13)]} \geq \text{안전율}(F_2)\text{에 따른다.}$$

2) 측벽의 전단좌굴응력

패널에 작용하는 전단응력은 통상 강도상 문제가 없다고 판단되나, 좌굴응력에 대해서는 검토할 필요가 있다. 패널은 사각 통 형태이므로 좌굴형태는 평판의 경우와 달라서 전단시험을 실시하는 것을 원칙으로 한다. 패널이 평판인 경우에는 일단 주변단순지지의 정방형판으로 생각했을 때의 전단좌굴응력은 식 (7.27)로 구한다.

$$\tau_{cr} = 7.68 \frac{E}{1-\nu^2}\left(\frac{t}{b}\right)^2 \tag{7.27}$$

여기서, b : 정방형 판의 한 변의 길이
t : 판 두께 (중앙부 최소 판 두께)

또한, 식 (7.27)에 의해 산정된 전단좌굴응력 τ_{cr}은

$$\frac{\tau_{cr}}{\tau_{\max}\,[(\text{식 }7.24)]} \geq \text{안전율}(F_2)\text{에 따른다.}$$

7.3.3 부착부 국부응력의 산정식

패널 조립 사각형 물탱크는 각각의 접합을 볼트로 하는 경우가 많아 특히 국부 응력에 대해서는 각각의 하중 상황에 유의하여 그 발생 응력의 검토를 실시한다. 여기서 부착 부분에 대해서 산정식

을 나타낸다. 부착부의 대표적인 예를 그림 7.17에 나타내었다.

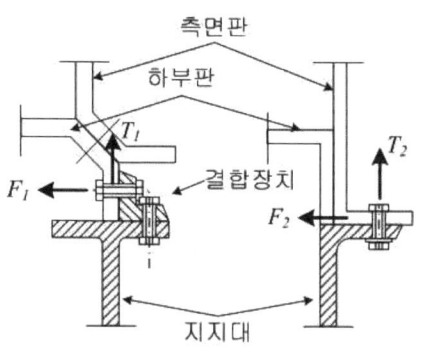

그림 7.17 부착부 일예

그림 7.17에서 F는 수평력에 의한 하중이고, T는 전도 하중을 의미한다. 그림 7.17의 경우 F_1에 의해 패널에 면외전단력이 발생하고, T_1에 의해 면압 응력이 발생한다. 반면에 그림 7.17에서 F_2에 의해 면압응력이 T_2에 의해 면외 전단응력이 발생한다. 그리고 면압응력 및 면외 전단응력은 다음 식 (7.28)과 식 (7.29)에 의해 산출할 수 있다.

$$\text{면압응력} : \sigma_B = \frac{T_1}{d_b t} \quad \text{또는} \quad \sigma_B = \frac{F_2}{d_b t} \tag{7.28}$$

$$\text{면외 전단응력} : \tau_t = \frac{F_1}{\pi d t} \quad \text{또는} \quad \tau_t = \frac{T_2}{\pi d t} \tag{7.29}$$

여기서, F, T : 볼트 1개 당 걸리는 하중
  d_b : 볼트 직경(cm)
  d : 워셔 직경(cm)

t : 해당 부분의 패널의 판 두께(cm)

τ_s는 면압강도(kgf/㎠)와 대비해서 강도를 확인한다. 볼트 중심에서 패널 연단까지의 거리는 $4d_b$ 이상으로 한다. $4d_b$ 이상이 되지 못하는 경우에는 실험에 의해 안전을 확인해야 한다. F, T는 식 (7.30)과 식 (7.31)에 의해 산출한다.

$$F = \frac{F_H}{0.7n} \tag{7.30}$$

$$T = \frac{1}{n_0}\left\{\frac{Wh_{0G}}{L} - (1-k_V)\frac{W_0}{2}\right\} \tag{7.31}$$

여기서, 0.7은 볼트에 의한 변형 할증계수이고, n은 볼트 개수, n_0는 전도모멘트에 따른 인장을 받는 볼트 개수, F_H는 수평력, Wh_{0G}는 수평력에 의한 전도 모멘트, $(1-k_V)\dfrac{W_0}{2}$는 물탱크 내부에 수용된 물에 의한 복원력 및 연직진도에 의한 전도 모멘트를 의미한다.

7.4 외부보강방식의 응력, 변형 등의 산정

7.4.1 응력, 변형 등의 산정식

1) 패널의 내압에 대한 강도

7.3.1의 1)절에 의해 산정한다.

2) 패널플랜지 접합부의 단면계수

7.3.1의 2)절에 의해 산정한다. 단, 외부보강재가 패널플랜지 부분에 맞춘 것일 때에는 합성보로 하지 않고, 별도 검토를 실시하거나 실험 등으로 단면계수의 산정을 하여야한다.

3) 패널플랜지 부분, 외부보강재 등의 주요골조에 작용하는 하중

① 패널플랜지 부분에 작용하는 분담면

외부보강재에 접합된 패널플랜지 부분은 일체의 보 구조로 고려되므로, 그림 7.18에 나타낸 것처럼 외부보강재의 설치 간극 간의 하중을 부담하는 것으로 한다.

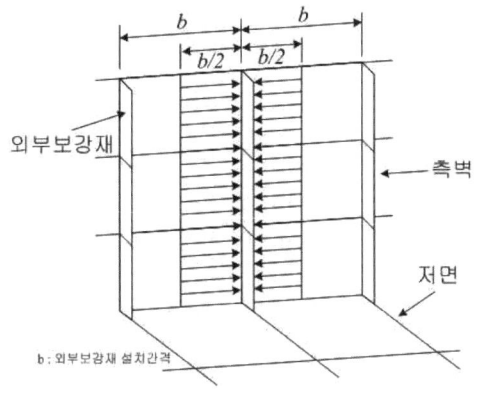

그림 7.18 분포 면과 분포 폭

② 측벽 및 내부 칸막이벽에 작용하는 변동수압 p_w는 표 6.6의 식 (6.12)~식 (6.13) 및 식 (6.15)~식 (6.19)를 간략화 하여 다음과 같은 분포하중으로 사용한다(그림 7.19 참조).

$h \leq 1.5l$ 인 경우(그림 7.19(a) 참조)

$$p_{w1} = \frac{\sqrt{3}}{6}\gamma k_H h \tan\left(\sqrt{3}\,\frac{l}{h}\right) \tag{7.32}$$

$$p_{w0} = \frac{\sqrt{3}}{2}\gamma k_H h \tan\left(\sqrt{3}\,\frac{l}{h}\right) = 3 \times p_{w1} \tag{7.33}$$

$h > 1.5l$ 인 경우(그림 7.19(b) 참조)

$$p_{w1} = \frac{9\sqrt{3}}{4}\gamma k_H h \left(1 - \frac{l}{2h}\right)\left(\frac{l}{h}\right)^2 \times \tan\left(\sqrt{3}\,\frac{l}{k}\right) + \gamma k_H l\left(1 - 3\frac{l}{h}\right) \tag{7.34}$$

$$p_{w0} = \gamma k_H l \tag{7.35}$$

또한, 저면에 작용하는 변동수압은 표 6.6의 식 (6.14)에 의해 계산하나, p_b의 최대치(p_{b0})는 식 (7.36)~식 (7.37)에 의해 따라 산정한다.

$h \leq 1.5l$ 의 경우

$$p_{b0} = \frac{\sqrt{3}}{2}\gamma k_H h \tan\left(\sqrt{3}\,\frac{l}{h}\right) \qquad (7.36)$$

$h > 1.5l$ 의 경우

$$p_{b0} = \frac{3\sqrt{3}}{4}\gamma k_H l \tan\left(\frac{2\sqrt{3}}{3}\right) \qquad (7.37)$$

4) 주요골조의 응력, 변형의 산정

외부보강재에 걸리는 하중은 그림 7.20과 같은 하중조건으로 치환하고, 보로서 식 (7.42)~식 (7.44)로 계산한다.

$$P_{w1} = p_{w1}b \qquad (7.38)$$

$$P_{w0} = p_{w0}b \qquad (7.39)$$

$$P_s = p_s b \qquad (7.40)$$

$$W_1 = P_{w1}\alpha H \qquad (7.41)$$

$$W_2 = \frac{(P_{w0} + P_s - P_{w1})\alpha H}{2} \qquad (7.42)$$

$$R_1 = W_1\left(1 - \frac{\alpha}{2}\right) + W_2\left(1 - \frac{\alpha}{3}\right) \qquad (7.43)$$

$$R_2 = W_1 \frac{\alpha}{2} + W_2 \frac{\alpha}{3} \tag{7.44}$$

$$M_{\max} = W_1 H \frac{\alpha}{2}\left(1 - \frac{\alpha}{2}\right)^2 + W_2 \frac{H}{3} \times \left(1 - \alpha + \frac{\sqrt[2]{3}}{9}\alpha^{\frac{3}{2}}\right) \tag{7.45}$$

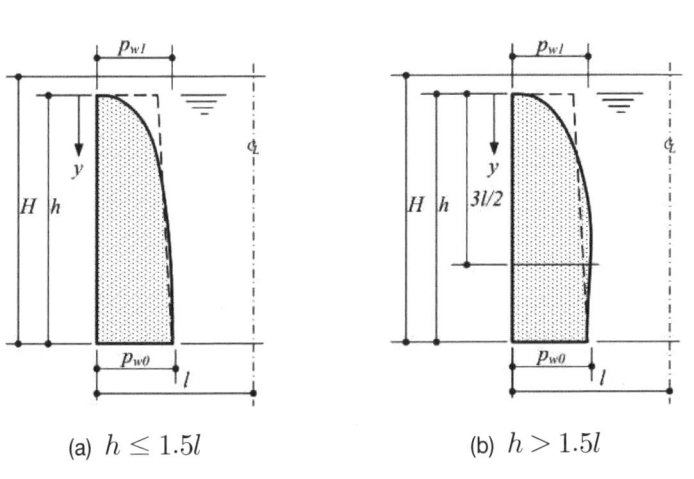

(a) $h \leq 1.5l$ (b) $h > 1.5l$

그림 7.19 Housner의 변동수압(실선) 및 설계 변동수압(점선)

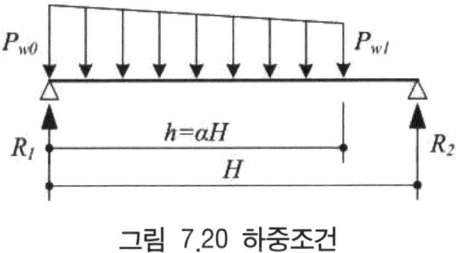

그림 7.20 하중조건

응력산정은 식 (7.43) 및 식 (7.44)에서 산출된 반력으로 외부보강재의 저면고정부(R_1에 의한) 및 천정면 고정부(R_2에 의한)의 응력산정을 실시한다. 또한 식 (7.45)에서 구한 휨모멘트와 단면계수를 사용하여 굽힘에 의한 발생응력을 식 (7.46)~식 (7.47)에서 구하고, 이들의 값이 허용인장응력 또는 허용압축응력 이하인 것을 확인한다.

FRP : $\left(\sigma^F{}_b\right)_j = M_j / \left(Z_F\right)_j$ (7.46)

강재 : $\left(\sigma^S{}_b\right)_j = M_j / \left(Z_S\right)_j$ (7.47)

5) 측면의 전단응력의 산정

지진에 의해 발생하는 변동수압은 수압면을 사이에 두고 외부보강재에 재하되고, 그 힘은 바닥면 및 천정면에 하중이 재하 된다. 천정면의 재하는 최종적으로 수압면과 직교한 측벽면에서 부담되게 된다. 또한 외부보강재와 측벽면 간격의 1/2이 그 측면에 직접 재하 된다. 바닥면 또는 가대로 부담하는 하중은 외부보강재의 저부 고정방법에 따라 다르므로 실험에 의해 확인하는 것이 바람직하다. 수압면 쪽의 물탱크의 폭에 따라 분담폭(b_s)이 바뀌므로 이 경우 측벽면에 발생하는 전단응력을 아래와 같이 고려하여 산정한다. 측면의 각 단에 Q_j의 전단력이 작용한다고 생각하면, 이는 다음 식으로 나타낼 수 있다.

$$Q_j = 2b_s \int_0^{dj} p_{ew}(y)\,dy \qquad (7.48)$$

$$b_s = B_s \times \frac{W}{2} \qquad (7.49)$$

여기서, b_s : 수압면에 작용하는 변동수압의 분담폭(cm)

B_s : 전단하중의 분담율로 표 7.1에 따름

d_j : 물탱크 상부에서의 j층까지의 거리(cm)

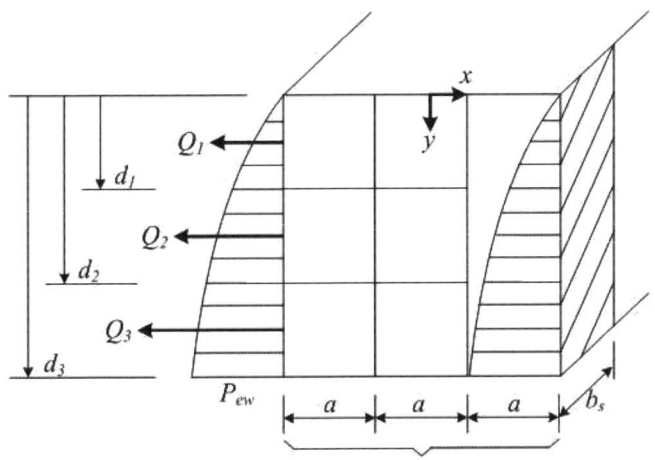

그림 7.21 변동수압에 의한 측벽의 전단

표 7.1 전단하중의 분담률 B_s

수압면의 물탱크 폭 W	B_s
3m 미만	0.6
3m 이상, 5 m 미만	0.5
5m 이상	0.4

측면 각 패널의 주변은 플랜지가 보강재로서의 역할을 수행하고, 패널 판은 전단응력을 부담한다고 생각하면 전단이론에 의해 각 패널의 전단응력은 다음 식 (7.50)으로 구할 수 있다.

$$\tau_j = \frac{Q_j}{nat_j} \tag{7.50}$$

여기서, n : 측면 패널의 수평방향 장 수

a : 측면 패널 1 장의 수치

t_j : 측면 각 층 패널의 판 두께

패널의 전단시험에 의해 산정된 전단파괴하중 $(Q_B) \times 0.7 \div$ 안전율 (F_1) 및 좌굴하중 $(Q_{cr}) \times 0.8 \div$ 안전율 (F_2) 은 식 (7.51)의 Q'_j 이상이어야 한다.

$$Q'_j = \frac{Q_j}{n} \qquad (7.51)$$

7.4.2 부착부 등 국부응력의 산정식

외부보강재가 물탱크와 고정되어 있는 경우 7.3.3절에 의해 산정한다. 외부보강재가 가대와 고정되어 있는 경우 고정 볼트에 발생하는 전단력과 인장력의 산정식은 식 (7.52), 식 (7.53)에 의해 구한다.

$$F_3 = \frac{F_H}{0.7n} \qquad (7.52)$$

$$T_3 = \frac{1}{n_0}\left\{\frac{W \times h_{OG}}{L_B} - (1-k_V)\frac{W_0}{2}\right\} \qquad (7.53)$$

여기서, F_H : 변동수압에 의해 발생하는 수평력

n : 모든 볼트 수

n_0 : 전도모멘트에 대해 인장을 받는 볼트 개수

$W \times h_{OG}$: 수평력에 의한 전도모멘트

$(1-k_V)\dfrac{W_0}{2}$: 물에 의한 복원력 및 연직진도에 의한 전도모멘트

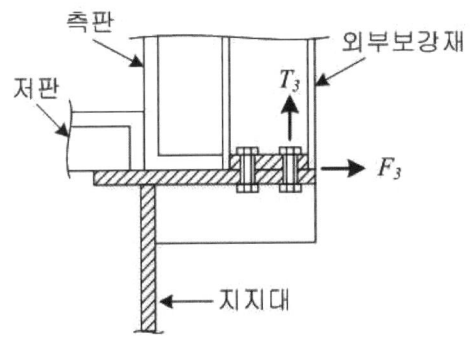

그림 722 외부보강방식에 따른 부착부 일예

7.5 슬로싱에 의한 응력의 산정식

7.5.1 천정면의 응력 산정식

1) 천정 패널의 내압에 대한 강도

패널의 강도는 내압 재하시험에 의해 확인을 실시하는 것으로 한다. 단, 유한요소법 등 충분히 정확도가 좋은 계산이 가능한 경우에는 유한요소법으로 구해도 무방하다.

2) 천정 패널플랜지 부분의 단면계수

슬로싱 응답에 의한 변동수압에 대해 그림 7.4에 나타낸 것처럼 천정면을 보강하는 방법이 있으나, 그것을 정리하면 아래와 같이 된다.

① 천정 패널의 판 두께를 늘리는 방법
② 천정 패널의 플랜지를 보강재 혹은 천정보 등으로 보강하는 방법
③ 천정 패널과 측벽 패널의 접합부를 보강재로 보강하는 방법 (우각부 보강 등)
④ 천정 패널의 플랜지 십자 모양 접합부를 기둥 혹은 브레이스 등으로 고정하여 보강하는 방법 등의 보강방법을 고려할 수 있으나 천정 패널 플랜지 부분의 단면계수를 구할 때의 유효 폭, 보강재의 단면계수 등은 7.3.1의 2절에 의한다.

3) 슬로싱 응답하중에 의한 천정면의 굽힘모멘트

슬로싱 응답에 의한 천정면 및 측벽 상부에 발생하는 변동수압 (p_r)이 천정면에 대해 그림 7.23과 같은 삼각형 형상의 하중분포이라 하면, 이때의 반력 (R_A, R_B) 및 굽힘모멘트 $(M_{\max})$는 식 (7.54)~식 (7.56)으로 구할 수 있다.

반력 :

$$R_A = \frac{P_r \cdot l_s}{6l_t}(3l_t - l_s) \tag{7.54}$$

$$R_B = \frac{P_r \cdot l_s^2}{6l_t} \tag{7.55}$$

굽힘모멘트 :

$$M_{\max} = \frac{P_r l_s^2}{6} - \frac{P_r l_s^3}{6l_t} + \frac{P_r l_s^3}{9l_t} \times \sqrt{\frac{l_s}{3l_t}} \tag{7.56}$$

$$P_r = p_r \times b \tag{7.57}$$

여기서, p_r : 슬로싱 응답에 의해 발생하는 변동수압

b : 변동수압이 작용하는 분담폭

l_s : 슬로싱의 변동수압이 천정면에 미치는 충격폭은 식 (7.58)에 의한다.

$$l_s = \frac{1}{6} \times L \tag{7.58}$$

여기서, l_t는 천정 패널 플랜지 부분을 보로 했을 경우 지지길이를 의미한다.

4) 응력의 산정

① 천정패널

그림 7.23과 같이 천정면에 삼각형 분포로 변동수압이 가해졌을 경우, 그 최대수압 (p_r)이 "패널 내압시험"에 의해 평가한 파괴강도

(p_s)로부터 구한 허용수압강도 이하임을 확인한다.

② 천정 패널의 접합부
천정 패널과 측벽 패널의 접합부에 대해서도 슬로싱에 의한 변동수압 (p_r)에 의해 발생하는 응력에 의해 접합볼트 부분의 지압강도 및 펀칭전단시험 등의 산정을 실시한다.

③ 천정 패널 플랜지 부분
그림 7.23과 같이 천정면에 삼각형 분포로 변동수압이 가해진 경우에 천정 패널 플랜지 부분이 부담폭 (b)으로 그 수압을 부담하는 것으로 하고, 천정 보의 굽힘모멘트는 식 (7.56)에 따라 계산한다. 이때 굽힘모멘트는 플랜지 부분의 단면계수로 나눔으로써 발생응력을 구하고, 이것들 값이 허용응력 이하임을 확인한다.

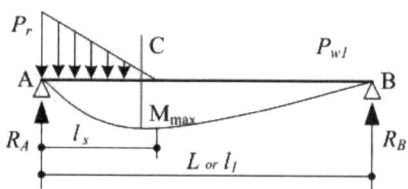

그림 7.23 천정벽에 작용하는 변동수압에 의한 분포하중

④ 기둥, 브레이스 등에 의한 보강
기둥, 브레이스 등으로 천정 패널 플랜지 부분을 지지하는 경우에는 그 지지 스팬까지 (l_t)를 줄일 수 있다. 단, 슬로싱에 의한 변동수압에 의해 기둥, 브레이스 등에 가해지는 응력 및 천정 패널과 기둥, 브레이스와의 접합부의 응력이 각 부재의 허용응력치 이하인

것을 확인한다.

7.5.2 측벽 및 내부 칸막이벽의 응력의 산정식

1) 측벽 및 내부 칸막이 벽 패널의 내압에 대한 강도

측벽 및 내부 칸막이 벽 패널에 작용하는 슬로싱에 의한 변동수압(p_{rw}, p_{rws})과 그 패널에 작용하는 정수압의 합계가 "패널 내압시험"에 의해 평가한 파괴강도(p_B)에서 구한 허용수압 강도 이하인 것을 확인한다.

2) 측벽 및 내부 칸막이벽 패널플랜지 접합부의 단면계수 7.4.1의 3)절에 의해 산정한다.

3) 패널플랜지 부분, 외부보강재 등의 주요 골조에 작용하는 하중

측벽 및 내부 칸막이 벽면에 작용하는 슬로싱에 의한 변동수압 (p_{rw}, p_{rws})을 대형분포에 치환하기 위해 간략화한 식 (7.59), 식 (7.60)으로 산출한 값을 사용하여 식 (7.43)~식 (7.45)에 의해 계산한다. 또한, 변동수압(p_{rw}, p_{rws})을 구하는 식 (6.47)~식 (6.50)을 적분하여 그 값을 사용하여 산정해도 무방하다.

$$p_{rw1} = \frac{5}{6} \gamma \, l \, \omega_s \, S_V \qquad (7.59)$$

$$p_{rw0} = \frac{5}{6} \gamma \, l \, \frac{\omega_s S_V}{\cos(\sqrt{5/2}\, h/l)} \qquad (7.60)$$

4) 주요 골조의 응력의 산정

7.4.1의 4)절에 의해 산정한다.

5) 측면 전단응력의 산정

7.4.1의 5)절에 의해 산정한다.

7.6 구조설계 예

7.6.1 구조개요

내부보강방식의 물탱크의 한 예로서 그림 7.24의 물탱크 수치에 대해서 구조설계를 실시한다. 내부보강형식은 브레이스로 한다.

7.6.2 설치조건

1) 건물구조 : 철골철근 콘크리트 10층
2) 건물용도 : 병원
3) 물탱크의 설치장소 : 1층
4) 물탱크 용도 : 상수용수 물탱크
5) 물탱크 수치 : 300cm$(W) \times$ 400cm$(L) \times$ 200(H), 용량 24㎥, 실효용량 21.6㎥

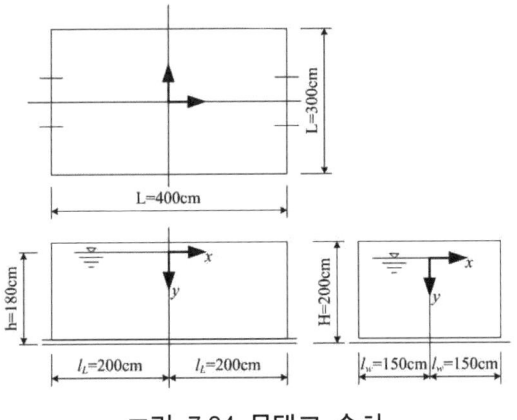

그림 7.24 물탱크 수치

7.6.3 설계용 외력

1) 지진하중

① 설계진도
수평진도(k_H)는 건물의 중요도 및 물탱크의 설치 장소에 따라 표 6.2에 의해 정한다.
$$k_H = 0$$
연직진도 k_V는 수평진도(k_H)의 1/2로 한다.
$$k_V = 1.0/2 = 0.5$$

② 측면에 작용하는 변동수압
실제의 수심(h=180cm)에 의해 계산한다.

x방향 지진입력의 경우

$h(180\text{cm}) < 1.5l_L(300\text{cm})$ 이므로, 식 (6.12)에 의해

$$p_w^x(y) = \sqrt{3} \times 10^{-3} \times 1.0 \times 180 \times \left\{ \frac{y}{180} - \frac{1}{2}\left(\frac{y}{180}\right)^2 \right\} \times \tan\left(\sqrt{3}\,\frac{200}{180}\right)$$

$$= 0.299 \left\{ \frac{y}{180} - \frac{1}{2}\left(\frac{y}{180}\right)^2 \right\} \qquad (7.61)$$

이로부터, $p_w^x(y=30) = 0.046$ (kgf/cm²) \qquad (7.61a)

$\qquad p_w^x(y=80) = 0.103$ (kgf/cm²) \qquad (7.61b)

$\qquad p_w^x(y=130) = 0.138$ (kgf/cm²) \qquad (7.61c)

z방향 지진입력의 경우

$h(180\text{cm}) < 1.5l_w(225\text{cm})$이므로, 식 (6.12)에 의해

$$p_z^x(y) = \sqrt{3} \times 10^{-3} \times 1.0 \times 180 \times \left\{ \frac{y}{180} - \frac{1}{2}\left(\frac{y}{180}\right)^2 \right\} \times \tan\left(\sqrt{3}\,\frac{50}{180}\right)$$

$$= 0.279 \left\{ \frac{y}{180} - \frac{1}{2}\left(\frac{y}{180}\right)^2 \right\} \qquad (7.62)$$

이로부터, $p_w^x(y=30) = 0.043$ (kgf/cm²) \qquad (7.62a)

$\qquad p_w^x(y=80) = 0.096$ (kgf/cm²) \qquad (7.62b)

$\qquad p_w^x(y=130) = 0.129$ (kgf/cm²) \qquad (7.62c)

③ 저면에 작용하는 변동수압

x방향 지진입력의 경우 식 (6.14)에 의해

$$p_b^x(x) = \frac{\sqrt{3}}{2} \times 10^{-3} \times 1.0 \times 180 \times \sin\left(\sqrt{3}\frac{x}{180}\right) / \cos\left(\sqrt{3}\frac{200}{180}\right)$$

$$= 0.045 \sin\left(\frac{\sqrt{3}\,x}{180}\right)$$

(7.63)

이로부터, $p_b^x(x=200) = 0.151 (\text{kgf/cm}^2)$ (7.63a)

z방향 지진입력의 경우 식 (6.14)에 의해

$$p_b^z(z) = \frac{\sqrt{3}}{2} \times 10^{-3} \times 1.0 \times 180 \times \sin\left(\sqrt{3}\frac{z}{180}\right) / \cos\left(\sqrt{3}\frac{150}{180}\right)$$

$$= 0.070 \sin\left(\frac{\sqrt{3}\,z}{180}\right)$$

(7.64)

이로부터, $p_b^z(z=150) = 0.140\ (\text{kgf/cm}^2)$ (7.64a)

4) 내용물의 유효 중량

① x방향 지진입력의 경우 식 (6.24)에 의해

$$\alpha_T = \frac{\tan\left(0.866/\dfrac{180}{400}\right)}{0.866/\dfrac{180}{400}} = 0.498 \quad (7.65)$$

W_0(물의중량) $= 10\text{-}3(\text{kgf/cm3}) \times 400(\text{cm}) \times 300(\text{cm}) \times 80(\text{cm})$

$= 2.16 \times 104 (\text{kgf})$ (7.66)

따라서 식 (6.18)에 의해

$$W^x = 0.498 \times 2.16 \times 104 = 1.08 \times 104 (\text{kgf}) \qquad (7.67)$$

z방향 지진입력의 경우 식 (6.24)에 의해

$$\alpha_T = \frac{\tan\left(0.866/\dfrac{180}{300}\right)}{0.866/\dfrac{180}{300}} = 0.620 \qquad (7.68)$$

식 (6.23)에 의해

$$W^x = 0.620 \times 2.16 \times 104 = 1.34 \times 104 (\text{kgf}) \qquad (7.69)$$

⑤ 작용점 높이

x방향 입력의 경우 식 (6.30)에 의해

$$\beta_T = \frac{0.866/\dfrac{180}{400}}{2\tan\left(0.866/\dfrac{180}{400}\right)} - 0.125 = 0.879 \qquad (7.70)$$

식 (6.31)에 의해

$$h_{OG}^x = 0.879 \times 180 = 158 (\text{cm}) \qquad (7.71)$$

z방향 입력의 경우

$$\beta_T = \frac{0.866/\dfrac{180}{300}}{2\tan\left(0.866/\dfrac{180}{300}\right)} - 0.125 = 0.682 \qquad (7.72)$$

$$h_{OG}^x = 0.682 \times 180 = 123 (\text{cm}) \tag{7.73}$$

⑥ 전도 모멘트

지진 수평력에 의한 전도 모멘트는 식 (7.74)에 의해 산정한다.

$$M = Wh_{OG} \tag{7.74}$$

x방향 입력의 경우 식 (7.67), 식 (7.71)에 의해

$$M^x = 1.08 \times 10^4 \times 158 = 1.71 \times 10^6 (\text{kgf} \cdot \text{cm}) \tag{7.75}$$

z방향 입력의 경우 식 (7.69), 식 (7.73)에 의해

$$M^z = 1.34 \times 10^4 \times 123 = 1.65 \times 10^6 (\text{kgf} \cdot \text{cm}) \tag{7.76}$$

2) 그 외의 하중

① 정수압

식 (6.52)에 의해, $p_s = 0.1 \times 1.8 = 0.18 (\text{kgf/cm}^2)$ (7.77)

② 적설하중

식 (6.54)에 의해, $S = 60 \text{kgf/cm}^2$ (7.78)

③ 적재하중

표 6.12에 의해, $P = 80 \text{kgf}$ (7.79)

④ 고정하중
물탱크의 중량을 890kgf이라 가정하면, $G = 890\,\text{kgf}$ \hfill (7.80)

⑤ 풍하중
표 6.12에 의해, $W = 385 \times 8 = 3,080\,\text{kgf}$ \hfill (7.81)

여기서, 수압면적($A=8\,\text{m}^2$)는 z방향 하중의 경우를 산정하였으며, 풍압력은 최대 225kgf/m²으로 하고, 풍압력 및 풍하중 모두 지진력에 의한 변동수압 수평력 보다 작으므로 응력 산정은 지진입력에 대해 실시한다.

7.6.4 구조부재 제원

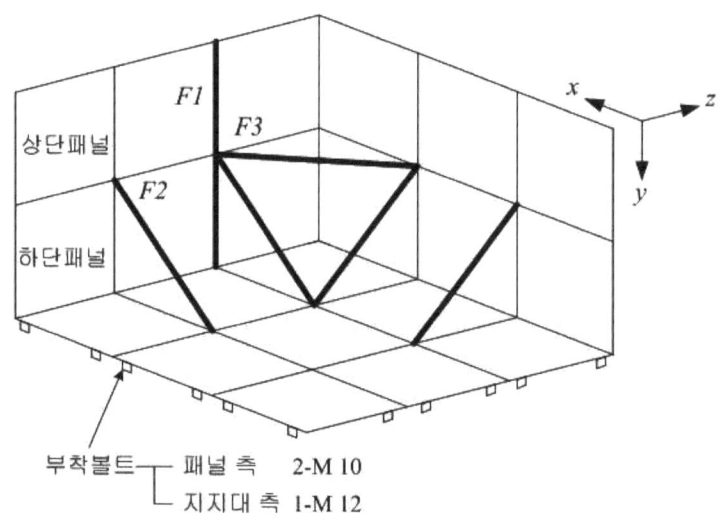

그림 7.25 물탱크 구조 개념도

1) 패널 판 두께
상단패널: 주변부 0.8cm, 중앙부 0.5cm
하단패널: 주변부 1.0cm, 중앙부 0.5cm

2) 패널 플랜지 보강강재: $SS41$, $L-60 \times 35 \times 4t$

3) 브레이스 강재
유효단면적 = 1.5㎠ (볼트구멍 부분, 앵글의 경우 돌출부분을 제외한 단면적)
단면2차모멘트 = $3.5cm^4$

4) 패널 부착 볼트 전체 수(n) = 56 개
인장을 받는 편측의 볼트 개수
x방향(n_{0x}) = 12개
z방향(n_{0z}) = 16개

7.6.5 응력, 변형의 산정

1) 패널 플랜지 접합부의 단면 계수
패널 플랜지 접합부의 단면은 그림 7.26과 같다.

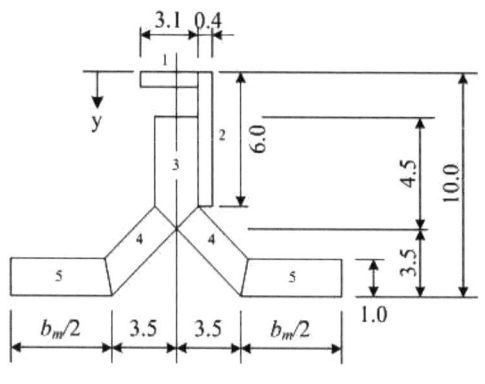

그림 7.26 설계 사례에 사용한 플랜지 단면

① 유효 폭의 산정

식 (7.1)에 의해

$$b_m/2 = \frac{0.317}{(3-0.3)\times(1+0.3)-0.0235\times 1.3^2} \times 100 = 9.13 \text{cm} \quad (7.82)$$

② 단면성능의 산출

그림 7.25에서 $F2$ 부재의 단면 계산은 그림 7.26에 근거하여 나타낸다.

$A_1 = 3.1 \times 0.4 = 1.24 \text{cm}^2$ $y_1 = 0.2 \text{cm}$

$A_2 = 6.0 \times 0.4 = 2.4 \text{cm}^2$ $y_2 = 3.0 \text{cm}$

$A_3 = 2 \times 4.3 \times 1.0 = 8.6 \text{cm}^2$ $y_3 = 4.15 \text{cm}$

$A_4 = 2 \times 4.55 \times 1.0 = 9.1 \text{cm}^2$ $y_4 = 7.9 \text{cm}$

$A_5 = 2 \times 8.93 \times 1.0 = 17.86 \text{cm}^2$ $y_5 = 9.5 \text{cm}$

식 (7.2)에 의해

$$e_s = \frac{2.1 \times 10^6 \times (1.24 \times 0.2 + 2.4}{2.1 \times 10^6 \times (1.24 + 2.4) + 7.2}$$

$$\frac{\times 3.0) + 7.2 \times 10^4 \times (8.6 \times 4.15 + 9.1 \times 2.4 + 17.86 \times 9.5)}{\times 10^4 \times (8.6 + 9.1 + 17.86)} = 3.49\,cm$$

(7.83)

식 (7.3)에 의해

$$\begin{cases} I_1 = 1.24 \times (3.49-0.2)^2 + \dfrac{3.1 \times 0.4^3}{12} = 13.45\,cm^4 \\[4pt] I_2 = 2.4 \times (3.49-3.0)^2 + \dfrac{0.4 \times 6.0^3}{12} = 7.78\,cm^4 \\[4pt] I_3 = 8.6 \times (3.49-4.15)^2 + \dfrac{2 \times 4.3^3}{12} = 17.00\,cm^4 \\[4pt] I_4 = 9.1 \times (3.49-7.9)^2 + \dfrac{2.83 \times 3.22^3}{12} = 184.9\,cm^4 \\[4pt] I_5 = 17.86 \times (3.49-9.5)^2 + \dfrac{17.86 \times 1^3}{12} = 647\,cm^4 \end{cases} \quad (7.84)$$

식 (7.4)에 의해

$$\sum_{i=1}^{5} E_i I_i = 2.1 \times 10^6 \times (13.4 + 7.78) + 7.2 \times 10^4 \times (17.0 + 185 + 674)$$
$$= 1.056 \times 10^8 kgf \cdot cm^2$$

(7.85)

식 (7.5)에 의해

$$Z_s = \frac{1.056 \times 10^8}{2.1 \times 10^6 \times 3.49} = 14.4\,cm^3 \qquad (7.86)$$

식 (7.6)에 의해

$$Z_F = \frac{1.056 \times 10^8}{7.2 \times 10^4 \times (10-3.49)} = 225\,cm^3 \qquad (7.87)$$

$$F1 \text{ 부재 단면} \begin{cases} EI = 9.50 \times 10^7\,kgf \cdot cm^2 \\ Z_s = 13.8\,cm^3 \\ Z_F = 197\,cm^3 \end{cases} \qquad (7.88)$$

$$F3 \text{ 부재 단면} \begin{cases} EI = 1.005 \times 10^8\,kgf \cdot cm^2 \\ Z_s = 14.1\,cm^3 \\ Z_F = 211\,cm^3 \end{cases} \qquad (7.89)$$

2) 패널플랜지 부분, 브레이스 등의 주요 골조에 작용하는 하중

본 설계에서는 그림 7.25의 x방향에 지진입력이 작용하는 경우만 계산하고 있으나, 실제의 물탱크의 구조계산에 있어서는 z방향 입력의 경우도 검토해야 한다.

① 패널 플랜지 부분에 작용하는 분포하중

a) 정수압

식 (7.7)보다 상단패널의 플랜지 중앙부의 수위는 30cm(정수압 0.03kgf/㎠) 이므로, 정수압은 식 (7.90)과 같이 산정된다.

$$\begin{cases} w_1 = 0.03 \times 100 = 3.0\,kgf/cm \\ w_2 = 0.13 \times 100 = 13.0\,kgf/cm \\ w_3 = 0.08 \times 100 = 8.0\,kgf/cm \end{cases} \quad (7.90)$$

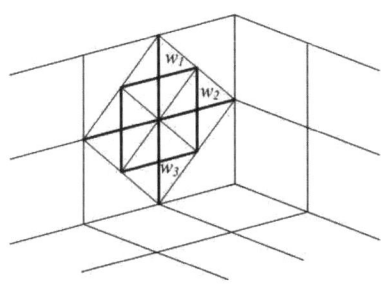

그림 7.27 분포하중

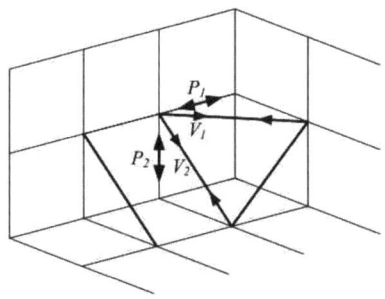

그림 7.28 부재에 작용하는 축력

b) 변동수압

식 (7.7), 식 (7.61)에 의해

$$\begin{cases} w'_1 = 0.046 \times 100 = 4.6\,kgf/cm \\ w'_2 = 0.138 \times 100 = 13.8\,kgf/cm \\ w'_3 = 0.103 \times 100 = 10.3\,kgf/cm \end{cases} \quad (7.91)$$

② 보강부재에 작용하는 축력

a) 정수압

십자 계수부의 수위는 80cm 이므로 식 (7.12), 식 (7.13)에 의해

$$V_1 = V_2 = 0.08 \times 10^4 / \sqrt{2} = 566\,kgf \tag{7.92}$$

$$P_1 = P_2 = 566 / \sqrt{2} = 400\,kgf \tag{7.93}$$

b) 변동수압

식 (7.12), 식 (7.61b)에 의해

$$V_1' = V_2' = 0.103 \times 10^4 / \sqrt{2} = 728\,kgf \tag{7.94}$$

식 (7.13)에 의해

$$P_1' = P_2' = 728 / \sqrt{2} = 515\,kgf \tag{7.95}$$

c) 브레이스의 인장응력

장기 : $\sigma_t = 566/1.5 = 377\,kgf/cm^2\ <\ 1,600\,kgf/cm^2$
(장기 허용응력) (7.96)

단기 : $\sigma_t' = 566 + 728/1.5 = 863\,kgf/cm^2\ <\ 2,400\,kgf/cm^2$
(단기 허용응력) (7.97)

3) 주요골조의 응력, 변형의 산정

본 절에서도 x방향 지진입력의 경우만의 계산 예시이다.

① 패널 십자 접합부분에 회전강성이 기대되지 않는 경우

a) 정수압

식 (7.16)에 의해,

$$u_2 = \frac{100}{2}\sqrt{\frac{400}{1.056\times 10^8}} = 0.097,$$

$$u_3 = \frac{100}{2}\sqrt{\frac{400}{1.005\times 10^8}} = 0.100 \text{ 이고,}$$

$f(u_2) = 1.004,\ f(u_3) = 1.004$ 이다.

식 (7.15)에 의해,

$$\delta_2 = \frac{1}{120}\times\frac{13\times 10^8}{1.056\times 10^8}\times 1.004 = 0.103\,cm$$

$$\delta_3 = \frac{1}{120}\times\frac{8\times 10^8}{1.005\times 10^8}\times 1.004 = 0.066\,cm$$

이로부터 식 (7.14)에 따라

$$M_1 = \frac{3\times 10^4}{12} = 2,500\,kgf\cdot cm \tag{7.98}$$

$$M_2 = \frac{13\times 10^4}{12} + 400\times 0.103 = 10,900\,kgf\cdot cm \tag{7.99}$$

$$M_3 = \frac{8\times 10^4}{12} - 400\times 0.066 = 6,690\,kgf\cdot cm \tag{7.100}$$

b) 변동수압

식 (7.16), 식 (7.95)에 의해,

$$u_2' = \frac{100}{2}\sqrt{\frac{515}{1.056\times 10^8}} = 0.110$$

$$u_3' = \frac{100}{2}\sqrt{\frac{515}{1.005\times10^8}} = 0.113$$

이로부터 식 (7.16)에 따라 $f(u_2')=1.005$, $f(u_3')=1.005$

식 (7.15)에 의해,

$$\delta_2' = \frac{1}{120}\times\frac{13.8\times10^8}{1.056\times10^8}\times 1.005 = 0.109\,cm$$

$$\delta_3' = \frac{1}{120}\times\frac{10.3\times10^8}{1.005\times10^8}\times 1.005 = 0.086\,cm$$

이로부터 식 (7.14)에 따라

$$M_1' = \frac{4.6\times10^4}{12} = 3{,}830\,kgf\cdot cm \tag{7.101}$$

$$M_2' = \frac{13.8\times10^4}{12} - 515\times 0.109 = 11{,}600\,kgf\cdot cm \tag{7.102}$$

$$M_3' = \frac{10.3\times10^4}{12} + 515\times 0.086 = 8{,}630\,kgf\cdot cm \tag{7.103}$$

c) 응력산정

장기응력은 식 (7.21), 식 (7.22)에 식 (7.86)~식 (7.89) 및 식 (7.98)~식 (7.100)의 값을 대입하여 아래와 같이 구할 수 있다. 여기서, 장기 허용응력은 212kgf/cm²이고, b는 굽힘을 의미하며 안전측을 취하여 인장의 허용응력과 비교하고 있다.

$$\left(\sigma_b^F\right)_1 = \frac{2{,}500}{197} = 12.7\,kgf/cm^2 < 212\,kgf/cm^2$$

$$\left(\sigma_b^F\right)_2 = \frac{10,900}{225} = 48.4\,kgf/cm^2 < 212\,kgf/cm^2$$

$$\left(\sigma_b^F\right)_3 = \frac{6,690}{211} = 31.7\,kgf/cm^2 < 212\,kgf/cm^2$$

$$\left(\sigma_h^S\right)_1 = \frac{2,500}{13.8} = 181\,kgf/cm^2 < 1,600\,kgf/cm^2$$

$$\left(\sigma_b^S\right)_2 = \frac{10,900}{14.4} = 757\,kgf/cm^2 < 1,600\,kgf/cm^2$$

$$\left(\sigma_b^S\right)_3 = \frac{6,690}{14.1} = 475\,kgf/cm^2 < 1,600\,kgf/cm^2$$

단기응력은 식 (7.21), 식 (7.22)에 식 (7.86)~식 (7.89) 및 식 (7.101)~식 (7.103)을 대입하여 아래와 같이 구할 수 있다. 여기서 단기 허용응력은 318kgf/cm²이다.

$$\left(\sigma_b^F\right)_1' = \frac{2,500 + 3,830}{197} = 32.1\,kgf/cm^2 < 318\,kgf/cm^2$$

$$\left(\sigma_b^F\right)_2' = \frac{10,900 + 11,600}{225} = 100\,kgf/cm^2 < 318\,kgf/cm^2$$

$$\left(\sigma_b^F\right)_3' = \frac{6,690 + 8,300}{211} = 71.0\,kgf/cm^2 < 318\,kgf/cm^2$$

$$\left(\sigma_b^S\right)_1' = \frac{2,500 + 3,830}{13.8} = 459\,kgf/cm^2 < 2,400\,kgf/cm^2$$

$$\left(\sigma_b^S\right)_2' = \frac{10,900 + 11,600}{14.4} = 1,560\,kgf/cm^2 < 2,400\,kgf/cm^2$$

$$\left(\sigma_b^S\right)_3' = \frac{6,690 + 8,300}{14.1} = 1,060\,kgf/cm^2 < 2,400\,kgf/cm^2$$

③ 패널 십자 접합부분에 회전강성이 기대되는 경우

a) 정수압

식 (7.17)에서 $M_{k-1} = M_{k+1} = 0$ 이므로

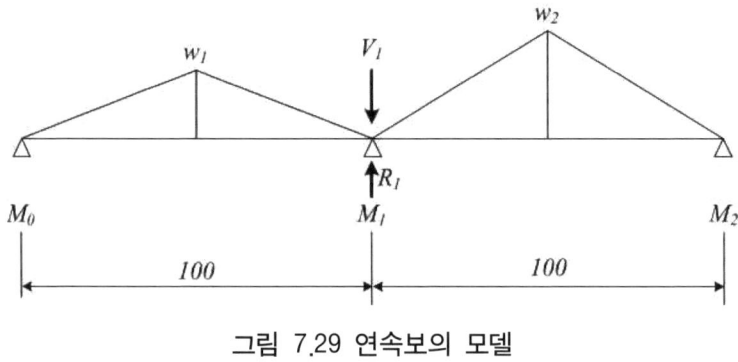

그림 7.29 연속보의 모델

$$2M_1\left(\frac{100}{0.95\times 10^8}+\frac{100}{1.056\times 10^8}\right)$$
$$=-0.156\times 10^6 \times\left(\frac{13}{1.056\times 10^8}+\frac{3}{0.95\times 10^8}\right)$$

$$\therefore M_1 = -6,030\,kgf\cdot cm \tag{7.104}$$

식 (7.18)에 의해,
$$R_1 = 800 + \frac{(3+13)\times 100}{4} + \frac{-6,030}{100} - \frac{-6,030}{100} = 1,210\,kgf \tag{7.105}$$

굽힘모멘트 분포는 식 (7.19), 식 (7.20)에 의해 그림 7.30과 같이 된다.

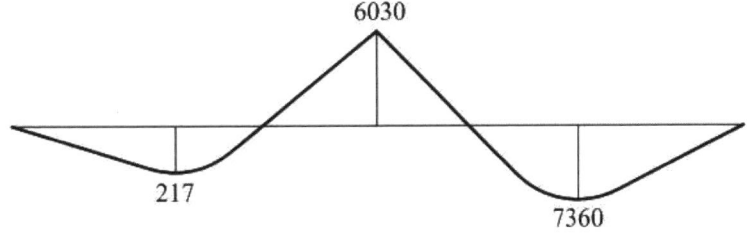

그림 7.30 정수압에 의한 굽힘 모멘트 분포

b) 변동수압

정수압과 같이, 식 (7.17)에 의해

$$2M_1\left(\frac{100}{0.95\times10^8}+\frac{100}{1.056\times10^8}\right)$$
$$=-0.156\times10^6\times\left(\frac{13.8}{1.056\times10^8}+\frac{4.6}{0.95\times10^8}\right)$$
$$\therefore M_1=-6{,}990\,kgf\cdot cm \tag{7.106}$$

식 (7.18)에 의해,

$$R_1=1{,}030+\frac{(4.6+13.8)\times100}{4}$$
$$+\frac{-6{,}990}{100}-\frac{-6{,}990}{100}=1{,}500\,kgf \tag{7.107}$$

굽힘모멘트 분포는 식 (7.19), 식 (7.20)에 의해 그림 7.31과 같이 된다.

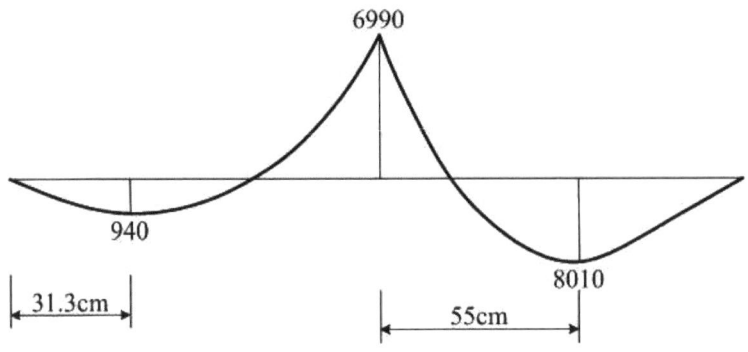

그림 7.31 변동수압에 의한 굽힘모멘트 분포

c) 응력산정

상기 a)의 경우와 같은 계산에 의해 식 (7.21), 식 (7.22) 및 그림 7.33, 그림 7.34로부터 아래와 같이 구할 수 있다.

(장기응력)

$$\left(\sigma_b^F\right)_1 = \frac{6,030}{197} = 30.6\,kgf/cm^2 < 212\,kgf/cm^2$$

$$\left(\sigma_b^F\right)_2 = \frac{7,360}{225} = 32.7\,kgf/cm^2 < 212\,kgf/cm^2$$

$$\left(\sigma_b^S\right)_1 = \frac{6,030}{13.8} = 437\,kgf/cm^2 < 1,600\,kgf/cm^2$$

$$\left(\sigma_b^S\right)_2 = \frac{7,360}{14.4} = 511\,kgf/cm^2 < 1,600\,kgf/cm^2$$

(단기응력)

$$\left(\sigma_b^F\right)_1' = \frac{6{,}030 + 6{,}990}{197} = 66.1\,kgf/cm^2 < 318\,kgf/cm^2$$

$$\left(\sigma_b^F\right)_2' = \frac{7{,}360 + 8{,}010}{225} = 68.3\,kgf/cm^2 < 318\,kgf/cm^2$$

$$\left(\sigma_b^S\right)_1' = \frac{6{,}030 + 6{,}990}{13.8} = 944\,kgf/cm^2 < 2{,}400\,kgf/cm^2$$

$$\left(\sigma_b^S\right)_2' = \frac{7{,}360 + 8{,}010}{14.4} = 1{,}070\,kgf/cm^2 < 2{,}400\,kgf/cm^2$$

4) 측면의 전단 응력의 산정

① x방향 지진 입력의 경우

브레이스가 있는 경우에는 변동수압의 일부는 브레이스를 통해서 가대에 전달된다. 따라서 전단응력의 산정을 하는 경우, 그림 7.32의 A부에 걸리는 수압은 일부를 차감해도 좋다. 또한 B부에 대해서는 저판이 부담하는 것으로 한다. 따라서 식 (7.23), 식 (7.61)에 의해 다음과 같이 산정할 수 있다.

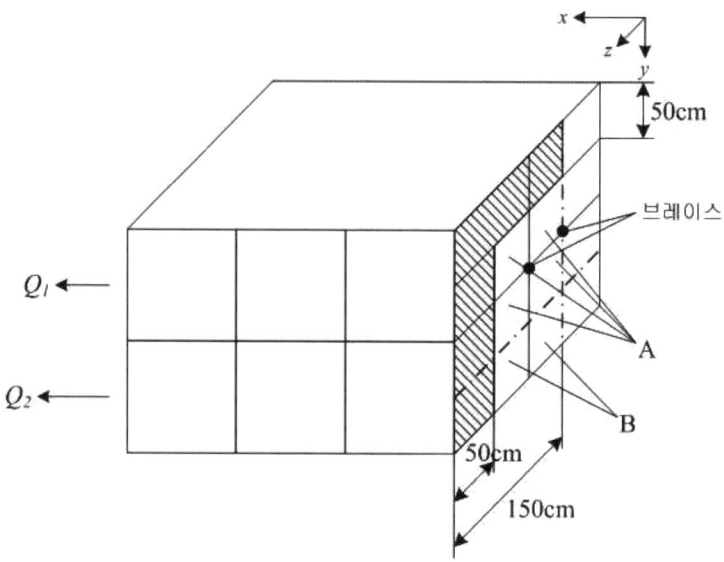

그림 7.32 분담폭(b_s)을 취하는 방법(브레이스의 경우)

$$Q_1^x = 2\left\{150\int_0^{30} p_w^x(y)dy + 50\int_{30}^{80} p_w^x(y)dy\right\}$$
$$= 212 + 383 = 595\ kgf \tag{7.108}$$

$$Q_2^x = 2\left\{150\int_0^{30} p_w^x(y)dy + 50\int_{30}^{180} p_w^x(y)dy\right\}$$
$$= 212 + 1,724 = 1,940\ kgf \tag{7.109}$$

위 계산에서 y좌표의 원점은 수면이다. 전단응력은 식 (7.24)에 의해 다음과 같이 구해진다.

$$\tau_1^x = \frac{595}{4\times100\times0.3} = 4.96\ kgf/cm^2 < 191\ kgf/cm^2$$

$$\tau_2^x = \frac{1,940}{4 \times 100 \times 0.5} = 9.70 \, kgf/cm^2 < 191 \, kgf/cm^2$$

② z 방향 지진 입력의 경우

상기 a)의 경우같이 식 (7.23), 식 (7.62)에 의해

$$Q_1^z = 2\left\{200 \int_0^{30} p_w^z(y)dy + 50 \int_{30}^{80} p_w^z(y)dy\right\}$$

$$= 264 - 357 = 621 \, kgf \tag{7.110}$$

$$Q_2^z = 2\left\{200 \int_0^{30} p_w^z(y)dy + 50 \int_{30}^{180} p_w^z(y)dy\right\}$$

$$= 264 + 1,608 = 1,870 \, kgf \tag{7.111}$$

전단응력은 다음과 같이 구해진다.

$$\tau_1^z = \frac{621}{3 \times 100 \times 0.3} = 6.9 \, kgf/cm^2 < 191 \, kgf/cm^2$$

$$\tau_2^z = \frac{1,870}{3 \times 100 \times 0.5} = 12.5 \, kgf/cm^2 < 191 \, kgf/cm^2$$

전단좌굴에 대해서는 식 (7.108)~식 (7.111)에서 구해진 값을 사용하여 별도로 정하는 패널의 전단실험에 의해 실험적으로 안전성을 확인한다.

7.6.6 좌굴값의 산정

1) 주요 골조의 좌굴

① 패널 플랜지 부분의 좌굴

패널 플랜지 부분의 좌굴은 식 (7.25)와 식 (7.95)에 의해 산정한다.

$$p_{cr} = \frac{\pi^2 \times 1.056 \times 10^8}{10^4} = 1.042 \times 10^5 \, kgf > 515 \times 1.87 \, (kgf)$$

② 보강부재의 좌굴

식 (7.26)에 의해

$$V_{cr} = \frac{\pi^2 \times 2.1 \times 10^6 \times 3.5}{(\sqrt{2} \times 100)^2} = 3,630 \, kgf > (728 - 566) \times 1.87 \, (kgf)$$

7.6.7 부착부의 응력 산정

본 절에서 대상으로 하는 것은 그림 7.17(a)에 나타낸 것이다.

1) x방향 지진 입력의 경우

식 (7.30), 식 (7.67)에 의해

$$F_1^x = \frac{1.08 \times 10^4}{0.7 \times 56} = 276 \, kgf \tag{7.112}$$

식 (7.29)에 의해

$$\tau_t = \frac{276}{\pi \times 2.7 \times 1.0} = 32.5 \, kgf/cm^2 < 64 \, kgf/cm^2 \qquad (7.113)$$

따라서 수평력에 의한 펀칭은 일어나지 않는다.

식 (7.31), 식 (7.67)에 의해

$$T_1^x \, [식(7.31), (7.76)] =$$

$$\frac{1}{0.7 \times 12} \left\{ \frac{1.71 \times 10^6}{400} - (1-0.5)\frac{2.16 \times 10^4}{2} \right\} < 0 \qquad (7.114)$$

따라서 전도는 일어나지 않는다.

2) z 방향 지진 입력의 경우

식 (7.30), 식 (7.67)에 의해

$$F_1^z = \frac{0.743 \times 10^4}{0.7 \times 56} = 190 \, kgf \qquad (7.115)$$

식 (7.29)에 의해

$$\tau_t = \frac{190}{\pi \times 2.7 \times 1.0} = 22.4 \, kgf/cm^2 < 64 \, kgf/cm^2 \qquad (7.116)$$

식 (7.31), 식 (7.67)에 의해

$$T_1^z = \frac{1}{0.7 \times 16} \left\{ \frac{1.65 \times 10^6}{300} - (1-0.5)\frac{2.16 \times 10^4}{2} \right\} = 8.9 \, kgf$$

$$(7.117)$$

따라서 식 (7.28)에 의해 면압 응력은 작으므로 면압 파괴는 일어나지 않는다.

제8장 단위패널의 시험평가

 일반적으로 패널 조립식 사각형 물탱크는 판 두께의 분포 및 형상이 복잡하기 때문에 내압강도, 전단강도 등을 간단한 계산식에 의해서 추정하는 것이 어렵다. 또한, 조립한 경우의 플랜지 부분의 정확한 추정도 쉽지 않다. 따라서 모든 물탱크는 현장에 물탱크를 시공한 후에 물탱크 내부에 물이 채워진 상태에서 실물시험을 실시하는 것이 바람직하다. 현장 실물시험에는 재료의 열화가 포함되어 있지 않으므로 굽힘 및 펀칭전단에 기인하는 강도에는 0.6배, 그 외의 경우에는 0.7배하여 공용기간을 15년으로 하였을 때의 한계치를 구한다. 그리고 재료의 분산 등을 고려하여 안전율으로 나눠서 허용치를 구한 후 이 수치를 설계용 외력과 비교한다. 이 수순은 재료시험의 경우와 같지만, $L_1 \sim L_4$는 1.0으로 해도 무방하다. L_5의 산출에는 각 시험을 10개 실시하는 것을 원칙으로 하고 있으나, 부득이한 경우에는 시험 수를 줄여도 무방하나 최소 3개 이상은 시험해야 한다. 물탱크 내부에 물이 채워진 상태에서의 시험은 1개 사례로 충분하다. 시험을 통해 얻어진 시험값은 상기 7.3절 내지 7.5절에 제시된 각종 계산식에 대비하여 설계값과 시험값의 비교 검토를 실시하는 것이 바람직하다.

8.1 단위패널의 내압시험

단위패널의 내압시험은 내압 및 외압의 모두를 실시한다.

8.1.1 시험방법
패널에 비해 충분한 강성을 지닌 내압시험기에 패널을 실제의 사용 상태와 같이 고정하여 물 또는 공기로 가압하여 시험한다.
1) 내압을 부하하여 패널 중앙의 굴절 및 패널 각 부의 응력을 측정하고, 패널이 파괴될 때까지 시험을 실시한다.
2) 외압을 부하하여 좌굴 시험을 실시한다.

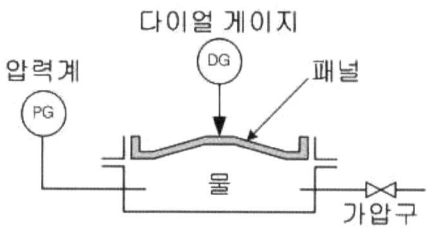

그림 8.1 내압시험 방법

8.1.2 측정항목

1) 단위 패널 중앙의 굴절

최소 눈금 0.01mm 이하의 다이얼 게이지를 사용하여 단위패널 중앙의 변위량을 측정한다. 굴절률은 다음 식 (8.1)에 의해 산출한다.

$$\Delta = \delta/a \times 100 \tag{8.1}$$

여기서, Δ : 굴질률(%)
       δ : 패널 중앙의 굴절
       a : 패널 단편의 길이

2) 발생 응력

최대 응력이 발생하는 부위 혹은 그 근방에 2축 혹은 3축의 스트레인 게이지를 부착하여 2축 변형을 측정하고, 2축 응력 상태로서 발생응력을 계산한다. 최대 응력의 발생 부위는 패널의 몰딩 형태에 의해 다르나 적어도 판 두께 급변부 및 패턴의 각 부분 등의 변형은 측정할 필요가 있다.

$$\begin{cases} \sigma_x = \dfrac{E}{1-\nu^2}(\epsilon_x + \nu\epsilon_y) \\ \sigma_y = \dfrac{E}{1-\nu^2}(\epsilon_y + \nu\epsilon_x) \end{cases} \quad (8.2)$$

3) 파괴 압력

내압을 서서히 재하하여 패널이 파괴에 이르는 압력을 파괴압력 p_B로 한다.

4) 좌굴 압력

몰딩의 외부로부터 외압을 서서히 재하하여 패널이 파괴되기 이전에 좌굴변형을 일으킨 경우에는 그 압력을 좌굴압력 p_{cr}로 한다.

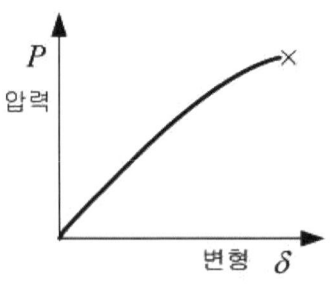

그림 8.2 $p-\delta$ 선도

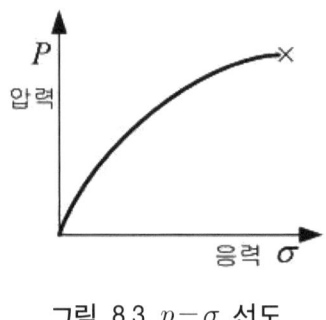

그림 8.3 $p-\sigma$ 선도

8.1.3 설계기준

1) 외력 기준에서 얻을 수 있는 정수압에 상응하는 내압부하시의 변형률이 1% 이하 이어야 한다.

2) 외력 기준에서 얻을 수 있는 정수압에 상응하는 내압부하시의 발생응력이 장기 허용응력 이하이여야 한다. 정수압과 변동수압의 합에 상응하는 내압부하 시 발생 응력이 단기 허용응력 이하여야 한다.

3) 「파괴압력$(p_B) \times 0.7 \div$안전율$(F_1) \div 1.5$」의 값(허용압력)이 외력 기준에서 얻을 수 있는 정수압 이상일 것 또는 「파괴압력

$(p_B) \times 0.7 \div 안전율(F_1)$」의 값이 정수압과 변동수압의 합 이상이여야 한다.

4) 「좌굴 압력$(p_{cr}) \times 0.8 \div 안전율(F_2)$」의 값이 외력 기준에서 얻을 수 있는 외압(풍압력) 이상이여야 한다.

5) 크기가 1m×1m 이하인 패널의 상기의 시험 내압은 각 패널에 가해지는 최대 수압을 부하하는 것으로 한다. 단, 대형 판 패널(2m×1m, 1.5m×1m 등)은 최대 수압에서 평가하면 과잉이 되기 때문에 정수압 혹은 정수압과 변동수압의 합에서 발생하는 총 하중과 같아지도록 등분포 혹은 대형의 압력 분포로 치환하여 수압을 재하 한다. 여기서 등분포로 치환하는 경우란 대형 판 패널을 수평으로 하여 내압 시험을 실행하는 경우를 의미하고, 대형의 압력분포로 치환하는 경우란 대형 판 패널을 수직으로 하여 내압 시험을 실행하는 경우를 의미하는 것으로서, 패널을 수직으로 하여 시험한 경우가 실제의 수압에 가까운 형태의 분포가 된다. 「파괴압력$(p_B) \times 0.7 \div 안전율(F_1) \div 1.5$」의 값(허용압력)이 외력 기준에서 얻을 수 있는 정수압의 등가수압 이상이여야 하고, 「파괴압력$(p_B) \times 0.7 \div 안전율(F_1)$」의 값이 정수압과 변동수압 합이 등가수압 이상이여야 한다.

정수압의 등가수압 :

$$\frac{p_s(h_1/h) \times h_1 \times b}{2 \times H_1 \times b} \tag{8.3}$$

정수압과 변동수압의 등가수압 :

$$\frac{\{(p_{w0}+p_s-p_{w1})(h_1/h)+2p_{w1}\}\times h_1 \times b}{2 \times H_1 \times b} \tag{8.4}$$

여기서, p_s : 최대정수압

p_{w1} : 변동수압에서 대형분포의 상부의 압력

p_{w0} : 변동수압에서 대형분포의 하부의 압력

h : 수위

h_1 : 대형 판 패널이 받는 수위

H : 탱크의 높이

H_1 : 대형 판 패널의 길이

b : 대형 판 패널의 폭

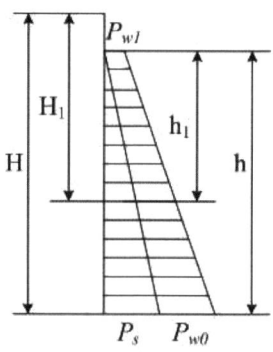

그림 8.4 내압시험에 따른 등가수압

8.2 단위패널의 전단시험

8.2.1 시험 방법
실제의 하중 상태에 가깝게 가장 간단한 시험방법은 패널 한 편의 플랜지 부분을 고정하고 맞은편의 다른 한 편에 수평력을 가하여 그 변형량을 측정하는 방법이다. 이 방법은 전단변형과 함께 굴절 변형도 포함하고 있다는 것에 주의를 요한다.

8.2.2 측정 항목

1) 전단강도
전단 변형량을 측정하여 수평력과의 관계에서 겉보기의 전단강성을 구한다. 그 관계는 단순한 평판이라 생각한 경우 다음의 식 (8.5)로 나타낼 수 있다.

$$G_{ap} = \tau/\gamma = \left(\frac{Q}{bt}\right)\left(\frac{d}{\delta}\right) \tag{8.5}$$

여기서, Q : 수평력
G_{ap} : 겉보기의 전단강성계수
δ : 전단 변형량
γ : 전단변형
τ : 전단응력
b : 벽 폭
d : 벽 높이
t : 판 두께

그림 8.5와 같이 수평력을 서서히 가하여 패널이 파괴에 이르는 수평력을 전단파괴하중 Q_B 라 한다. 대판(2m×1m, 1.5m×1m 등) 패널의 경우에는 d를 긴 변 방향으로 한다.

2) 전단 좌굴 강도

수평력을 서서히 가하여 패널이 파괴되기 이전에 좌굴 변형을 일으킨 경우에는 그 전단 하중을 좌굴하중 Q_{cr} 이라 한다.

3) 설계 응용

식 (8.4)에서 구해지는 Q_j를 측면 패널의 수평방향 장수 n으로 나눈 값을 $Q_j{'}$라 한다. 이는 각 단위 패널 1장 당 작용하는 전단력을 나타낸다. 이로 인해 「파괴하중(Q_B)×0.7÷안전율(F_1)」 및 「좌굴 하중(Q_{cr})×0.8÷안전율(F_2)」 의 값이 식 (8.6)의 $Q_j{'}$ 이상이여야 한다.

$$Q_j{'} = \frac{Q_j}{n} \tag{8.6}$$

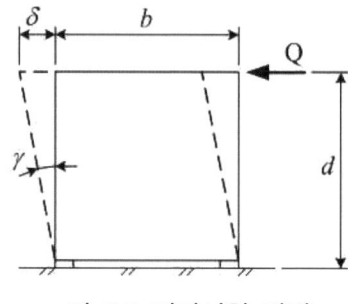

그림 8.5 전단시험 방법

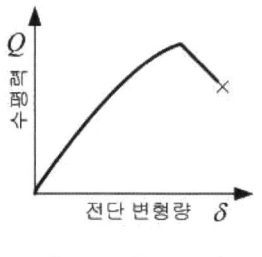

그림 8.6 $Q-\sigma$ 선도

8.3 단위패널 4장 조합 시험

8.3.1 시험 방식

패널 1장의 가압시험에서는 패널이 강제 틀에 고정되어 있어 패널끼리의 접합의 평가는 할 수 없다. 따라서 본 시험으로 십자 접합부의 강도 특성을 평가한다. 십자 접합부에 대각선 부재인 브레이스가 배치되어 있을 때에는 정수압 및 변동수압에 대해서도 십자상 접합부의 변형은 구속되어 있다. 한편, 수평부재인 타이로드가 배치되어 있을 때에는 정수압에 대해서는 저항하지만 변동수압에는 효과가 없다.

따라서 패널 조립식 물탱크의 모든 십자상 접합부가 브레이스로 고정되어 있는 경우에는 그림 8.7의 인장재를 붙인 시험을 실시해야 한다. 한편 한 군데에도 브레이스가 없는 십자상 접합부를 갖는 물탱크 구조에서는 a) 인장재가 있는 경우, b) 인장재가 없는 경우 모두의 시험을 실시하지 않으면 안 된다.

외부 보강방식에 대해서는 외부 보강재가 패널 플랜지 부분과 일체화되어 있는 경우에는 십자상 접합부가 충분히 구속되어 있다고 생각하므로 생략해도 무방하다.

대형 판 패널의 조합에 있어서는 시험장치가 대규모로 되므로 1m×1m 크기의 패널 4장이 조합된 가압시험으로 대용 가능하다. 다만 지지스팬이 커지는 만큼 강도가 저하되므로 표 8.1에 의한 저감계수를 곱해서 강도 보정을 실시해야 한다.

표 8.1 균일 하중을 받는 주변 고정 평판의 강도저감계수

패널 조합의 예	b/a	반력 면적비	강도 저감계수
(1m×1m) 패널 4장 조합	1.0	1:1	1.00
(1m×1m)×2장+(1.5m×1m)×2장의 조합	1.25	1:1.25	0.80
(1m×1m)×2장+(2m×1m)×2장의 조합	1.50	1:1.50	0.67

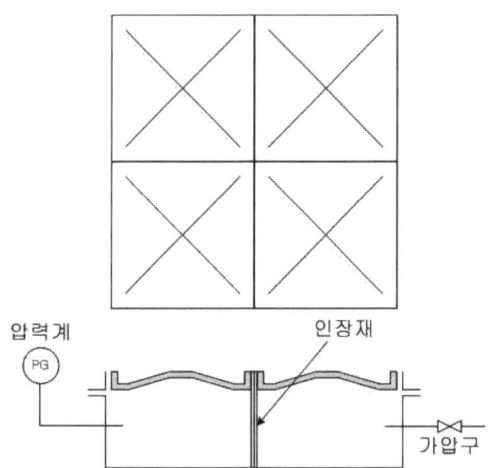

그림 8.7 패널 4장 조합에 따른 가압시험

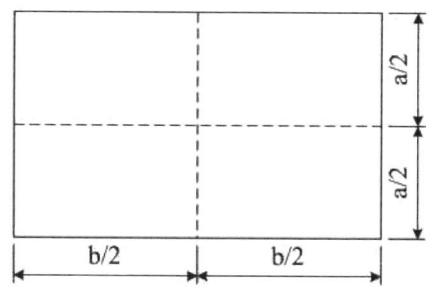

그림 8.8 균일하중을 받는 주변 고정 평판

8.3.2 시험 방법 및 측정 항목

패널 4장을 실제의 사용 상태와 같이 조합하여 가압시험을 실시한다.

8.3.3 설계 기준

내압을 서서히 재하 하여 패널이 파괴되는 압력을 p_{b1}, 접합부의 누수가 발생하는 압력을 p_{b2}라고 한다. 인장재가 있는 시험에 대해서 「$p_{b1} \times 0.7 \div 안전율(F_1) \div 1.5의 값$」 및 「$p_{b2} \times 0.7/1.5의 값$」이 외력 기준에서 얻을 수 있는 정수압 이상이여야 한다. 또한, 「$p_{b1} \times 0.7 \div 안전율(F_1)$이 정수압+변동수압」 이상이여야 한다.

인장재가 없는 경우에는 다음의 두 가지에 대해 확인해야 한다. 첫 번째, 「$p_{b1} \div 안전율(F_1)의 값$」이 외력 기준에서 얻을 수 있는 변동수압 이상이여야 한다. 여기서, 장기 열화를 고려할 경우에는 「$p_{b1} \times 0.7 \div 안전율(F_1)$」로 해야 하나 정수압 시험은 단기하중시험보다 30~40% 이라는 것이 실험에서 확인되어 본문 중의 값으로 했다. 두 번째, 변동수압에 상당하는 내압 재하시의 발생응력과 패널

1장에서의 정수압 상태에서의 발생 응력의 합이 단기 허용응력 이하여야 한다.

8.4 패널 조립식 물탱크 완제품 검사

복수의 단위패널이 조립된 패널형 물탱크 완제품은 설치 장소에서 시험 및 검사를 실시해야 한다. 이 장에서는 한국탱크공업협동조합 단체표준(SPS-KTIC B 1001-0435:2019)인 '스테인리스강 패널형 물탱크'를 기준으로 정리하였다.

8.4.1 시험 및 검사 장소
재료 및 부품은 원칙적으로 제조공장에서 시험 및 검사하고 완제품은 설치 장소에서 한다.

8.4.2 재료 검사
패널재료, 보온재, 마감재, 기초채널, 사다리, 통기구, 배관 접속구, 보강재 등에 대하여 관련 KS 또는 단체표준에 따라 치수, 기계적 성질 및 화학성분 등에 대하여 검사한다. 다만, KS에서 명시하지 않은 품목, 품질검사 항목 또는 품질기준이 없는 경우에는 재료 검사를 생략할 수 있다.

8.4.3 물 저장 실제 용량 검사
물탱크의 오버플로까지 물을 채웠을 때 설계 계산 용량이 표시호칭 용량의 ±5% 이내이어야 한다.

8.4.4 만수시 변형 검사

변형 검사는 만수검사에서 누수 또는 현저한 변형이 예상될 경우에만 실시하고, 만수검사에서 이상이 없을 때는 본 시험을 생략한다.

1) 변형검사 시험 장치

그림 8.9에 만수시 변형검사 시험 장치의 예를 나타내었다. 이 시험에서 사용하는 다이얼 게이지는 0.01㎜ 이상의 세밀한 눈금 단위(분해능)를 갖고 20㎜ 이상 측정 범위를 갖는 다이얼 게이지를 사용한다.

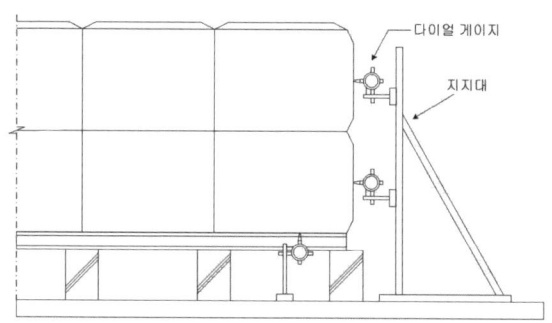

그림 8.9 만수시 변형검사 시험 장치의 예시

2) 조작 방법

만수시 변형 검사 시험 조작 방법은 다음과 같다.

a) 다이얼 게이지를 변형이 예상되는 한 개 지점 이상에 견고히 설치하고 바늘을 0점에 맞춘다.
b) 오버플로까지 물을 채운다.
c) 물을 채운 시점으로부터 24시간 동안 탱크를 방치한 후 변위값이 가장 큰 다이얼 게이지의 눈금을 확인한 후 변형률을 계산하였

을 때, 표 8.2의 최대 변형률(δ/%) 이하이어야 한다.

표 8.2 탱크 높이별 변위 및 변형률

높이(H)	변위(d/mm)	변형률(δ/%)	비고
950	15	1.58	-
1900	18	0.95	-
2850	18	0.63	-
3800	20	0.53	-
4750	20	0.42	-

3) 변형률 계산방식

변형률은 식 (8.7)에 의해 산정한다.

$$\delta = \frac{d}{H} \times 100 \tag{8.7}$$

여기서, 변형률 : δ(%), 변위 : d(mm), 탱크의 높이 : H(mm)

8.4.5 용접부의 겉모양 검사

용접 부위로부터 0.6m 떨어진 거리에서 육안으로 관찰하였을 때 탱크의 품질에 악영향을 줄 수 있는 스패터, 언더컷, 오버랩, 크레이터, 살 돋움 및 터짐 등이 없어야 한다.

8.4.6 만수검사

KS B 0816(침투 탐상 시험방법 및 지시 모양의 분류)에서 규정한 침투탐상 시험방법에 따르거나, 또는 오버플로 위치까지 물을 채운 상태에서 60분 동안 유지시켰을 때 누수가 없어야 한다.

8.4.7 구조 검사

부착된 각 노즐 및 사다리 등의 부속품은 지시된 위치에 수직도, 수평도를 유지하여 부착하여야 하며, 각 패널의 조립 공차는 ±1% 이내이어야 한다.

8.4.8 수조 고정 안정성

소화수조 및 소화용수가 포함된 수조 고정의 안정성은 건축구조기술사 또는 소방설계업자가 검토하여야 하며, 구조계산서, 도면, 앵커볼트의 지지력 및 사용 수량, 설치 위치 등에 이상이 없어야 하고, 관련 자료를 제시하여야 한다.

8.4.9 용출

수도법 시행령 제24조 별표1의2(위생안전기준)에 따른다. 다만, 위생안전기준인증을 획득한 제품은 용출검사를 생략할 수 있다.

제9장 물탱크 시공

9.1 시공 유의사항

9.1.1 주요재료의 산업규격
KS B 6282 : 스테인리스 물탱크
KS D 3503 : 일반구조용 압연강재
KS D 3536 : 기계구조용 스테인리스 강관
KS D 3698 : 냉간압연 스테인리스 강판 및 강대

9.1.2 재료취급
1) 스테인리스 강은 재료의 보관, 가공, 운반 중에 흠이 없어야 한다.
2) 운반 단위포장규격으로 외부와 차단한다(보양).

9.1.3 작업 전 확인사항
기초 패드 크기, 배관 방향, 배수트렌치와 드레인 위치 등이 도면과 이상이 없는지 확인한다.

9.1.4 용접 시 유의사항
1) 용접 작업장은 먼지, 철분 및 습도가 적고 청결 하도록 하며, 옥외 작업장은 적당한 바람막이, 비 막이를 설치한다.
2) 용접 장치를 사용할 때는 접지선의 접속 상태, 기계, 기구, 게이지 류 등의 정확한 작동에 대하여 확인한다.

3) 용접부의 모재는 용접 결함을 방지하기 위하여 기름, 먼지, 수분 등을 충분히 제거한다.
4) 슬래그(Slag) 침전, 오버랩(Overlap), 용입 불량 등 불량부분처리는 모재나 용입 금속이 손상하지 않는 범위 내에서 제거시켜 재 용접한다.
5) 변형 방지 용접에 의한 변형을 방지하기 위해 지그(Jig), 고정구를 사용한다.
6) 탱크내부의 모든 모서리 부분의 4면이 교차되는 지점의 용접 시 보강재 및 강판 사이의 결함이 없도록 주의하여 용접한다.
7) 접지선은 직접 피용접물에 나사, 클립 등으로 확실히 부착시키도록 하고, 취부 가능한 용접 시 공구 가까이 위치토록 한다.
8) 가접은 본 용접과 동일하게 주의를 해야 하며, 용접봉은 본 용접에 사용하는 것과 동일하되 충분히 건조된 것을 사용한다.
9) 가접의 어긋남이나 비틀림은 해머 등으로 고정하고 가접의 최대 길이는 20mm이내로 한다.
10) 가접에 생기는 산화피막 등의 부착물 및 유해한 결함은 충분히 제거시키고 본 용접을 하도록 한다.

9.1.5 기초 프레임 조립, 설치

1) 바닥 기초 콘크리트 확인 후 조립 및 설치한다.
2) 기초 프레임 수직, 수평 설치한다(SS275플레이트로 보양하여 수평 유지).
3) 프레임의 용접부위는 와이어 브러쉬로 탄 부분을 완전히 제거하고 부식방지 도장을 실시한다.

9.1.6 바닥판 설치

1) 패널과 패널이 교차하는 십자 부분 틈을 줄일 수 있는 지그(Jig)를 사용한다.
2) 바닥판을 기초 프레임 위에 배치 후 용접부의 먼지, 습도, 기름 등 이물질을 완전히 제거한다.
3) 바닥판은 모재의 두께가 두꺼우므로 충분한 용입 깊이를 확보하여 작업한다.

9.1.7 측판 설치

1) 현장 내에서 바닥에 놓고 용접의 두 면에 실링이 완전히 될 수 있는 지그 작업하여 아래보기 용접을 실시한다.
2) 측판이 모두 세워져 가접 완료 후 종횡으로 체크선을 이용하여 수직 확인한다.
3) 측판의 전 둘레 용접은 내부 보강재를 설치 후 실시한다.
4) 절곡 성형판을 전체 맞대기(I형) 변두리 용접으로 실시한다.
5) 십자로 교차하는 부분은 용접을 밀실하게 한다.

9.1.8 상판 설치

1) 사면 절곡된 평판을 전체 맞대기(I형) 용접으로 실시하며 십자교차 부위는 밀실하게 용접한다.
2) 용접부는 전 둘레 용접을 실시하고, 내부보강재를 설치 후 실시한다.

9.1.9 내부 보강앵글(보강재) 설치

1) 내부 보강재와 측판과의 용접 시 100% 부착될 수 있도록 앵글을 필요한 부분을 절단 작업하여 부착한다.
2) 탱크의 크기가 보강재 재단 길이 보다 길 경우는 겹치는 부분에 대해서는 2군데 둘레 용접을 실시하며 앵글이 이어지는 부분은 최소한 50m/m 이상을 겹치게 하여 길이 방향으로 용접 후 (인장강도 극대화) 사용한다.
3) 내부 보강재와 측판과의 용접, 보조, 보강재(평철)와 내부 주 보강재 및 측판의 용접은 길이방향으로 용접한다.
4) 탱크내부의 모든 모서리 부분의 3면이 교차되는 지점은 스텐 앵글과 브라켓으로써 보강을 시켜야 하며, 판의 절곡부위에서 10mm떨어진 곳까지 깊게 용접한다.
5) 탱크내부의 경사 보강에는 판의 절곡부위에서 0-3mm떨어진 곳까지 깊게 용접하며 접합부위는 둘레용접 한다.

9.1.10 수직보강재의 설치

1) 상판과 수직 보강재는 반드시 용접을 실시한다.
2) 수직 보강재는 수직을 확인할 수 있도록 체크선을 이용하여 수직 상태를 확인한다.

9.1.11 연결 접속구

1) 탱크와 접촉하는 연결접속구의 이음부는 탱크 내·외면을 모두 용접한다(틈새부식방지).
2) 급수 유입 접속구는 탱크내부유도 파이프의 상부에 타공(ϕ 3-5)을 하여 배관의 펌프가동 시 진공으로 인한 펌프의 손상

및 역류를 방지하며, 탱크 바닥면에서 500m/m 높이까지 유도하여 설치한다.

9.1.12 기타 부속자재 설치(사다리, 맨홀, 통기관)
1) 사다리의 폭 및 간격 : 370Wx400H이상의 규격 적용한다.
2) 통기관은 곤충 및 오염물질 들어가지 않는 구조로 사용한다.

9.1.13 보온
1) 보온재는 STS 패널과 동일한 크기로 성형 된 50T 우레탄을 사용한다.
2) 마감재료는 0.6T 알루미늄 카바를 사용한다.
3) 보온재의 고정은 M4.0 규격의 스터드 볼트로써 자켓 취부 후 캡너트로 고정한다.

9.2 물탱크 시공 순서 및 방법

패널 조립식 물탱크의 시공 순서는 적층고무받침과 같은 지진격리장치가 적용된 면진형 물탱크의 시공을 예시로 하였다. 이의 시공 순서는 다음과 같다.

1) 콘크리트 기초 타설

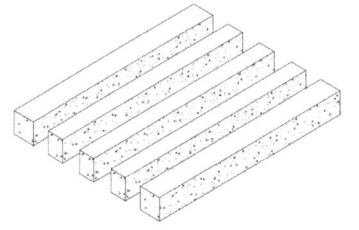

물탱크가 설치될 위치에 지반을 정지작업하고, 그 위에 콘크리트 등을 이용한 기초를 형성한다.

2) 지진격리장치 설치

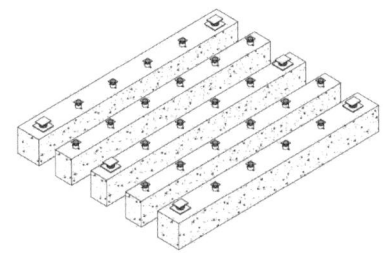

유한요소 해석 프로그램을 통해 구조해석하고, 그 결과 값을 통해 지진격리장치를 설계 및 제작한다. 그리고 해석을 통해 지진격리장치의 정적 위치를 지정하고, 이 지진격리장치를 콘크리트 기초에 설치한다. 이때 콘크리트 기초와 지진격리장치는 앵커볼트를 통해 고정한다.

3) 베이스 프레임 설치

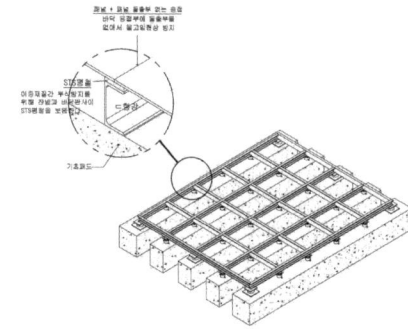

ㄷ형 강재로 이루어진 베이스 프레임은 수평 유지 후 상하로 교차되어지는 부위를 결합 홈과 홈이 끼워질 수 있도록 조립 후 용접한다. 베이스 프레임의 하부면은 지진격리장치의 상부면과 완전 고정되도록 설치한다.

4) 바닥판 패널 설치

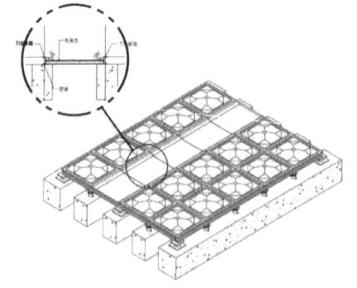

퇴수시 바닥에 물이 고이지 않도록 평구조 형식으로 바닥판을 제작하며, 바닥판 배열 후 용접부의 먼지, 기름 등 이물질을 제거한 후 절곡부위 용접 작업한다. 그리고 물탱크 바닥에는 내부의 물이 원활히 배수될 수 있는 구조의 트렌치를 설치한다(폭 5m 이상).

5) 측면판 패널 설치

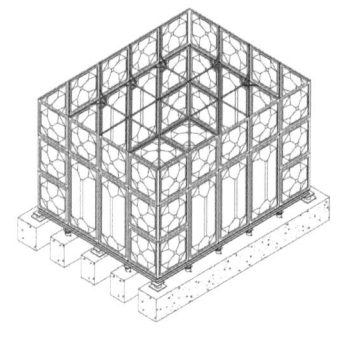

측면 패널을 모두 세운 후 가접 작업을 하며, 종횡으로 체크선을 이용하여 수직 상태를 확인한다. 절곡 성형판은 전체 맞대기(I형) 변두리 용접으로 실시한다. 측면판 패널이 4방향에 모두 설치된 후 측면판 패널을 고정하고, 물탱크의 강성을 보강하기 위해 내부의 수평방향 또는 수직방향으로 ㄱ형 강재 등을 이용하여 결합 고정하여 강성을 보강해야 한다.

6) 방파판 패널 설치

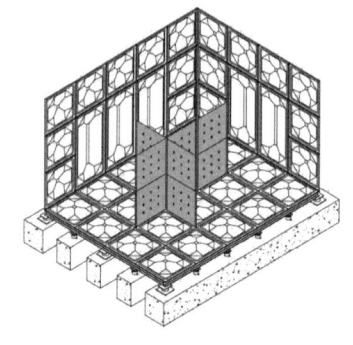

방파판 패널은 물탱크 내부의 중앙을 기준으로 종방향 및 횡방향 4방향으로 각각의 방향 길이 1/2, 높이는 바닥을 기준으로 수조높이의 1/2로 설치한다.

7) 천정판 패널 설치

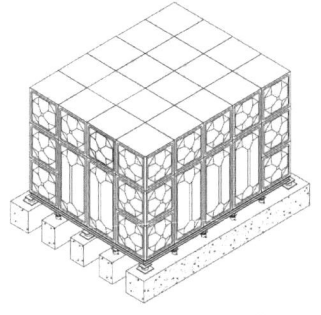

물탱크의 상부를 밀폐하기 위한 천장판 패널은 물탱크 내부에 설치된 수직 보강재와 용접하여 결합 고정한다.

8) 보온재 설치

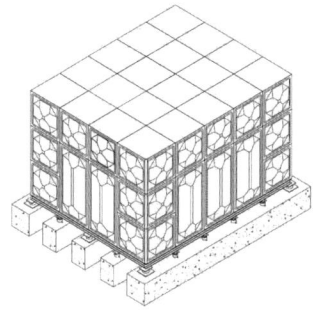

물탱크 측면 패널에 작업된 스터드 볼트에 맞춰 보온재(스치로폼, 우레탄) 취부시 외면이 처지거나 기울지지지 않게 부착한다. 이때 스테인리스 패널과 동일한 크기의 보온재를 사용한다.

9) 보온 마감재 설치

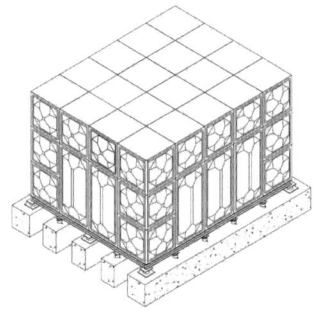

보온재 설치 후 마감 자켓 등의 마감재를 설치하고, 마감재는 스테인리스 패널과 같은 모양으로 성형 가공된 자재를 사용하며 캡 너트를 이용하여 고정한다.

10) 기타 부재 설치

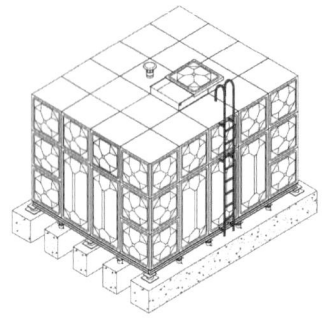

마감재가 설치된 후 사용자의 이용 편의를 위해 맨홀 및 환기구, 사다리 등을 설치한다.

맨홀은 물탱크 상단부의 위치에 설치하며 관리자의 내부점검, 청소 등을 위해 개폐가 용이 하고 부식이 되지 않도록 스테인리스 플레이트를 이용하여 폭900㎜ 이상, 슬라이딩 형태로 제작 설치되어도 좋다.

사다리는 물탱크 몸체에 견고하게 부착하며, 4T×40W×200L 이상의 사다리 지지구를 제작하여 외부 사다리를 고정시킨다.

환기구는 먼지 및 해충 등의 이물질이 들어가지 않는 구조로 물탱크 상부에 시공한다.

9.3 품질관리

9.3.1 선승인 후 작업
1) 설계, 제작, 시험에 관계되는 자료 및 도면은 사전 승인을 받은 후 제작한다.
2) 구입 사양서에 명기되지 않은 사항에 대해서도 성능상 필요하다고 인정된 사항은 사전승인을 득한 후 설계에 반영한다.
3) 시공사의 요청사항에 대해서 기술적 또는 사양 변경에 따른 조속한 판단을 하여 설계, 제작에 반영한다.

9.3.2 시험 및 검사항목
1) 구조 및 외관검사
2) 충수검사
3) 도장 및 포장검사
4) 출하 검사, 출하 시 외관 및 패킹에 대한 검사를 실시한다.
5) 재료시험(성적서 제출)

9.3.3 표면처리 및 도장
1) 녹, 먼지, 그리스 등 이물질은 도장 전에 전부 제거한다. 조립 후 내부에 접근하기 어려운 기기 및 부품은 조립 전에 도장하여 조립한다.
2) 용접부는 슬래그를 완전히 제거하여 표면 상태를 검사한 후 방청 도장을 한다.
3) 도장 작업은 실내에서 실시하는 것을 원칙으로 하고 다음과 같

은 기후조건에서는 도장 작업을 실시하지 않는다. 비, 진눈깨비, 안개 등 악천 후 시에는 도장해야 할 표면온도가 이슬점보다 3℃ 이하일 경우와 상대습도가 85% 이상일 때는 가스켓 등으로 연결된 부분, 나사산 및 미끄럼부분은 도장하지 않는다.

9.4 환경관리

9.4.1 환경관리 우선 배정

모든 작업 및 관리에 있어 환경관리를 안전관리와 동등한 수준으로 처리함을 원칙으로 하며 사고방지를 위해 예산 및 인력을 우선적으로 배정한다.

9.4.2 환경관리 방안

1) 교육에 의한 환경관리 방안
정기교육, 신규 채용자 교육, 수시 교육

2) 각종 방지 계획에 의한 환경관리 방안

① 대기오염 방지계획
비산먼지 등의 물질 발생을 최소화한다.

② 소음, 진동 방지계획
불필요한 소음, 진동이 발생하지 않도록 조심스럽게 작업하고, 강

관이나 강재 등을 다룰 때에는 특히 유의한다.

③ 폐기물적정처리 방안 및 절감계획

시공시 발생한 쓰레기는 현장분리수거용 쓰레기 수거함에 처리하고, 폐자재는 회수 후 매각 처리하고 임의로 폐기하지 않는다.

3) 환경점검을 통한 환경관리 방안
① 특별점검(본사 품질 보증팀에서 설치 시 점검한다.)
② 수시점검(안전점검 활동과 병행)

참고문헌

기계금속기술심사국(2020), 대형 물 저장장치 기술트렌드 분석, 특허청
Jerry Yudelson (2010), 기후변화에 대비한 도시의 물관리, 한무영쉽, CIR
상수도사업본부 (2002), 상수도통계연보, 서울특별시
상수도사업본부 (2015), 상수도시설 내진실태 현황, 서울특별시
이종석, 김종욱 (2013), 창조경제와 물 산업, 한국과학기술기획평가원
관계부처 합동 (2016), 스마트 물산업 육성전략
기상청 (2016), 경주 지진 발생 현황, 보도자료
기상청 (2017), 9.12 지진 대응 보고서
기상청 지진화산국(2018), 포항지진 분석 보고서
연합뉴스 (2016), 경주서 규모 5.8 관측사상 최강 지진.. 전국이 흔들렸다
한겨레 (2017), 포항지진 피해가 경주지진보다 큰 5가지 이유
국민안전처 (2016), 소방시설의 내진설계 화재안전기준 해설서, 중앙소방본부 소방제도과
기획재정부 (2012), 물의 세계적 중요성 및 시사점, 보도자료
김정범 (2010), 물 산업 현황과 발전방안, 산은경제연구소
국토해양부 (2011), 물산업 해외시장 진출 활성화 방안 연구, 용역보고서, K-Water 연구원
국토해양부 (2012), 건설교통기술연구개발사업 중장기계획수립연구 Part I. 물관리연구, 용역보고서, (사)대한토목학회
국토교통부 (2013), 물과 미래, 2013 세계 물의 날 자료집
국토교통부 (2013), 2013년도 국토해양기술 연구개발사업 시행계획
국토해양부 (2011), 수자원장기종합계획(2011~2020), 용역보고서

국토해양부 (2010), 미래에는 우리도 물 강국, 보도자료
녹색성장위원회 (2009), 2020년까지 세계 7대 녹색강국 진입 추진, 보도자료
녹색성장위원회 (2010), 태양, 바람, 물로 미래 녹색시장 선점한다, 보도자료
녹색성장위원회 (2012), 물산업육성 및 해외지출 활성화 방안 이행점검 결과 및 향후 대책, 제18차 녹색성장위원회 및 제9차 이행점검 결과 보고대회
삼성경제연구소 (2012), 물산업 강국으로 부상하는 싱가포르
오성훈 (2012), 싱가포르식 창조경제 '역발상의 힘, 문화일보 보도자료
임팩트 (2013), 2013 물 산업 실태와 사업 전망
한국환경정책평가연구원 (2010), 기후변화 대응을 위한 물산업 육성 정책방안
환경부 (2010), 21세기 블루골드 시장, 우리가 주도한다, 보도자료
환경부 (2007), 물산업 육성 5개년 세부추진계획
환경부 (2010), 물산업 육성 전략, 보도자료
환경부 (2010), 상하수도시설기준
환경부 (2011), 상수도시설설계기준 마련 연구
환경부 (2013), 2013년 환경기술개발사업 시행계획
환경부 (2014), 2014년 상수도통계
한국상하수도협회 (2015), 무단수 공급체계 구축을 위한 기준 마련 연구
이우찬 (2013), 공동주택단지 지하저수조 용량과 운영에 관한 연구
장현숙 (2011), 국내 물산업의 해외진출 동향 및 확대방안, 한국무역협회 국제무역연구원, Trade Focus, Vol.10 No.16
이복남 (2012), 해외건설 누적 수주액 1조 달러 조기 달성을 위한 10대 전략과제, 대한건설단체총연합회, 2012 건설의 날 기념 세미나 자료

안혜영 (2011), 물 비즈니스 관련 산업 현황 및 사업 기회 점검, 하나 금융경영연구소, 하나 산업정보

건축물의 구조기준 등에 관한 규칙개정령 (2000), 건설교통부령 제235호 건설교통부

건축물 하중기준 (2000), 건설교통부 고시 제 2000-153호, 건설교통부

건축물 하중기준 및 해설 (2000), 대한건축학회

건설교통부 (1996), 건축물의 구조기준 등에 관한 규칙

건설교통부 (1997), 건축법 시행령

건설교통부 (1996), 건축법

건설교통부 (1997), 고속철도건설촉진법 시행령

건설교통부 (1997), 고속철도건설촉진법 시행령

건설교통부 (1996), 내진설계기준연구(Ⅰ)

건설교통부 (1997), 내진설계기준연구(Ⅱ)

건설교통부 (1993), 댐시설기준

건설교통부 (1996), 도로교 표준 시방서, 제Ⅴ편 내진설계편

고속전철사업 기획단 (1983), 고속철도 강교량 및 합성형교량 설계 표준 시방서 해설

과학기술처 (1991), 경수로형 원자력 발전소 안전심사 지침서

과학기술처 (1983), 고시 제 83-5호 : 원자로시설의 위치, 구조 및 설비에 관한 기술기준

과학기술처 (1994), 고시 제 91-10호 : 원자로 시설의 안전등급과 등급별 규격에 관한 규정

과학기술처 (1995), 원자력법

국립방재연구소 (1998), 내진설계 제도 및 기준에 관한 연구(Ⅰ)

내무부 (1995), 자연재해법

한국가스안전공사 (1997), 가스시설의 내진설계 기준 연구

환경부, 수도법시행령.

일본 수도산업신문사 (2013), 한신대지진의 반성 및 교훈

일본 수도산업신문사 (2013), 동일본 대지진 수도시설 피해상황 조사 최종보고서

KOTRA 해외시장뉴스, http://news.kotra.or.kr/kotranews/index.do

조달청 해외조달정보센터, https://www.pps.go.kr/bbs/selectBoard.do?boardSeqNo=30&pageIndex=2&boardId=GPASS009

주식회사 성일, http://www.sungilgrp.co.kr/

주식회사 성지기공, http://www.xn--ob0b9w803bo7h.kr/

주식회사 아쿠아, http://aquaco.co.kr/

주식회사 문창, http://www.moonwt.com/

주식회사 피엘테크코리아, http://pltank.co.kr/new/index.php

세 키스이 아쿠아 시스템 주식회사, https://www.sekisuia.co.jp/

森松 공업 주식회사, http://www.morimatsu.jp/

주식회사 벨테크노 플랜트 산업, https://www.beltecno.co.jp/

기상청 지진화산, https://www.weather.go.kr/weather/earthquake_volcano/domestictrend.jsp

IMD (2012), World Competitiveness Yearbook 2012

INSEAD (2011), Global Innovation Index 2011

GWI(Global Water Intelligence) (2016), Global Water Market

ICC (2000), International building code, International Code Council

ASHRAE (1999), Practical guide to seismic restraint, American Society of Heating, Refrigerating and Air-Conditioning Engineers, Inc.

SMACNA (1998), Seismic restraint manual-Guidelines for mechanical systems, Sheet Metal and Air Conditioning Contractors' National Association, Inc., 1998

NFPA, NFPA13, National Fire Protection Association.

ASME, ASME(A17.1, B31.1, B31.4, B31.5, B31.8, B31.9, B31.11, 31.9 section919.4.1(a), BPVC B31.4), American Society of Mechanical Engineers.

NEMA, NEMA(250, ICS6), National Electrical Manufacturers Association.

10 CFR 100, Appendix A : Seismic and Geologic Siting for Nuclear Power plants.

10 CFR 50, Appendix A : General Design Criteria for Nuclear Power plants.

American Association of State Highway and Transportation Officials (AASHTO, 1994), LRFD, Bridge Design Specification

American Association of State Highway and Transportation Officials (AASHTO, 1996), Standard Specification for Highway Bridges, 16th Edition, Division I-A Seismic Design

American Railway Engineering Association(AREA, 1994), AREA Manual for Railway Engineering

Applied Technology Council(1995), A critical review of current approaches to earthquake resistant design

EERI (1990), Loma Prieta Earthquake Reconnaissance Report, Vol.6.

EERI (1995), Northidge Earthquake Reconnaissance Report, Vol.1.

EERI (1995), Preliminary Reconnaissance Report, The Hyogo-Ken Nan Earthquake

European Committee for Standardization, Eurocode & Design provision for earthquake resistance for structure.

IEEE 344 : Guide for Seismic Qualification of Class I Electrical Equipment.

International Association for Earthquake Engineering Regulations (1996), for Seismic Design A World List

International Conference of Building Officials, Uniform Building Code (UBC), 1997.

U.S. Committee on Large Dams(1985), Guidelines for Selecting Seismic Parameters for Dam Project

U.S. Nuclear Regulatory Commission, Standard Review plan

U.S. Nuclear Regulatory Commission, U.S. Atomic Energy Commission Regulatory Guide.

USCE, USCE Standard 4-86 : A-Standard for seismic analysis of safety-related

Housner, G.W.(1954), Earthquake Pressures on Fluid Container, Caltech,

Housner, G.W.(1957), Dynamic Pressures on Accelerated Containers, Bull. Seism. Soc. Amer., Vol.47

AWWA Standard for Welded Steel Tanks for Water Storage, ANSI/AWWA D100-2005, -1996, -1984, -1978.

Dynamic Pressure on Fluid Container, in Nuclear Reactors and Earthquakes, Technical Information Document 7024, Chapter 6 and Appendix F, prepared by Lockheed Aircraft Coporation, 19

Wozniak, R.S. and Mitchell(1978), W.W, Proposed Appendic P to API Standard 650, seismic Design of Storage Tanks, Basis of Seismic Design Provisions for Wdlded Steel Oil Storage Tanks, API Convention, Toronto

Niwa., A.(1978), Seismic Beahavior for Tall Liquid Storage Tanks, EERC report 78/04, US Berkeley

John Eidinger, Magic R: Seismic Design fof Water Tanks

NZSEE: Seismic Design of Storage Tanks, New Zealand Socity for Earthquake Engineering, 2009.

Billimora, H.D. and Hagstrom, F., 1978. Stiffness Coefficients and Allowable Loads for Nozzles in Flat-Bottom Storage Tanks. Journal of Pressure Vessel Technology Transactions of ASME, Vol. 100, November 1978. American Society of Mechanical Engineers (ASME), United States.

Miles, R.W., 1977. Practical Design of Earthquake Resistant Steel Reservoirs, Proceedings of the ASCE Lifeline Earthquake Engineering Conference, Los Angeles. American Society of Civil Engineers (ASCE), United States.

American Petroleum Institute (API), 2008. API 650, Welded Steel Tanks for Oil Storage, Eleventh Edition, Addendum 1. API, United States.

Berrill, J.B. and Davis, R.O., 1985. Energy Dissipation and Seismic Liquefaction of Sands: Revised Model, Soils and Foundations, Vol 25, No. 2, pp.106-118, June 1985. Soils and Foundations, New Zealand.

British Standards Institution (BSI), 1984. BS 2654:1984, Manufacture of Vertical SteelWelded Storage Tanks with Butt-Welded Shells for the Petroleum Industry. BSI, United Kingdom.

Building Industry Authority (BIA) 'now DBH', 1992. New Zealand Building Code. BIA, New Zealand.

Clemence, S.P. and Finnbar, A.O., 1981. Design Considerations for Collapsible Soils.
ASCE Journal of Geotechnical Engineering, Vol 107, No. GT3, 1981. American Society of Civil Engineers (ASCE), United States.
Duncan, J.M. and D'Orazio, T.B., 1984. Stability of Steel Oil Storage Tanks. ASCE Journal of Geotechnical Engineering, Vol 110, No. 9, September 1984. American Society of Civil Engineers (ASCE), United States.
Duncan, J.M., Lucia, P.C. and Bell, R.A., (1980). Simplified Procedures for Estimating Settlement and Bearing Capacity of Ringwalls on Sand. American Society of Mechanical Engineers (ASME), United States.
Harris, G.M., 1976. Foundations and Earthworks for Cylindrical Steel Storage Tanks. Ground Engineering Journal, British Geotechnical Association, United Kingdom.
Hunt, R.E., 1984. Geotechnical Engineering Investigation Manual. McGraw-Hill.
Ministry of Works and Development (MWD), 1982. Site Investigation (Subsurface), CDP 813/B:1982. MWD, Civil Engineering Division, New Zealand.
Pender, M.J., 2000. Ultimate Limit State Design of Foundations, Short Course Notes, August 2000. New Zealand Geotechnical Society, New Zealand.
Penman, D.M., (1978). Soil Structure Interaction and Deformation Problems with Large Oil Tanks. Ground Engineering Journal. British Geotechnical Society, United Kingdom.

Seed, H.B. and ldriss, I.M., (1982). Ground Motions and Soil Liquefaction during Earthquakes, Monograph. Earthquake Engineering Research Institute (EERI), United States.

Sherard, J.L., Dunnigan, L.P. and Deeker, R.S., 1976. Identification and Nature of Dispersive Soils. Journal of ASCE Geotechnical Engineering Division, Vol 102, No.GT4. 1976. American Society of Civil Engineers (ASCE), United States.

Standards New Zealand (SNZ), 2004. NZS 1170.5:2004, Structural Design Actions, Part 5:Earthquake Actions ? New Zealand, Commentary. SNZ, New Zealand.

Winterkorn, H.F. and Fang, H.Y., 1975. Foundation Engineering Handbook. Van Nostrand-Reinhold.

Youd, T.L. and Idriss, I.M., 1996. Proceedings of the NCEER Workshop on Evaluation of Liquefaction Resistance of Soils, Salt Lake City, 1996, NCEER-97-0022. NCEER, United States.

American Petroleum Institute (API), 1980. Welded Steel Tanks for Oil Storage, Appendix E? Seismic Design of Storage Tanks, API 650. API, United States.

American Petroleum Institute (API), 2008. API-650, Welded Steel Tanks for Oil Storage, Eleventh Edition, Addendum 1. API, United States.

European Convention for Constructional Steelwork (ECCS), 1983. Recommendations for Steel Construction : Buckling of Shells, 2nd Edition. ECCS, Belgium.

Ishiyama, Y., 1984. Motion of Rigid Bodies and Criteria for Over-turning by Earthquake Excitation. Bulletin of NZSEE, Vol.

17, No. 1, pp.24-37, March 1984. NZSEE, New Zealand.

Koiter, W.T., 1945. On the Stability of Elastic Equilibrium (Dutch). Ph.D. Thesis, Delft University, Netherlands.

Rotter, J.M., 1985a. Buckling of Ground-Supported Cylindrical Steel Bins Under Vertical Compressive Wall Loads. Proceedings Metal Structures Conference, Institution of Engineers, Australia.

Rotter, J.M., 1985b. Local Inelastic Collapse of Pressurised Thin Cylindrical Steel Shells under Axial Compression. Research Report, School of Civil and Mining Engineering, University of Sydney, Australia.

Standards New Zealand (SNZ), 1986. Code of Practice for Design of Concrete Structures for the Storage of Liquids, NZS 3106:1986. SNZ, New Zealand.

Standards New Zealand (SNZ), 2004. AS/NZS 1170, Structural Design Actions. SNZ, New Zealand.

Standards New Zealand (SNZ), 2006. Concrete Structures Standard, NZS 3101:2006. SNZ, New Zealand.

Trahair, N.S., Abel, A., Ansourian, P., Irving, H.M. and Rotter, J.M., 1983. Structural Design of Steel Bins for Bulk Solids. Australian Institute of Steel Construction, Australia.

Haroun, M.A. and Housner, G.W., 1981. Seismic design of liquid storage tanks. Journal of the Technical Council of ASCE, vol 107, No. TCI. ASCE, United States.

Haroun, M.A. and Housner, G.W., 1982. Dynamic Characteristics of Liquid Storage Tanks. Journal of the Engineering Mechanics Division, ASCE, Vol 108. No EM5, pp 783-800. ASCE, United States.

Housner, G.W., 1963. The dynamic behaviour of water tanks. Bulletin of the Seismological Society of America, Vol 53, No. 2, United States.

Iwan, W.D., 1980. Estimating inelastic response spectra from elastic spectra. Earthquake Engineering and Structural Dynamics Journal, Vol 8, United States.

DESIGN RECOMMENDATION FOR STORAGE TANKS AND THEIR SUPPORTS WITH EMPHASIS ON SEISMIC DESIGN(2010 EDITION), ARCHITECTURAL INSTITUTE OF JAPAN

Kobayashi, :. and Hirose, H.: Structural Damage to Storage Tanks and Their Supports, Report on the Hanshin-Awaji Earthquake Disaster, Chp.2, Maruzen, 1997, (in Japanese)

Velestos, A. S.: Seismic Effects in Flexible Liquid Storage Tanks, Proc. 5th World Conf. on Earthquake Engineering, Session 2B, 1976.

Japanese Industrial Standards Committee: Welded Steel Tanks for Oil Storage, JIS B8501, 1985, (in Japanese)

Wozniak, R. S. and Mitchel, W. W.: Basis of Seismic Design Provisions for Welded Steel Storage Tanks, API Refinery Department 43rd Midyear Meeting, 1978.

API: Welded Steel Tanks for Oil Storage, App.E, API Standard 650, 1979.

Ishida, K and Kobayashi, :.: An Effective Method of Analyzing Rocking Motion for Unanchored Cylindrical Tanks Including Uplift, Trans., ASME, J. Pressure Vessel Technology, Vol.110 :o.1(1988) pp76-87

The Disaster Prevention Committee for Keihin Petrochemical Complex,

A Guide for Seismic Design of Oil Storage Tank, (1984), (in Japanese)

Anti-Earthquake Design Code for High Pressure Gas Manufacturing Facilities, MITI (1981), (in Japanese)

Akiyama, H.: :o.400, AIJ (1989), (in Japanese)

Akiyama, H. et al.: Report on Shaking Table Test of Steel Cylindrical Storage Tank, 1st to 3rd report, J. of the High Pressure Gas Safety Institute of Japan, Vol.21, :o.7 to 9 (1984) (in Japanese)

財)⑤日本建築センター「建築設備耐震設計・施工指針 2005年版」(2005.5)

社)公共建築協會 「官廳施設の總合耐震計劃基準及び同解說, 1996年」(1996.11)

空氣調和7·衛生工學會 「建築設備の耐震設計施工法 1997年」(1997.10)

社)電氣設備學會「建築設備の耐震設計・施工マニュアル改訂新版」(1999.6)

空氣調和·衛生工學會「災害時建の水利用

FRP물탱크내진설계기준(1996), 사단법인강화플라스틱협회

FRP물탱크구조설계계산법(쇼와 58년 5월), 사단법인강화플라스틱협회

건축설비내진설계,시공지침, 재단법인일본건축센터

FRP물탱크내진강도인정기술기준(쇼와 57년 3월), 사단법인상화플라스틱협회

글래스섬유강화폴리에스터물탱크, JIS A 4110-1989, 일본공업규격, 평성 원년

저자약력

오 주

SOC 시설물의 지진격리시스템에 대한 연구로 박사학위를 취득했다. 현재는 특허청에서 건설관련 특허 심사업무를 하고 있다. 주 관심 분야는 SOC 시설물의 재난방재 및 유지관리 분야이고, SCI(E) 논문을 다수 게재하여 그 연구 성과를 인정받아 "Mariquis Who's Who in the World(2017 ~2020)", "Mariquis Who's Who in America(2020)" 등 세계인명사전에 등재되었다.
주요 저서로는 〈콘크리트구조물 안전진단〉, 〈콘크리트구조물 진단 및 유지관리〉, 〈건설비파괴시험 입문〉, 〈교량신축이음 설계 및 시공〉, 〈지진재난방재론〉, 〈대형 물 저장장치 기술트렌드 분석〉 등이 있고, 문화체육관광부선정 우수학술도서, (사)대한토목학회 저술상 등을 수상했다.

문성호

1992년 ㈜문창을 설립하여 깨끗하고 맑은 물 공급을 위해 전국에 물탱크 생산 및 라이닝 시공을 현재까지 이어오고 있다. 2004년 석탑산업훈장, 2012년 은탑산업훈장(품질유공)을 수훈하였다. 대한민국 최초의 "STS 벽체패널 라이닝", 세계최초 면진기술이 상용화된 "스테인리스 면진형 물탱크" 개발을 통해 그 품질력을 인정받아 2011~2020년 대한민국 혁신대상을 10년 연속 수상하여 한국표준협회 명예의 전당에 헌정되었으며, 2017년 스타기업100을 시작으로 2020년 대구지역 스타기업, 워터스타기업, 3스타기업을 획득하였다.
또한 매년 기부활동과 사랑의 연탄 나눔, 라면박스 나눔 등 주위에 소외된 이웃에 따뜻한 마음을 전달하는 등 꾸준히 선한 영향력을 행사하고 있다.

물탱크 기술 입문

초판 발행 2021년 4월 15일

지은이 | 오주, 문성호
발행인 | 박준성
펴낸곳 | 준커뮤니케이션즈
출판신고 | 2004년 1월 9일 제25100-2004-1호
주소 | 대구광역시 중구 명륜로 129 삼협빌딩 3층
전화 | (053)425-1325
팩스 | (053)425-1326
홈페이지 | www.jbooks.co.kr

ISBN 979-11-6296-027-1 (93540)

값 14,000원

* 이 책은 저작권법에 따라 보호받는 저작물이므로 무단 전재와 무단 복제를 금하며, 이 책 내용의 전부 또는 일부를 이용하려면 반드시 저작권자와 준커뮤니케이션즈의 서면 동의를 받아야 합니다.
* 잘못 만들어진 책은 구입처에서 바꿔드립니다.